Dirk Häfner

Arbeitsbuch qualitative anorganische Analyse

Dirk Häfner

Arbeitsbuch

Qualitative anorganische Analyse

für Pharmazie- und Chemiestudenten

4., überarbeitete Auflage

Govi-Verlag

Bibliografische Information der Deutschen Bibliothek

Die Deutsche Bibliothek verzeichnet diese Publikation in der Deutschen Nationalbibliografie; detaillierte bibliografische Daten sind im Internet über

http://dnb.ddb.de

abrufbar.

ISBN 978-3-7741-1167-7

4., überarbeitete Auflage 2011

www.govi-verlag.de

Satz: Fotosatz H. Buck, Kumhausen

Druck und Verarbeitung: Fuck Druck & Verlag, Koblenz

Printed in Germany

Inhalt

Vorwort zur 4. Auflage

Seit der 1. Auflage ist mehr als ein Jahrzehnt vergangen, in dem sich bei mir einiges getan hat: Nach der Zeit der Doktorarbeit in München bin ich in den Schwarzwald zurückgekehrt und habe mich dort selbständig gemacht. Außerdem liegen zahllose Fortbildungen hinter mir, brauchbare und aufschlussreiche, aber auch weniger praxisrelevante. Erst dabei ist mir bisweilen aufgegangen, warum ich mich zu Beginn meines Studiums mit anorganischen Stoffen befassen musste. Damit es Euch besser ergeht, werden in diesem Buch, gekennzeichnet mit dem Symbol **P**, einige Hinweise auf die pharmazeutische Bedeutung des Lehrstoffs gegeben. Die wachsenden Berufsjahre bringen aber auch einen immer größeren Abstand zu meiner eigenen »Laborzeit«, so dass meine Nähe zur Praxis im Labor über die Jahre stark nachgelassen hat. Daher bin ich Herrn Wolfgang Proske (www.schulchemiezentrum.de) sehr dankbar, dass er v. a. die praxisrelevanten Teile des Arbeitsbuches besonders kritisch durchgesehen hat und zahlreiche Verbesserungsvorschläge für die Versuche beigetragen hat. Natürlich geht mein Dank auch an diejenigen unter Euch, die sich im Anschluss an ihr Praktikum Zeit genommen haben, um mir von ihren Erfahrungen im Labor zu berichten.

Dinge wie die Ringbindung, die sich als sehr praktisch erwiesen haben, wurden natürlich beibehalten. »Gefährliche Versuche« sind weiterhin mit dem Vorsichtszeichen ⚠ gekennzeichnet. Arzneibuch-Versuche tragen das AB **AB**. In dieser Auflage wird erstmals auf die sogenannte »Alternative Identifizierung« des Deutschen Arzneimittel-Codex (DAC), Band 3 verwiesen (Symbol **DAC 3**). Hierbei handelt es sich um Methoden, die eine zuverlässige Identifizierung der Stoffe ermöglichen und sich, im Gegensatz zu manchen Arzneibuch-Methoden, im Apothekenlabor leicht durchführen lassen.

Seit der dritten Auflage gibt es eine zu diesem Arbeitsbuch passende Internet-Seite **www.arbeitsbuch-analyse.de**. Dort findest du zahlreiche nützliche Dateien wie das Analysenschema, ein »kleines PSE«, sowie als besonderes Highlight zahlreiche kurze Filmsequenzen von interessanten Nachweis-Reaktionen. Ein ganz herzliches Dankeschön an Herrn Proske, Martin Graul, Lucia Disch und dem Landesinstitut für Pädagogik und Medien, Saarbrücken. Diese Filmchen ersetzen natürlich nicht die Arbeit im Labor, aber wenn man sich abends nach getaner Arbeit mal im Internet noch mal die durchgeführten Versuche des Tages anschaut und große/überhaupt keine Ähnlichkeit mit den eigenen Experimenten feststellt, sind dies überaus wichtige Hinweise für jeden von Euch.

Besitzer eines sogenannten »Smart-Phones« können sich die Filme anhand der im Buch abgedruckten QR-Codes auch leicht aufs Telefon laden und direkt im Labor betrachten.

Was sicher weiterhin optimierbar bleibt, sind die Stoff-Tabellen am Ende des

Arbeitsbuches. Das liegt v. a. daran, dass die Reaktionen darauf (noch) umfangreicher ausfallen dürften, also: Schreib' mir bitte unbedingt auf, welche Stoffe du in deinen Einzelstoffen hattest und wie diese aussahen.

Auch wenn die »politische Großwetterlage« momentan nicht ganz so rosig aussehen mag, ich kann dir aus tiefster eigener Überzeugung sagen: Du hast Dich für einen absolut zukunftsträchtigen und in meinen Augen sehr schönen und interessanten Beruf entschieden, Apotheker/-innen werden in den nächsten Jahren dringend notwendig gebraucht. Also: Mach' dich an die Arbeit im Labor im ersten Semester, dann stehen deiner Zulassung als Apotheker nur noch sieben weitere Semester (und einige Prüfungen ...) im Weg!!

Dirk Häfner

Wofür sind die gesprenkelten Briefmarken im Text gut?

Das sind QR-Codes („Quick Response-Codes"). Mit einem geeigneten Handy (Smartphone) kannst du das Muster einscannen und kommst direkt auf eine Internetseite. Die QR-Codes bei den einzelnen Nachweisen führen zu kurzen Filmen, die den Versuch zeigen.

Es funktioniert wie ein Link; der QR-Code hier unter dem Text steht zum Beispiel für http://www.arbeitsbuch-analyse.de . Voraussetzung ist, dass dein Handy eine Kamera zum Einscannen/Abfotografieren hat und den Code lesen kann. Dafür gibt es kostenlose QR-Code Reader im Internet als App, passend für jedes Smartphone.

Vorwort zur 1. Auflage

Liebe Leserin, lieber Leser,

im Herbst 1992 habe ich den Weg nach Freiburg angetreten, um dort Pharmazie zu studieren. In meinem ersten Praktikum, dem der Qualitativen Anorganischen Analytik – bald auch »Ionenlotto« genannt –, setzte man uns einige Reagenzgläser mit Einzelstoffen bzw. Stoffgemischen vor, und wir sollten dann die darin enthaltenen Stoffe herausfinden. Da wir fast alle frisch von der Schule kamen und meist noch nie im Labor gestanden und Analysen »gekocht« haben, wussten wir nicht, was wir machen sollten. Aber irgendwie hatten wir die Einstellung: Es haben schon Generationen vor uns dieses Praktikum überstanden und darunter waren gewiss auch noch Dümmere als wir.

Da ich am Anfang mit zahllosen Fachwörtern bombardiert wurde und mit den Analysen große Schwierigkeiten hatte, habe ich nach diesem Praktikum beschlossen, meine dort gesammelten Erfahrungen für die »nächste Generation« niederzuschreiben. Herausgekommen ist schließlich dieses Arbeitsbuch, das für all diejenigen gedacht ist, die das Praktikum der Qualitativen Anorganischen Analyse zu absolvieren haben. Mir ist dabei ganz besonders wichtig, dir schon jetzt klarzumachen, wo es Querverbindungen zwischen den (langweiligen?!) Versuchen im Labor und dem täglichen Leben bzw. deinem späteren Berufsfeld gibt. Gerade diese Querverbindungen haben mir damals das Lernen auf Prüfungen leichter gemacht. Während der folgenden Jahre ist von vielen anderen, bei denen ich mich an dieser Stelle ganz herzlich bedanken möchte, der eine oder andere Fehler entdeckt worden, und es kamen viele Anregungen, was man noch so alles verbessern könnte. So hat das Buch während der letzten Jahre viele »Kinderkrankheiten« überstanden und ist langsam aber sicher »gereift«. (Es ist sogar »so erwachsen geworden«, dass die Pharmaziestudenten in Freiburg es nicht nur für dieses Praktikum verwenden, sondern auch in den Semestern, in denen die Arzneistoffanalytik behandelt wird. Für die Pharmazeuten und PTAs unter euch heißt es also vielleicht: Räumt dieses Arbeitsbuch am Ende dieses Praktikums möglichst so auf, dass ihr es in einigen Semestern wiederfindet.)

Wie ist dieses Arbeitsbuch aufgebaut? Zuerst kommen einige »Lexikon-Seiten«, die sozusagen eine »Überlebenshilfe für die ersten Labortage« darstellen sollen und in denen auf verschiedene Aspekte der Laborarbeit eingegangen wird. Dann habe ich versucht, in kurzen Kapiteln die wichtigsten theoretischen Grundlagen zu erklären, die für das Verständnis der Versuche nötig sind (das Chemische Gleichgewicht, die Säure/Base-Reaktionen, Löslichkeiten, die Komplexe und die Redoxreaktionen). Allen, die meinen, chemisch nicht allzu fit zu sein (etwa weil sie Chemie nach der 11. Klasse abgewählt haben), empfehle ich dringend, sich diese Grundlagen so bald wie möglich anzueignen; nicht, um sich als »Streber« hervorzutun, sondern weil es die

Durchführung der Versuche sehr erleichtert, wenn man weiß, warum man was im Praktikum macht. Daran schließt sich der praxisorientierte Teil an, in dem ich einen »Analysenfahrplan« aufgestellt habe, also beschreibe, in welcher Reihenfolge (Vorproben, Anionen-, Kationennachweise) eine Analyse zu »kochen« ist. Für jedes Element sind nützliche Informationen, Vorkommen, Bedeutung/Anwendung (v. a. im pharmazeutischen Bereich) und Eigenschaften aufgeführt. Außerdem werden die einzelnen Nachweisreaktionen für die jeweiligen Ionen beschrieben. Ich habe mich bemüht, die Versuche aus den Lehrbüchern so zu beschreiben, dass man eine möglichst präzise Arbeitsanleitung hat *und* die Theorie dazu versteht (diese lässt sich fast immer auf die Theoriekapitel am Anfang des Arbeitsbuches zurückführen). Abschließend sind die Versuchsbeschreibungen mit Hinweisen versehen, die auf eigenen Erfahrungen bzw. den zahlreichen Tipps meiner Kommilitonen beruhen, denen ich an dieser Stelle nochmals ganz herzlich danken möchte. Ich würde das mit einem Kochbuch vergleichen, bei dem sicher auch nicht dasselbe herauskommt, wenn ein Chefkoch und ein Lehrling dasselbe Rezept kochen, da der eine aufgrund eigener Erfahrung weiß, worauf es bei der Zubereitung ankommt, damit ein Gericht gelingt, und der andere eben (noch!) nicht.

Nun möchte ich noch kurz auf den sehr wichtigen Aspekt der Gesundheit und Sicherheit bei diesem Praktikum eingehen. Meine ganz persönliche Meinung: Es gibt Gefährlicheres als das Arbeiten im Labor! Sicher, du hantierst nicht gerade mit gesundheitsfördernden Stoffen, aber bei sachgemäßer Durchführung der Versuche hält sich das Risiko in Grenzen. Wo es mir absolut notwendig und wichtig erschien, auf einen »gefährlichen« Versuch hinzuweisen, ist dies bei den Anionen-/Kationennachweisen in Form der »Vorsichtzeichen« geschehen. Ich hoffe, dass du nach diesem Praktikum einigermaßen einen Überblick hast, welche Stoffe warum gefährlich sind. Die angehenden Apotheker unter euch sind später laut Gesetzestext »Gefahrstoffexperten«, d.h. sie sollten am Ende ihres Studiums wissen, welche Stoffe wie auf den menschlichen Körper wirken und was man bei Vergiftungserscheinungen macht.

Außerdem tauchen in diesem Arbeitsbuch immer wieder Fragen auf, die sich auf einen unmittelbar darüberstehenden Sachverhalt beziehen. Die Beantwortung dieser Fragen ist natürlich freiwillig, es sind sozusagen *meine* »Prüfungsfragen« an dich; sie sollen dich zum Nachdenken anregen und helfen, dir noch einmal klar zu werden, was du warum wie machen sollst und warum genau so und nicht anders. Ob du richtig geraten hast – pardon, natürlich muss es heißen: es gewusst hast –, erfährst du auf S. 241 ff.

Abschließend gibt es noch einige mir nützlich erscheinende Tabellen, in denen viele Stoffe beschrieben sind. Da dies mein erstes Buch ist, wünsche ich mir sehr, dass du mir (nach Ablauf deines Praktikums) ein paar Zeilen an den Verlag schreibst, was dir gut oder weniger gut gefallen hat; ich bin für jeden Verbesserungsvorschlag dankbar und werde dir nach Möglichkeit auch antworten (s. auch »Meckerseite« ganz hinten).

Jetzt wünsche ich dir erst mal mindestens so viel Spaß in diesem Praktikum, wie ich damals hatte und … Kopf hoch, es ist alles nur halb so schlimm!

Viel Erfolg wünscht Dir

Dirk Häfner

Hoffnung

Nicht nur die stolze Firma Bayer®
Nein, auch der Apotheker Mayer
Und Hinterhuber, der Drogist,
Sehn, was die Welt an Pillen frißt
Und nährn die Hoffnung drum im Busen,
Daß sie, schier so wie Leverkusen
Und andere Erzeugungsstätten,
Glück mit dergleichen Sachen hätten.
Soll er denn, fragt sich jeder Brave,
Für ewig sein der Handelssklave
Der Firmen all, der reichen, großen?
Kann er nicht selbst noch Pulver stoßen
Und Pillen drehn, wie es der Ahn
Jahrhunderte hindurch getan?
Der Anfang ist oft klein, ja winzig,
Knoblauchig und pfefferminzig,
Doch Kühnere voll Tatkraft werfen
Sich schon auf Kreislauf, Herz und Nerven
Und, leicht durchsetzt mit Weltanschauung,
Auf die geregelte Verdauung.
Im Laden ein Plakat schon prunkt:
»Erkennst du deinen dunklen Punkt??
Er wird durch Mittel prompt erhellt,
Von mir persönlich hergestellt!«
Und vor des Schöpfers innerm Blick
Steht schon, gewaltig, die Fabrik.

Aus: Eugen Roth »Ernst und heiter« dtv

Abkürzungen

Folgende Abkürzungen werden in diesem Arbeitsbuch verwendet:

DAC 3	Alternative Identifizierung im DAC
AB	Arzneibuchnachweis
Ac.(OAc)	Acetat (OAc findet man in Lehrbüchern)
(aq.)	aquatisiert (in wässriger Lösung)
AS	Analysensubstanz
dil.	verdünnt (diluted)
e^-	Elektron
E^0	Standardpotenzial
DAD	Diacetyldioxim/ Dimethylglyoxim
DAB	Deutsches Arzneibuch
(g)	gasförmig
GG	Gleichgewicht
H^0/<H>	atomarer (naszierender) Wasserstoff
HAc/HOAc	Essigsäure
HG	Hauptgruppe
i.W.e.	im Wasserbad erwärmen
J.B.	Jander/Blasius (rotes Lehrbuch)
K_L	Gleichgewichtskonstante für Löslichkeiten
K_{Stab}	Gleichgewichtskonstante für Komplexstabilitäten
KTG	Kationentrennungsgang
⚠	Kennzeichen für die Versuche, die besondere Vorsichtsmaßnahmen erfordern
konz.	konzentriert
KZ	Koordinationszahl
(l)	flüssig (liquid)
LM	Lösungsmittel
Lp.	Löslichkeitsprodukt
MWG	Massenwirkungsgesetz
NG	Nebengruppe
NS	Niederschlag
NW	Nachweis
OT	Objektträger
Ox.	Oxalat
OxZ	Oxidationszahl
OZ	Ordnungszahl im Periodensystem
PSE	Periodensystem der Elemente
P	Pharmazeutischer Bezug
PE	Polyethylen
Ph.Eur.	Europäisches Arzneibuch
r	Radius (eines Atoms/Ions)
RAM	Relative Atommasse
RG	Reagenzglas
RGl	Reaktionsgleichung
(s)	fest (solid)
s. S.	siehe Seite
SA	Sodaauszug
SAR	Sodaauszugrückstand
Sdp.	Siedepunkt
SM	Schwermetall
Smp.	Schmelzpunkt
Sre.	Säure
TAA	Thioacetamid
Tr.	Tropfen
ZG	Zentrifugenglas

Laborgeräte

Hier sind die häufigsten Laborgeräte aufgeführt, mit denen du im Laufe verschiedener Praktika zu tun hast:

Abdampfschale

Becherglas

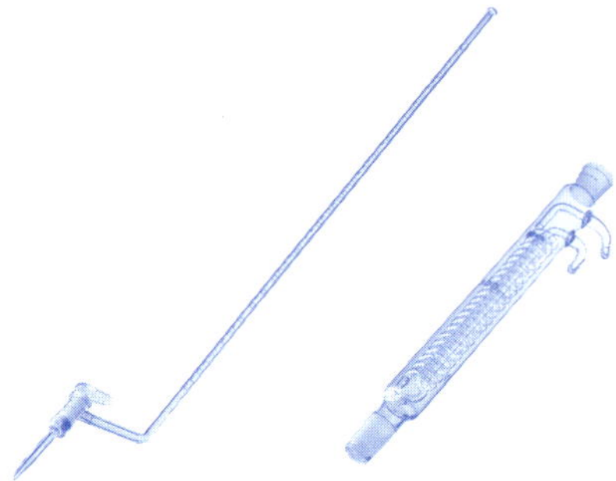
Bürette
Dimroth-Kühler

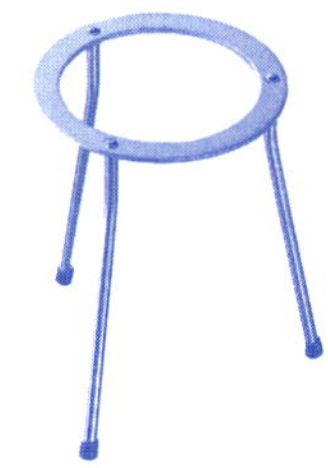
Dreifuß

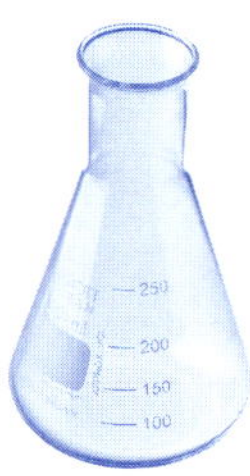
Erlenmeyerkolben

Exsikkator

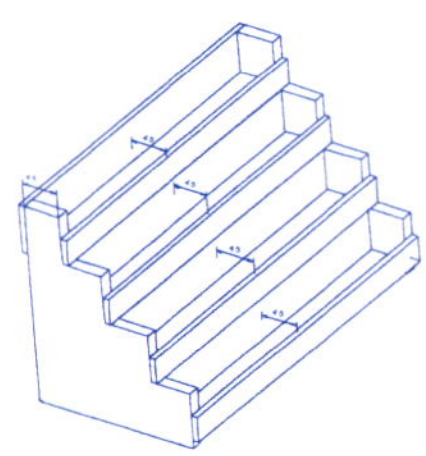
Flaschenständer nach Ackermann

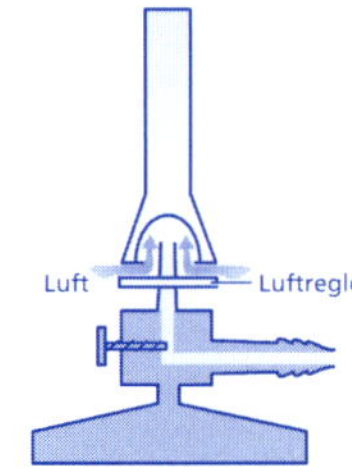

Gasbrenner

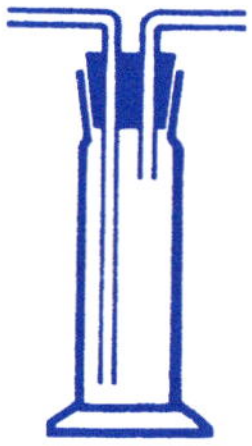
Gaswaschflasche

Kristallisierschale

Liebigkühler

Messbecher

Messkolben

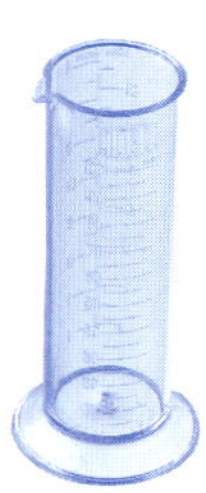
Messzylinder

Mineralfasernetz

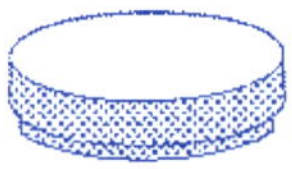
Petri-Schale

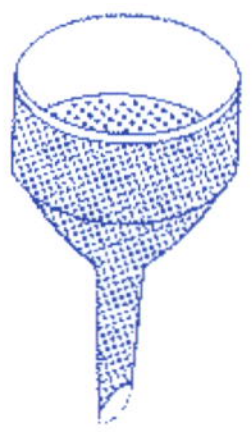
Porzellan-Nutsche

Porzellanschiffchen

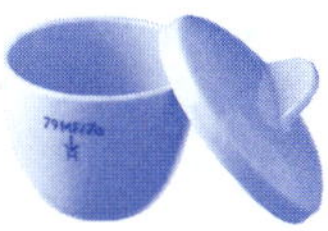
Porzellantiegel

Pulvertrichter

Pyknometer

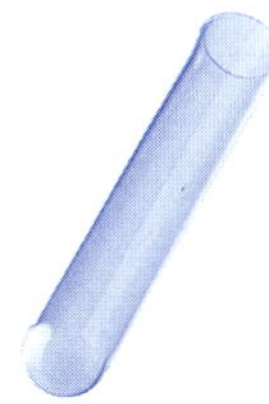
Reagenzglas

Reagenz-
glasbürste

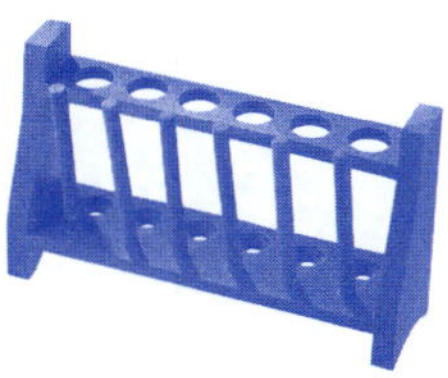
Reagenzglasgestell

Reagenzglas-
halter

Reibschale
mit Pistill

Rundkolben

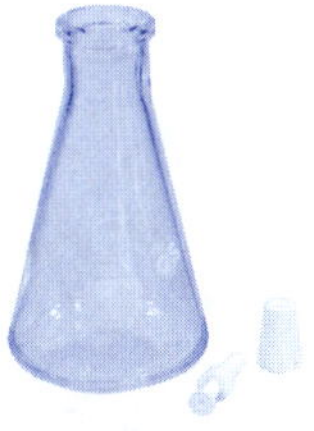
Saugflasche

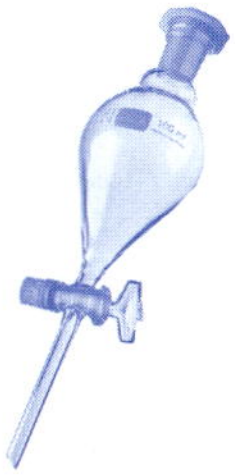
Scheidetrichter

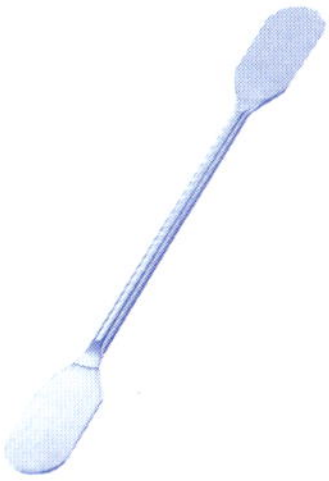
Spatellöffel

Spritzflasche

Standzylinder

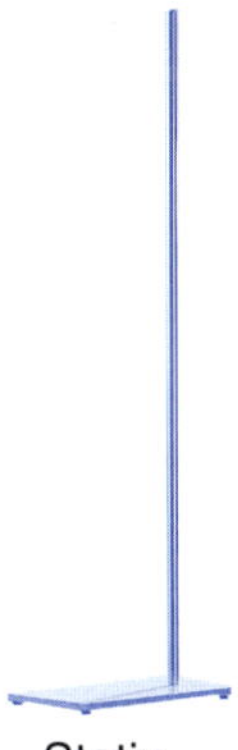
Stativ

Stativklemme

Stativmuffe

Stativring

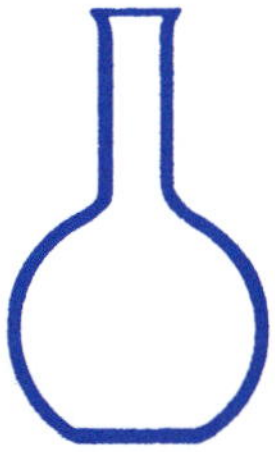
Stehkolben

Thermometer

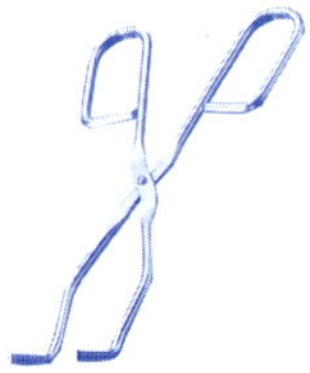

Tiegelzange

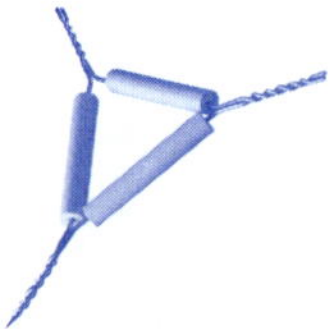

Tondreieck

Trichter

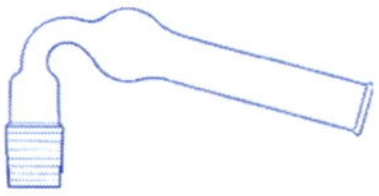

Trockenrohr

Tropfpipette

Tropftrichter

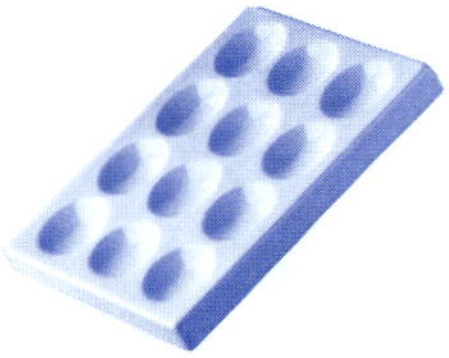

Tüpfelplatte

Uhrglas

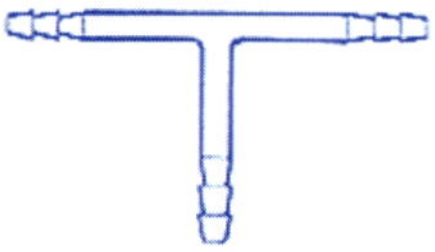

Verbindungsstück (T-Stück)

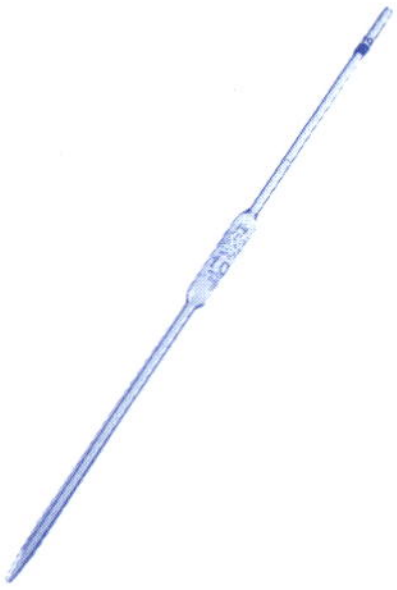

Vollpipette

Wägegläschen

Wasserstrahl-
pumpe

»Sherlock Holmes im Labor« oder: Wie gehe ich eine Analyse an?

Blicke ich auf mein Praktikum der Qualitativen Anorganischen Analyse zurück, so muss ich sagen, dass man die Tätigkeit im Labor mit der Arbeit eines Detektivs vergleichen kann. In der Tat erfordert das Herausbringen einer Analyse, das Lösen eines Falles, fast den detektivischen Spürsinn eines Sherlock Holmes, ein gutes Auge und sehr viel logisches Denken, um die richtigen Schlussfolgerungen über die An- oder Abwesenheit von Anionen und Kationen ziehen zu können.

Was das Programm angeht, d. h. welche Fälle du zu lösen hast, ist von Institut zu Institut unterschiedlich, aber es ist anzunehmen, dass es sich um eine bestimmte Zahl an Einzelstoffen und Gemischen handelt, d. h. du musst bei den Einzelstoffen je ein Kation und ein Anion (z. B. Na^+ und Cl^-) und bei den Gemischen eben mehrere davon finden. Bei den Einzelstoffanalysen wird manchmal verlangt, die Oxidationsstufe eines Elements mit anzugeben (z. B. ob es sich um Fe^{2+} oder Fe^{3+} handelt), bei den Gemischen ist dies meist nicht mehr erforderlich. Irgendwann wirst du dann geprüft werden, ob du würdig bist, den Titel »Sherlock Holmes« zu tragen, d. h. du musst in Kolloquien bzw. einer Abschlussprüfung zeigen, dass du weißt, wie man die Kat- und Anionen der in deinem Praktikum vorkommenden Stoffe nachweisen kann. Wie viele Ionen bei den Gemischen enthalten sein können, ist auch von Institut zu Institut unterschiedlich. Die Verteilung von Kat- und Anionen kann dabei ebenfalls sehr variabel sein; außerdem kann es vorkommen, dass du nach ein paar Ionen am Ende deiner Suche bist, während andere im Labor die ganze Bandbreite der möglichen Ionen haben, daher der ganz dringende Hinweis: Lass' dich nicht zu sehr vom Nachbarn beeinflussen.

Bei Pharmaziestudenten (und PTAs) werden in diesem Praktikum oft so genannte Identitäts- und Grenzprüfungen durchgeführt. Identitätsprüfungen werden in der Apotheke bei Rohstoffen durchgeführt, d. h. wenn da steht, dass die Tüte Kochsalz (NaCl) enthält, so ist dies zu überprüfen. Grenzprüfungen werden gemacht, um herauszufinden, ob bestimmte Verunreinigungen wie z. B. Schwermetalle – meist aufgrund des Herstellungsverfahrens – in der Substanz enthalten sind und wenn ja, ob sie einen bestimmten erlaubten Grenzwert überschreiten und damit für die Arzneimittelherstellung nicht mehr verwendet werden dürfen. Für diese Identitäts- und Grenzprüfungen gibt es spezielle Anweisungen, die im DAB (Deutsches Arzneibuch) bzw. Ph. Eur. (Europäisches Arzneibuch) festgelegt sind. Das DAB/Ph. Eur. hat Gesetzescharakter und jeder, der in Deutschland mit Arzneimitteln zu tun hat, muss sich nach ihm richten. Ich würde den Pharmaziestudenten (und PTAs) unter euch empfehlen, sich dieses Werk bei Gelegenheit auf die für dein Praktikum relevanten Nachweise hin durchzusehen.

Die zu lösenden Fälle sind von Institut zu Institut ebenso unterschiedlich wie die »Spielregeln«: Nach sorgfältigem Recherchieren gibst du deine Analyse mit dem Verdacht ab, den du für Kationen und Anionen hast (so genannte 1. Ansage). Lass' dich dabei auf keinen Fall von den »Ermittlungsergebnissen« anderer im Labor beeinflussen; er/sie hat einen ganz anderen »Fall« zu lösen. Stimmt dein Verdacht, so kannst du dich dem nächsten Fall widmen. Falls nicht, so kannst du ihn – je nach Institut – korrigieren oder auch nicht. Dabei kommt es, bei einem weiteren »Fehlversuch«, leicht zu einer so genannten A-Analyse, d. h. einer völlig neuen Aufgabe. Selbstverständlich stehen dir bei der Lösung deiner Fälle Hilfsmittel zur Verfügung. Da wäre zunächst einmal all das, was in den Schränken an Gerätschaften und Reagenzien steht. Ich rate dir dringend, alle Geräte sorgfältig zu prüfen, ob sie irgendwie defekt sind, wobei du auch kleinste Risse oder Sprünge reklamieren solltest, denn am Schluss musst du in der Regel defektes Material ersetzen, was unter Umständen sehr teuer werden kann – und die Praktikumsleiter schauen da meist sehr genau hin! Defekte Glasgeräte sind auch eine Unfallquelle, außerdem besteht die Gefahr von Schnittverletzungen und Verätzungen, wenn z. B. ein gesprungenes Reagenzglas beim Erhitzen platzt (besonders ärgerlich v. a., wenn sich in diesem geplatzten Reagenzglas womöglich Lösung befunden hat, an der du schon einige Stunden »herumgekocht« hast ...). Außerdem gehört die entsprechende Schutzkleidung dazu (S. 24 f.). Als guter Detektiv solltest du unbedingt ein Protokollheft führen, in dem du Spurensicherung betreibst, d. h. zu jedem Versuch *alle* Beobachtungen und Nachweise einträgst, die du gemacht hast. Ganz besonders wichtig ist dabei das Notieren von »komischen« Eigenschaften oder Beobachtungen, weil gerade sie den entscheidenden Hinweis liefern können. Also – alles aufschreiben und keine Angst wegen »schlechter Formulierungen«, außer dir sieht keiner das Heft. Aber lass' dir gesagt sein, nichts ist ärgerlicher, als wenn man eine Beobachtung nicht notiert und später überlegt: »Wie war das beim Zusammenkippen von ...?«

Da du meist noch keine Ahnung hast, was in deiner Analyse drin ist, empfehle ich dir folgendes Vorgehen: Wenn du einen neuen Stoff/ein neues Gemisch bearbeitest, fängst du im Protokoll damit an, Spuren zu sichern: Wie sieht der Stoff aus, ist es ein Pulver oder sind es Kristalle? Bei Gemischen: Aus wie vielen Bestandteilen ist das Gemisch zusammengesetzt und welche Farben haben sie?

Nun erfolgt das sorgfältige Verreiben, damit der ganze Stoff einheitlich aussieht und das Abfüllen in ein trockenes, sauberes Reagenzglas, das ordentlich beschriftet und mit einem Gummistopfen verschlossen sein sollte.

FRAGE 1 ■ Warum sollte das RG immer mit einem Gummistopfen verschlossen werden?

Da der Kreis der in Frage kommenden Ionen meist ziemlich groß ist, empfiehlt es sich, durch so genannte Vorproben (S. 93 ff.) erste Hinweise zu bekommen. Dann erfolgt eine systematische Analyse der An- und Kationen. Bei den Anionen empfehle ich folgende Reihenfolge:

Nachweise aus der Analysensubstanz:

$CH_3COO^-/CO_3^{2-}/C_4H_4O_6^{2-}/NO_2^-/NO_3^-/PO_4^{3-}/BO_3^{3-}/S^{2-}/F^-/SiO_3^{2-}$

Nachweise aus dem Sodaauszug:

$SCN^-/I^-/Br^-/Cl^-/SO_4^{2-}/SO_3^{2-}/C_2O_4^{2-}/IO_3^-/BrO_3^-$.

Bei den Kationen ist die Reihenfolge durch den KTG (S. 149 ff.) klar festgelegt, wobei die Probe auf NH_4^+ immer zuerst durchgeführt wird. Grundsätzlich sollte man folgende Hinweise beachten:

- Nachweise sind meist durch eine Fällung/einen Farbumschlag oder Gasentwicklung gekennzeichnet.
- Pro Ion immer mehrere Nachweise machen.
- Nie den gesamten Stoff/die gesamte Lösung für einen Nachweis verwenden. Geringste Stoffmengen reichen für einen Nachweis aus.
- Nur mit klaren Lösungen arbeiten.

Ganz wichtig ist auch die Einstellung, mit der man an eine Analyse geht. Sicher, jeder hat mal einen schlechten Tag, aber wenn man schon zu Laborbeginn meint: »Heut' find ich sowieso nichts«, dann findet man auch nichts. Es klingt seltsam, aber ich kann es aus eigener Anschauung bestätigen: Wenn einmal »der Wurm drin ist«, dann geht alles schief, während ein anderer denselben Stoff anschaut, drei Nachweise macht und dann genau weiß, was in der Analyse ist. (Dieses »Labor-Phänomen« wirst du auch in anderen Praktika beobachten!)

Egal, wie gut oder schlecht es gelaufen ist: Du solltest abends den Tag im Labor rekapitulieren, überlegen, was warum klappte (oder auch nicht) und *vorab* einen »Schlachtplan« für den nächsten Tag aufstellen, denn wenn man im Labor steht, kann man meist keinen vernünftigen Gedanken mehr fassen. Selbst wenn du eine A-Analyse kassiert hast: Es lohnt sich trotzdem, nochmals zu überlegen, warum man welchen Fehler gemacht hat und – sollte man es sich wirklich nicht erklären können – einen Laborkollegen oder Assistenten zu fragen; so vermeidet man manchen zukünftigen Fehler. Ich bin rückblickend über jeden Fehler dankbar, den ich gemacht und aus dem ich gelernt habe! Nur so kam es zu diesem Arbeitsbuch und ich werde nie vergessen, was eine Kommilitonin, die weiter war als ich und nur richtige Ansagen abgegeben hatte, bedrückt zu mir sagte: »Was nützen mir die richtigen Analysen, wenn ich nicht weiß, warum ich welches Ion wie nachweise, sondern die Abgabe immer ein Glücksspiel ist?« Da jedoch noch kein Meisterdetektiv vom Himmel gefallen ist, sind die ersten Tage im Labor oft als »Training« geplant, in dem du die wichtigsten Analysenmethoden einmal ausprobieren kannst. Falls du nach der

Durchführung deines persönlichen Programms noch Zeit und Lust haben solltest, etwas zu tun, so empfehle ich das Trainingsprogramm auf dieser Seite.

Falls du jetzt sagst: »Der ist verrückt, wie soll ich das machen, ich hab' doch keine Ahnung?!« – keine Panik, erstens *musst* du dieses Programm nicht durchführen und zweitens steht alles genau im Arbeitsbuch beschrieben, blättere doch mal die nächsten Seiten durch!

■ Trainingsprogramm zur Vorbereitung auf das Praktikum

1. Tag:
- Einrichten des Laborplatzes (Beschriften der von dir teuer erkauften Ausrüstung)

2. Tag:
- Fülle dir je zwei Spatelspitzen $PbCO_3$, ZnS, KNO_2 und CaF_2 jeweils in ein großes RG und beschreibe die Stoffe genau
- Dampfe mal ein 2/3 volles und ein 1/3 volles RG mit reinem Wasser bis fast zur Trockene ein
- Flammenprobe von LiCl, $CaCl_2$ und $SrCl_2$ (lerne die verschiedenen Rottöne anhand der Linien im Spektroskop zu unterscheiden)

3. Tag:
- Boraxperle eines Nickel-, Mangan-, Cobalt- und Chromsalzes (damit man sieht, wie eine positive Boraxperle dieser Ionen aussieht)
- Al^{3+} mittels Thénards Blau und Zn^{2+} mittels Rinmans Grün nachweisen (S. 170 bzw. 232)
- Aufschluss und Nachweis von Bariumsulfat

4. Tag:
- Anionennachweis für Acetat (zweiter Nachweis), Carbonat, Borat, Nitrat, Phosphat, Silikat und Thiosulfat ausführen (nimm am besten Natrium- oder Kaliumsalze der entsprechenden Ionen)
- Nachweis von Cl^- und SCN^- als AgCl bzw. AgSCN (Vergleich der unterschiedlichen NSe sowie deren Löslichkeit in HNO_3)
- Thioharnstoffnachweis mit Bismut und Antimon durchführen (S. 183)
- Leuchtprobe für Zinn (S. 236)

5. Tag:
- Trennung eines Gemisches von Hg_2Cl_2, $CuSO_4$, $FeCl_3$ und $BaCl_2$ mittels KTG
- Hg^{2+}-Nachweis sowohl mittels Cu-Cent als auch mit KI
- NH_4^+-Nachweis mittels Uhrglas

Das kleine »Labor 1 x 1«

Arbeitsplatz ■ Dein Arbeitsplatz fällt oft sehr klein/eng aus. Daher empfehle ich dir, nur Folgendes hinzustellen: Genau vor dich einen großen und einen kleinen Reagenzglasständer, rechts daneben einen Bunsenbrenner, der ständig auf kleiner Flamme brennt und der ein auf Dreifuß und Ceranplatte stehendes 250-ml-Becherglas erwärmt bzw. warmhält, in dem sich etwas Leitungswasser befindet; damit hat man ständig ein Wasserbad zum Erwärmen bereit. Direkt rechts neben dir sollte noch ein kleiner Stofflappen Platz haben, der zum Abwischen, als »Topflappen« o. ä. dient. Ferner sollte zwischen dir und deinem Nachbarn noch ein großes Becherglas stehen, in dem ihr die wässrigen Sonderabfälle, die während des Tages anfallen, sammelt. Achtung: Organische Lösungsmittel werden getrennt entsorgt – wo genau, das frage am besten deinen Assistenten. Versuche bitte, mit möglichst geringen Mengen zu arbeiten, damit sehr wenig Sondermüll entsteht, denn die Entsorgung ist teuer und außerdem schadet er der Umwelt. Außer den eben genannten Dingen gehört eigentlich nur noch die Spritzflasche mit destilliertem Wasser auf den Tisch, sonst nichts. Schreibzeug, dieses Arbeitsbuch, Bücher u. ä. empfehle ich – schon aus Sauberkeitsgründen – in die Schublade zu legen; benötigte Reagenzienfläschchen sollte man grundsätzlich – sofort nach Gebrauch – wieder dort hinstellen, wo man sie hergeholt hat. Dass Rauchen, Essen und Trinken im Labor lebensgefährlich (!!!) sind, dürfte sich von selbst verstehen.

Assistenten ■ Assistenten sind meist Leute, die dieses Praktikum schon erfolgreich hinter sich gebracht haben, denen es aber soooo gut gefallen hat, dass sie Labordienst übernommen haben, d. h. sie beaufsichtigen Leute wie dich, die gerade dieses Praktikum absolvieren. Sie sind zwar grundsätzlich dazu da, deine Fragen zu beantworten, tun dies aber je nach Tagesform und Fragestellung mehr oder weniger gern. Es ist unsinnig, mit einem RG zum Assistenten zu rennen und zu fragen: »Was ist denn das? Was ist da passiert?« Woher soll er denn wissen, was du gemacht hast? Sehr wohl sind Assistenten (von Ausnahmen abgesehen) bereit und in der Lage, dir Auskunft zu geben, wenn du ihnen genau schilderst, was du jetzt genau wie und warum gemacht hast und warum nicht das passiert, was im Buch steht; d. h. wer überlegt hat, was er da macht, erhält von den Assistenten meist auch brauchbare Tipps.

Ausrüstung ■ Was wäre ein Detektiv ohne entsprechende Ausrüstung? Bei dir sollte es sich dabei um Folgendes handeln (ich möchte darauf hinweisen, dass einiges davon in deiner Laborausrüstung vorhanden sein wird, es aber durchaus empfehlenswert ist, das darin vorhandene Material auf den u. g. Bestand zu erhöhen):

Etiketten zum Beschriften, Feuerzeug, Handschuhe, eine Rolle Indikatorpapier, Laborkittel, Schutzbrille, je 15 Magnesiarinnen und -stäbchen, Rollrandgläschen, Objektträger, Peleusball, mindestens 5 PE-Tropfflaschen, ca. 7 Tropfpipetten, ggf. Messpipetten für die Grenzprüfung (einmal 1 ml, einmal 5 ml und einmal 10 ml), 1 Platindraht, 15 große Reagenzgläser, 20 kleine Reagenzgläser (ist sicher nicht zu viel, da diese leicht zu Bruch gehen und man seine Analysen sonst dauernd mit lästigem Spülen unterbrechen muss), Reagenzglasbürsten (eine für große und eine für kleine RGer), evtl. einen weiteren Reagenzglasständer (du wirst dich wundern, wie schnell einer voll ist), Reagenzglaszangen, Siedestab, Spülmittel, Tesafilm und Zentrifugengläser.

- Der Kittel muss und auch die Kleidung darunter sollte möglichst aus 100 % Baumwolle sein, da Kittel, die einen Anteil Kunstfasern enthalten, leichter entflammbar sind und v. a. den Stoff in die Haut einbrennen, was äußerst schmerzhafte und schlecht heilende Wunden verursacht. Das mit dem Kittel gilt auch für später in der Apotheke (du kannst ja in deiner Famulatur mal darauf achten). Außerdem ist darauf zu achten, dass der Kittel nur vorne zu öffnen bzw. zu schließen ist, damit man ihn im Brandfall schnell genug ausziehen kann. Sag' nicht: »Wer ist schon so blöd, sich den Kittel anzuzünden?« – es geht recht schnell, dass du mit einem Ärmel in der Bunsenbrennerflamme hängst oder dein Nachbar durch Unachtsamkeit eine Stichflamme erzeugt. Ich empfehle dir, Spatel, Feuerzeug, Kuli und eine Rolle pH-Papier in den Kittel zu stecken.
- Die Schutzbrille ist ebenso wichtig wie der Kittel und muss gleichfalls bereits *vor* Betreten des Labors getragen werden, sonst kann dir ein Tag Laborverbot drohen, wenn's ein Assistent merkt – zu recht! Außerdem zahlt die Berufsgenossenschaft, die für die Kosten zuständig ist, die aus Unfällen im Labor entstehen, keinen Cent, wenn der Unfall durch falsches Verhalten (wie z. B. das »Nicht-Tragen« einer Schutzbrille) passiert ist. Die Schutzbrille mag zwar anfangs etwas unbequem sein, aber ein Leben lang blind zu sein, nur weil man mal nicht aufgepasst hat, ist auch nicht gerade vorteilhaft. (Ich kann dies gerade aus Erfahrungen in einem anderen Praktikum nur eindringlich wiederholen: Bei mir ist einer Kommilitonin bei einer »ungefährlichen« Aktion aus einem Reagenzglas konzentrierte Schwefelsäure ins Ge-

sicht gespritzt. Dass ihr dabei nichts in die Augen kam, lag nur daran, dass sie vorschriftsmäßig die Schutzbrille aufgesetzt hatte – sonst wäre sie jetzt blind!) Deshalb: Lieber ein Studium lang mit Schutzbrille als ein Leben lang blind! Brillenträgern sei gesagt: Deine Augengläser nutzen dir bei einem Siedeverzug deines Nachbarn überhaupt nichts, weil ein Seitenschutz fehlt. Deswegen gilt auch für dich: zusätzlich Schutzbrille aufsetzen!
Da man beim Spektroskopieren oder Mikroskopieren oft die Schutzbrille abnimmt und danach nicht mehr aufsetzt, mach' auch deine Mitstreiter im Labor darauf aufmerksam, das Ding aufzusetzen. Alte Hosen und extra Schuhe (fest und geschlossen!) sind zwar nicht vorgeschrieben, aber zumindest anzuraten, da die Klamotten ziemlich stinken und sich fast jeder während des Praktikums den obligatorischen »Säurefleck« zuzieht, der beim Waschen zum »Säureloch« wird.

- Was nun die Handschuhe (am besten Haushaltshandschuhe, keine Latex-Handschuhe) angeht, so muss man unterscheiden: Trägt man sie den ganzen Tag, so schwitzt man ziemlich, die RGer rutschen leicht aus den Fingern und es verleitet zum sorglosen Arbeiten (»Ach, das bisschen H_2SO_4 konz. wisch' ich mit den Fingern ab.«). Handschuhe sollten bei sämtlichen mit dem »Vorsichtszeichen« ⚠ gekennzeichneten Versuchen getragen werden, v. a. beim Arbeiten mit Chromaten. Außerdem empfehle ich Handschuhe bei folgenden Aktionen:
  - abends beim Saubermachen der RGer, da hier oft bedenkenlos Säuren und Laugen ausgekippt werden, ohne darauf zu achten, über wessen Hände sie laufen.
  - immer beim Arbeiten mit konzentrierten Säuren und Laugen.
  - immer beim Umfüllen von großen Flaschen in die Standgefäße am Platz.
  - immer beim Einleiten von H_2S-Gas, da es beim Herausspritzen von Flüssigkeit sonst braune Flecken auf der Haut geben kann.

Auswaschen ■ Hat man einen Niederschlag, mit dem man weiterarbeiten möchte, so ist dieser auszuwaschen, da er meist noch durch Ionen in der Lösung verunreinigt ist. Dazu kippt man die überstehende Lösung vom NS ab und gibt zum Niederschlag dreimal etwas Waschflüssigkeit, was je nach Niederschlag H_2O, $(NH_4)_2CO_3$, H_2S-Wasser o. a. sein kann, wobei wenige Milliliter genügen, und zentrifugiert. Dabei ist zu beachten, dass man dazu nur eine Flüssigkeit nehmen kann, in der sich *der Niederschlag* nicht löst, sehr wohl aber die Stoffe – meist andere Ionen –, von denen man den Niederschlag reinigen möchte. Nun ersetzt man die alte Waschflüssigkeit durch einige Milliliter neue, schüttelt den sich gebildeten Niederschlag darin auf und wiederholt das Auswaschen zweimal. Dabei ist das Auswaschen mit mehrmals wenigen ml effektiver als einmal mit einer größeren Menge Flüssigkeit. Der so (aus-)gewaschene Niederschlag kann nun für Nachweise verwendet werden. Das Auswaschen muss auch an der Wand des Reagenzglases stattfinden!!

Beschriften ■ Tipp zum Geldsparen: Beschrifte unbedingt alles, was du am Platz hast (am besten mit festhaftendem, farbigem Gewebeband, das in jedem Kaufhaus erhältlich ist), also sowohl das, was dir selbst gehört, als auch das, was zu deiner Laborausrüstung gehört (vom RG über pH-Papier bis hin zu Spatel und Spritzflasche). Es ist unglaublich, wieviel freiwillig und unfreiwillig im Labor »gestohlen« wird, weil man nicht mehr weiß, was wem gehört. Wenn du also jemandem oder von jemand etwas ausleihst, solltest du das immer in ein kleines Heftchen o. ä. eintragen. Grundsätzlich solltest du jedes RG so beschriften, dass du auch nach längerer Zeit (Mittagspause, Zwischenfrage eines Laborkollegen, am nächsten Tag) noch genau weißt, was drin ist (besonders wichtig, wenn du Gemische oder mehrere Analysen gleichzeitig bearbeitest!). Ich weiß aus eigener Erfahrung, dass es sehr ärgerlich ist, wenn man nicht mehr weiß, was diese klare Flüssigkeit vor einem beinhaltet. An Aufklebern zu sparen, hieße wirklich an der falschen Stelle zu sparen. (Beim Saubermachen lassen sie sich mühelos entfernen.)

Bleitiegel ■ Gefäß aus Blei, dessen Deckel ein kleines Loch hat und das man zum Nachweis von Silikat und Fluorid benötigt. Da Blei einen sehr niedrigen Schmelzpunkt hat (S. 184), ist unbedingt darauf zu achten, dass der Bleitiegel nur im Wasserbad erwärmt wird; also nie direkt auf die Ceranplatte stellen, sondern immer in eine mit Wasser gefüllte Porzellanschale. Die Versuche klappen damit genauso gut, du ersparst dir jedoch eine teure »Bleischmelze« (so ein Ding kostet etwa € 13,–). Ferner ist darauf zu achten, dass nur absolut trockene Tiegel zur Versuchsdurchführung verwendet werden und dass der Tiegel nie mit HCl oder HNO_3, sondern immer nur mit H_2SO_4 gefüllt wird!

FRAGE 2 ■ Warum sollte man nie HCl bzw. HNO_3 in den Bleitiegel geben?

Bunsenbrenner ■ Vom deutschen Chemiker Robert W. Bunsen entwickelter Gasbrenner, bestehend aus Düse, Luftregler und Brennerrohr. Vor dem Einschalten des Brenners sollte der Luftregler nur wenig geöffnet und die Düse zur Gaszufuhr ganz geschlossen sein. Öffnet man nun den (gelben) Gashahn und die Düse (nur wenig), so »hört« man das Gas, das sich mittels Funken (Feuerzeug) entzünden lässt. Anfangs hat man eine helle, rußende, nicht sehr heiße Flamme. Öffnet man nun den Luftregler, so wird die Flamme kleiner, verfärbt sich ins Blaue und wird zunehmend heißer. Bei weiterer Öffnung der Düse verbrennt mehr Gas, die zu erwärmende Lösung wird schneller heiß, die Temperatur der Flamme bleibt jedoch gleich. Grundsätzlich gibt es bei einer Flamme zwei Zonen: die innere, etwas kältere so genannte Reduktionszone (Innenkegel) und die äußere, sehr heiße Oxidationszone (Außenkegel), die ei-

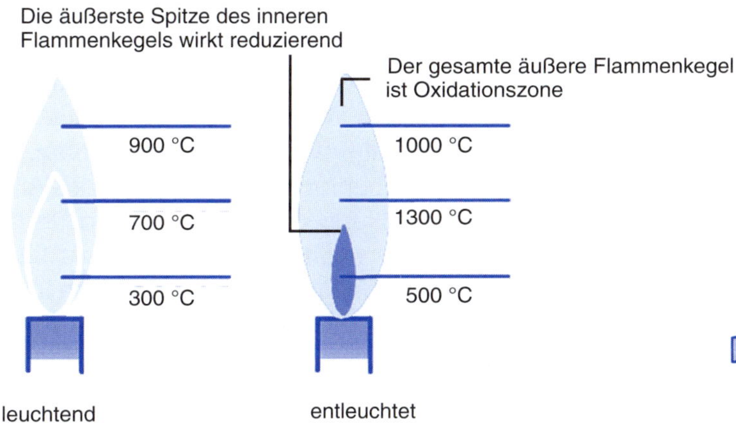

Bunsenflamme

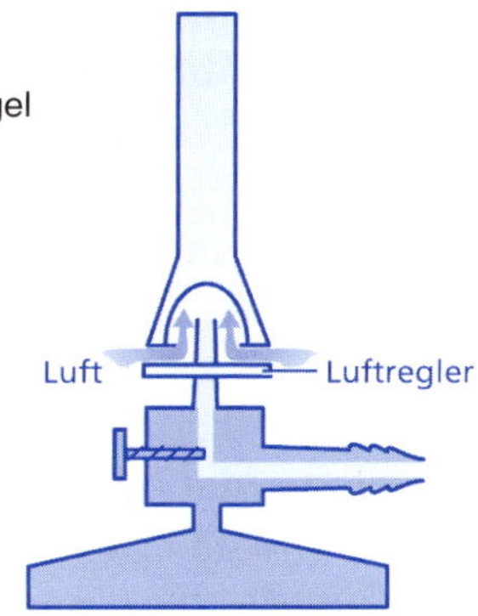

Teclubrenner

nen Überschuss an Sauerstoff enthält. Die höchste Temperatur herrscht in der Oxidationszone, wenig oberhalb der Reduktionszone; dies ist v. a. für das Schmelzen der Boraxperle wichtig. Meist kommt heute eine Weiterentwicklung des Bunsenbrenners, der so genannte Teclubrenner, zum Einsatz.

Chemikalien ■ Die im Praktikum verwendeten Reagenzien lassen sich in drei Kategorien unterteilen: Säuren und Laugen, flüssige Nachweisreagenzien und Feststoffe. Die wichtigsten davon sind samt Konzentrationsangabe, Herstellungsvorschrift und Besonderheiten auf S. 79 f. aufgeführt. Auch wenn die Säuren/Basen bereits als Glasflaschen am Platz stehen, empfehle ich ein Umfüllen in 30-ml-Kunststoff-Flaschen, da man mit ihnen leichter dosieren kann. Generell der Hinweis: Entweder ihr traut euren Vorgängern und verwendet deren übriggebliebene Lösungen weiter, oder ihr kauft euch für ein paar Cent neue 30-ml-Kunststoff-Flaschen und erspart euch damit viel Ärger. Das Neuherstellen empfehle ich vor allem für folgende Reagenzien: $Ba(OH)_2$-, $Co(NO_3)_2$-, I_2-, KI- und Stärkelösung. Alte und unleserlich beschriftete Flaschen werden vernichtet (fragt die Assistenten, wohin) und sämtliche Flaschen mit selbstklebendem Haftetikett versehen (die Beschriftung dieser Haftetiketten erfolgt am besten mit Kugelschreiber). Über das Ganze klebt man noch Tesafilm, der etwas größer als das Etikett ist. Damit verdreckt die Beschriftung nicht und man weiß auch am Ende des Praktikums noch genau, was in welcher Flasche ist. Das saubere Arbeiten sollte man sich von Anfang an angewöhnen. Aus eigener Erfahrung kann ich den angehenden Apothekern unter euch nur sagen: Nehmt euch ein Beispiel an den PTAs, die werden/wurden während ihrer Ausbildung zum sauberen Arbeiten angehalten (und auf ihren Laborplätzen sieht es meist auch sehr ordentlich aus!), denn spätestens beim Arbeiten in der Apotheke gibt's bei unsauberem Arbeiten Ärger – und das zurecht, wie ich meine.

Umgang mit Säuren und Laugen ■ **Laugen sollten immer in Kunststoff-Flaschen aufbewahrt werden, da sonst die Gefahr besteht, dass sich Ionen aus dem Glas herauslösen, was dann leicht zu falsch positiven Nachweisen führen kann.** Beim Nachfüllen aus den großen Standgefäßen unbedingt Handschuhe anziehen und die Flaschen mit beiden Händen tragen. Das Umfüllen geschieht am besten mit einem Trichter und nur unter dem Abzug. Bekommt man Spritzer einer Säure auf die Haut, was sich durch ein Brennen bemerkbar macht, so sind die betreffenden Hautpartien mindestens fünf Minuten unter lauwarmes, fließendes Wasser zu halten (auch wenn's nach kurzer Zeit nicht mehr brennt, s. a. »Unfälle« S. 34). Das Brennen spürt man nur bei Säuren, da die menschliche Haut nur für Säuren, nicht jedoch für Laugen so genannte Schmerzrezeptoren besitzt. Das Unangenehme bei Basen ist außerdem, dass sie bei Verätzungen nicht wie Säuren einen schützenden Ätzschorf ausbilden.

Entsorgung von nicht mehr gebrauchten Feststoffen ■ Ich kann mich noch sehr gut daran erinnern, wie man – nachdem man eine Analyse richtig herausgebracht hatte – das restliche Pulver seiner Analysensubstanz in hohem Bogen in den großen Abfallbehälter mit den Flüssigkeiten warf, aber halt: In den letzten Jahren gab es öfter Berichte über äußerst heftige Reaktionen, und zwar nicht (nur) bei dem, der den Stoff entsorgt, sondern durch den Stoff selbst. Das heißt, es ist schon vorgekommen, dass beim Entsorgen von Feststoffen die Lösung im Abfallbehälter zu brennen anfing oder dieser zumindest kräftig brodelte. Feststoffe allgemein sind daher unbedingt vorher in Lösung zu bringen (Wasser, verdünnte Säure) und erst dann zu entsorgen! Regel beim Verdünnen:

Nie das Wasser in die Säure,
sonst geschieht das Ungeheure!

Das gilt v. a. beim Entsorgen konzentrierter Säuren/Basen, bei denen man viel Wasser laufen lässt und dann langsam die Säure/Base dazugießt. Andernfalls erhitzt sich die Lösung so stark, dass sie entweder nach allen Richtungen verspritzt oder man wegen der Hitzeentwicklung sein RG vor Schmerz fallen lässt.

Entnehmen von Flüssigkeiten und Feststoffen ■ Flüssigkeiten werden tropfenweise entnommen, wobei darauf zu achten ist, dass die Schrift nach oben zeigt, damit herunterlaufende Tropfen die Beschriftung nicht beschädigen. Stopfen von Glasflaschen legt man mit dem Deckel nach unten auf den Tisch und verschließt die Flaschen sofort nach Entnahme des Stoffes. Feststoffe entnimmt man mit einem sauberen, trockenen Spatel, den man zuvor an einem Tuch/Lappen (nicht am Kittel) gesäubert hat. Einmal entnommene Chemikalien (auch Feststoffe) werden grundsätzlich nicht mehr in die Vorratsgefäße zurückgegeben, sondern verworfen. Holt man sich etwas aus dem Schrank, so ist das entsprechende Gefäß sofort nach Gebrauch wieder dorthin zurückzubringen, da der Platz am Labortisch beschränkt ist, da andere die Reagenzien auch brauchen und weil ein voller Labortisch beim Verschütten einer Lösung viel mühsamer zu säubern ist als ein aufgeräumter.

Zur Entsorgung empfehle ich ein großes Becherglas, in dem man die gesamten anfallenden Flüssigkeiten sammelt. Strikt getrennt zu entsorgen sind jedoch organische Lösungsmittel (ggf. Assistenten fragen).

Einige äußerst wichtige, aber häufig missachtete Hinweise:

- Sparsam arbeiten (so reichen z. B. für den kompletten KTG zwei Spatelspitzen AS).
- Ein großes RG nie mehr als 1/3 füllen, da sonst das Eindampfen, Neutralisieren u. a. sehr lange dauert.
- In einem kleinen RG reichen wenige Tropfen für einen Nachweis.

Eindampfen ■ Da manchmal im Verlauf des Analysierens das Volumen der Lösung zu groß wird, muss eingedampft werden, d. h. die Lösung wird solange mit dem Bunsenbrenner erwärmt, bis sie auf ein bestimmtes Volumen reduziert worden ist. Dies kann in einem RG oder in einer Porzellanschale geschehen. Da giftige Dämpfe entstehen können, ist immer unter dem Abzug einzudampfen! Beim Eindampfen in einem RG ist darauf zu achten, dass kein Siedeverzug auftritt! Da dies jedoch sehr leicht geschieht und das Eindampfen im RG länger dauert, ist es in vielen Fällen günstiger, in der Porzellanschale einzudampfen (größere Oberfläche zum Verdampfen!). Steht in einer Anweisung: »Man dampfe bis fast zur Trockene ein und nehme mit HCl wieder auf«, so heißt dies, dass man die Lösung bis auf wenige Tropfen eindampft und dann wieder HCl zugibt (meist bis zum ursprünglichen Volumen). Ich möchte dich an dieser Stelle eindringlich darauf hinweisen, dass beim Eindampfen nur das Lösungsmittel verschwindet, keinesfalls jedoch die darin enthaltenen Ionen, d. h. die Angst, die verbleibende Lösung reiche für die verbleibenden Nachweise nicht mehr aus, ist völlig unberechtigt.

Zum Abschluss noch die unglaublichste Geschichte, die ich von diesem Praktikum gehört habe und die einer Studentin eine A-Analyse eingebrockt hat: Sie hatte nach dem vorschriftsmäßigen Eindampfen unter dem Abzug einen positiven Eisennachweis, was der Assistent auch bestätigte, laut Analysenbuch war jedoch kein Eisen in der Analyse. Des Rätsels Lösung: Rost- (= Fe_2O_3)-Partikel vom Abzug haben sich gelöst und sind in die Analyse gefallen. Schlussfolgerung: Pass' genau auf, wenn du etwas unter dem Abzug eindampfst!

Erhitzen/Erwärmen ■ Da an zahlreichen Stellen im Praktikum erwärmt werden muss, hier einige Informationen dazu:

- Zentrifugengläser grundsätzlich nur im Wasserbad erwärmen, da sie durch ungleichmäßiges Erwärmen viel leichter zerspringen als normale RGer. Ein kaputtes Zentrifugenglas ist besonders im KTG sehr ärgerlich!
- Kleines oder großes RG immer höchstens 1/3 voll erhitzen, da es sonst schnell zu Siedeverzügen kommt. Da beim Erhitzen giftige Dämpfe entstehen können, ist dies unter dem Abzug durchzuführen!!
- Beim Erhitzen eines RGes über der Bunsenbrennerflamme sollte man es immer kräftig schütteln (als ob man zittert), und wenn der Inhalt zu brodeln beginnt, ist besondere Vorsicht geboten und die Flamme ganz schwach zu stellen, da sonst alles herausspritzen kann (»Siedeverzug«). Reagenzgläser sind beim Erhitzen natürlich immer von Personen abgewandt zu halten!

Filtrieren ■ Filtrieren ist eine der wichtigsten Tätigkeiten in diesem Praktikum. Und so wird's gemacht: Man faltet ein Filterpapier zweimal je in der Mitte zusammen, so dass daraus 1/4 Kreis wird. Diesen faltet man auf und legt ihn in den Trichter. Mit etwas Aqua demin. wird er am Trichter befestigt und schon kann man die zu filtrierende Lösung durchlaufen lassen. Dabei ist darauf zu achten, dass der Filter nie ganz bis zum oberen Rand gefüllt wird. Das, was als klare Lösung unten herauskommt, ist das Filtrat; was im Filter hängen bleibt, nennt man Filterrückstand. Da das Filtrat klar sein muss, filtriert man ein trübes Filtrat so oft durch denselben (!) Filter, bis es klar ist. Kommt anfangs gar kein Filtrat – was gerade bei heißen Lösungen passieren kann – empfiehlt es sich, den Trichter selbst etwas anzuheben bzw. den Filter darin etwas in die Höhe zu heben.

FRAGE 3 ■ Welchen Sinn hat es, ein trübes Filtrat mehrmals durch denselben Filter laufen zu lassen?

Geruchsproben ■ Geruchs- und Geschmacksproben waren zur Zeit meiner Eltern noch gängige »Vorproben«, wegen der Giftigkeit der Analysen ist eine Geschmacksprobe aber absolut verboten. Geruchsproben macht man im Labor oft genug unfreiwillig (z. B. H_2S-Gestank), wobei in solchen Fällen immer der Abzug aufzusuchen ist. Sonst rate ich, auch mit Geruchsproben vorsichtig zu sein. Zumindest sollte man seine Nase nicht direkt über ein RG halten und kräftig inhalieren – HCl konz. und NH_3 konz. greifen die Nasenschleimhäute besonders stark an –, sondern das RG in gebührendem Abstand halten und sich mit der Hand vorsichtig eventuell entstandene Dämpfe zufächeln. Wenn man nichts riecht, lässt sich das »Schnüffeln« in etwas kürzerem Abstand wiederholen.

H_2S/TAA ■ H_2S-Gas bzw. Thioacetamid (TAA) (als Feststoff oder Lösung) sind im KTG ganz wichtige Reagenzien. Sie werden oft als gleichwertig angesehen, ich ziehe H_2S dem TAA ganz klar vor. Da TAA in saurer Lösung drei- bis viermal schneller zu H_2S umgesetzt wird als in alkalischer (fachmännisch heißt das »hydrolysiert«), ist bei der Anwendung von TAA im sauren Bereich auf einiges zu achten. Außerdem ist überschüssiges TAA nur schwer wieder aus der Analyse zu entfernen, weshalb es sich gerade im KTG als nachteilig erwiesen hat. An dieser Stelle sei ausdrücklich auf die Giftigkeit von H_2S sowie die Giftigkeit und die krebserzeugende Wirkung von Thioacetamid hingewiesen. H_2S stinkt also nicht nur bestialisch, sondern ist auch sehr toxisch (gleiche maximale Arbeitsplatzkonzentration wie Blausäure!). Deshalb muss das Reagenzglas o. ä. beim Geruch nach faulen Eiern sofort unter den Abzug gebracht werden.

Königswasser ■ In jedem Lehrbuch findet sich die Formulierung, dass Königswasser ein Gemisch aus drei Teilen HCl konz. und einem Teil HNO_3 konz. ist. Der Name kommt daher, dass es als einziges Lösungsmittel auch Gold, den »König« der Metalle, aufzulösen vermag. Das ist korrekt, doch gibt es auch die Möglichkeit, unfreiwillig Königswasser herzustellen, und zwar bei der Kombination von Cl^-- und NO_3^--Ionen in Anwesenheit von H_2SO_4 konz. ... Darauf ist unbedingt zu achten! Königswasser setzt gemäß

$$3\ Cl^- + NO_3^- + 4\ H^+ \rightleftharpoons NOCl + 2\ <Cl^0> + 2\ H_2O$$

Nitrosylchlorid (NOCl) und elementares Chlor ($<Cl^0>$ bzw. Cl_2) frei, was die Lösung allmählich gelb färbt. Du musst also bei einer Gelbfärbung deiner Lösung (v. a. beim Erhitzen) darauf achten, welche Anionen du hast und überlegen, ob du gerade unfreiwillig Königswasser hergestellt hast. Dies ist ein ganz, ganz wichtiger Hinweis; versuche, ihn während des ganzen Praktikums im Hinterkopf zu behalten! In der Praxis führt man den Königswasser-Aufschluss zur Bestimmung von Schwermetallen im Klärschlamm durch.

Mikroskop/Objektträger ■ Einige Nachweisreaktionen verlangen, dass man sich einen entstandenen Niederschlag unter dem Mikroskop anschaut. Dazu gibt man auf einem Objektträger zu ein paar Tropfen Analysenlösung einen Tropfen Fällungsreagenz und lässt diesen *etwas* (niemals ganz!) trocknen (am besten direkt auf die Heizung legen). Nun lässt sich der NS unter dem Mikroskop betrachten. Dabei ist jedoch darauf zu achten, dass die Bilder, die du siehst, nicht den Vergleichsfotos aus Lehrbüchern entsprechen müssen (v. a. bei unterschiedlicher Vergrößerung), obwohl du denselben NS hast. Mikroskopaufnahmen eines NSes sind – meines Erachtens – nur dann brauchbare »Beweise« für die Anwesenheit eines Kat-/Anions, wenn man eine Vergleichsprobe macht. Falls man die Kristalle eines NS nicht gut sieht, schiebt man den Objektträger unter dem Mikroskop so lange hin und her, bis man einen geeigneten Ausschnitt gefunden hat. Auf jeden Fall hüte man sich davor, die Kristalle am Rand des Tropfens zu bewerten, da diese meist die bizarrsten Formen aufweisen, aber nie die Form, die sie haben sollen. Falls eine Lösung zu konzentriert war und man den NS nur undeutlich sehen kann, gibt man einige Tropfen Aqua demin. auf den OT und lässt erneut trocknen. Aufgrund der doch recht »antiken« Mikroskope in den meisten Instituten sind »Nachweise« mit dem Mikroskop jedoch mit äußerster Vorsicht zu genießen.

Niederschlag/Trübung ■ Ist doch ganz klar, was ein NS ist, oder? Im Prinzip ja, aber in einigen Fällen wird er nicht als solcher erkannt. Deshalb einige Hinweise: Arbeite grundsätzlich mit klaren, durchscheinenden Lösungen (Test: wenn du das RG vor deinen Laborkittel hältst, so muss die Textilstruktur noch deutlich, also ohne Trübung, zu sehen sein). Nun beobachte, ob sich die Lösung (gegen das Licht gehalten) beim Eintropfen deiner Reagenzlösung trübt. Falls dies der Fall ist, spricht man von einem NS. Ein NS ist also nicht nur ein sichtbarer Bodensatz, sondern bereits jede Trübung. Falls du dir nicht ganz sicher bist, ob du einen NS hast oder nicht, so zentrifugiere die Lösung. Setzt sich dabei etwas auf dem Boden ab, liegt ein NS vor. Übrigens: Verfärbt sich eine Lösung nur, bleibt also klar, so ist dies kein Niederschlag (das wird auch in den Lehrbüchern deutlich unterschieden: »roter *NS*« bzw. »rote *Färbung*«)!

pH-Wert ■ Da das pH-Wert-Messen eine Grundoperation während des Praktikums ist, jedoch viele Fehler gemacht bzw. Meter von teurem Papier verbraucht werden, hier mein Tipp: Tauche einen trockenen, sauberen Gegenstand (Spatel, Glasstab, o. ä.) in die zuvor gut durchmischte Flüssigkeit und streife ihn dann auf einem kleinen Stückchen Universalindikatorpapier ab. Durch den Vergleich zwischen der Farbe auf deinem pH-Papier und der Farbskala lässt sich der pH-Wert ablesen. Für die in diesem Arbeitsbuch beschriebenen Versuche sind nur fünf Farben wichtig: Knallrot (pH $\approx$ 0; stark sauer), orangerot (pH $\approx$ 3 bis 5; schwach sauer), gelb (pH $\approx$ 7; neutral), hellgrün (pH $\approx$ 8 bis 10; schwach alkalisch) und tiefblau (pH $\approx$ 14; stark alkalisch). Für eine neue Messung zieht man das Papier ein Stückchen heraus und wiederholt den Vorgang an einer noch »sauberen« Stelle. Dabei muss man das Papier nicht jedesmal abreißen, wichtig ist nur, dass dein Messgegenstand vor jeder Messung sauber und trocken ist.

Achtung: Aqua demin. hat zum Teil selbst schon pH < 7 !

Protokoll ■ Ein Protokoll ist für die Analyse so wichtig wie Kittel und Schutzbrille. Gerade für den analytischen Anfänger ist es äußerst wichtig, dass er sich jede Beobachtung bei sämtlichen Vorgängen so genau wie möglich notiert. Je genauer deine Aufzeichnungen sind, desto eher kannst du bzw. ein Außenstehender Schlussfolgerungen ziehen, selbst wenn er nicht im Labor war. Es hat schon so mancher den »entscheidenden Tipp« aufgrund einer »ganz komischen Beobachtung« erhalten, ja sogar durch das Zusammenkippen von Lösungen am Ende des Tages kamen schon wichtige Hinweise zustande. Da man anfangs noch ziemliche Schwierigkeiten mit dem Protokollschreiben hat, soll das Schema auf S. 91 f., das man sich am besten für jeden Stoff/jedes Gemisch kopiert, als Hilfestellung dienen; es ist jedoch kein starres Schema, sondern nach Belieben abzuändern – ich bin für jeden Verbesserungsvorschlag dankbar.

Puffern ■ Da viele Reaktionen nur bei einem bestimmten pH-Wert ablaufen, muss man diesen erst einstellen. Das geschieht durch das Puffern: Dabei gibt man, um den pH-Wert zu erhöhen, eine schwache Base hinzu, um ihn zu senken, eine schwache Säure. Das Problem beim Puffern ist dabei die Volumenzunahme der Lösung; daher beachten:

- Für Einzelnachweise nur wenig Analysenlösung nehmen, damit nur wenig Puffer gebraucht wird.
- Beim Puffern möglichst hoch konzentrierte Pufferlösungen verwenden, um eine Volumenzunahme so weit wie möglich zu vermeiden.
- Analysenlösung nach jeder Zugabe von Puffer gründlich durchmischen und erst danach pH-Wert messen.
- Falls sich auch nach wiederholter Zugabe von Pufferlösung der pH-Wert nicht ändert, kann man auch tropfenweise eine verdünnte starke Säure/Lauge nehmen, wobei hier das Risiko eines starken pH-Sprungs in Kauf genommen wird; deshalb: Sofort wieder auf die schwache Säure/Base wechseln, wenn sich die Farbe des pH-Papiers minimal ändert.
- Gute Puffersubstanzen sind: $(NH_4)_2CO_3$, NH_4Ac, NaAc/HAc, NH_4Cl/NH_3.

Reinigen/Säubern (am Ende eines langen Tages) ■ So viel Spaß das Analysieren (hoffentlich) macht, am Schluss des Tages muss die gesamte »Detektivausrüstung« saubergemacht werden. Ich empfehle, ca. 45 Minuten vor Laborschluss mit dem Analysieren aufzuhören und zusammenzupacken. Als erstes sollte man sich seine – meist im ganzen Labor verteilten – Sachen zusammensuchen, aber aufpassen: Bunsenbrenner, Dreifuß, Ceranplatte u. ä. sind meist noch verdammt heiß (ich habe mir dabei schon zahlreiche Brandblasen geholt). Dann folgt das Entsorgen des gesamten Sondermülls in die entsprechenden Behälter, bevor es in die Schlacht am Waschbecken geht. Handschuhe an? Gut, dann kann's losgehen. Bechergläser u. ä. lassen sich meist mit wenig Wasser säubern. Besonders sorgfältig sollte man Bleitiegel und Reibschale mit Pistill säubern, notfalls mit dem Spatel letzte Reste herauskratzen. Bei den RGern empfehle ich folgendes Verfahren: alle werden ein- bis zweimal kurz mit H_2O durchgespült. Dann füllt man ein RG mit Wasser und Haushaltsspülmittel, taucht eine RG-Bürste hinein und »schrubbt« damit dann die anderen RGer. Die »Spüli-RGer« werden anschließend nochmal mit Wasser ausgespült. Alle RGer werden zum Schluss noch mit H_2O demin. ausgespült. Nach Möglichkeit hängt man die gespülten RGer mit der Öffnung nach unten in den RG-Ständer, sonst »schüttelt« man das Wasser so gut wie möglich aus und stellt sie mit dem Boden nach unten in den RG-Ständer. Mein Kommentar zu all diesen Aktionen: 45 Minuten »schrubben« sind zwar lästig, aber Fehlanalysen aufgrund von dreckigem Arbeitsgerät kosten noch mehr Zeit.

Siedeverzug ■ Erhitzt man eine Lösung im RG ungleichmäßig, d. h. ohne ständiges Schütteln, so kommt es leicht vor, dass nach einiger Zeit ein Teil der Flüssigkeit mit einem Schuss herausspritzt; dies nennt man Siedeverzug. Er wird durch volle RGer, stark erhitzende Brenner und ungenügende Bewegung des RGes gefördert und ist zu verhindern, indem man all dies vermeidet. Man kann auch, gerade bei Bechergläsern, einen so genannten Siedestab in die Lösung stellen, der dann ein Herausspritzen verhindert, oder ein paar Siedesteine in die Lösung werfen (diese sind nur zum einmaligen Gebrauch bestimmt). Ein Siedeverzug entsteht auch sehr leicht, wenn man in ein RG mit konzentrierter Säure/Lauge H_2O zugibt, da sich das Gemisch dadurch ebenfalls stark – und ungleichmäßig – erhitzt, also aufpassen und Reihenfolge beachten (s. S. 28).

Unfälle ■ Da du beim Analysieren teilweise mit gefährlichen Stoffen hantierst, solltest du selbst auf kleinste Schnittwunden ein Pflaster kleben und in dieser Zeit vielleicht mit Handschuhen arbeiten. Tritt beim Umgang mit Chemikalien eine Verletzung auf, so ist diese mit viel Wasser gründlich auszuspülen und du solltest einen Assistenten fragen, ob weitere Maßnahmen zu treffen sind. Bei Brandverletzungen ist wichtig: Mindestens 20 Minuten lang unter laufendes Wasser halten (dabei geht ruhig auch lauwarmes oder sogar warmes Wasser, Hauptsache man hält es 20 Minuten darunter aus), um den Hitzestau abzuleiten und Brandblasen zu vermeiden, auch wenn's schon nach kurzer Zeit nicht mehr weh tut. (Ich kann dies aus aktuellem Anlass nur nochmal bestätigen: Während meiner Promotion ist mir etwas kochendes Agarosegel über die Finger gelaufen. Nach dem Moment, in dem man es bemerkt, kommen ein paar Sekunden, in denen nichts wehtut, aber dann brannten die betroffenen Finger, und immer, wenn ich gerade dachte, dass ich das Wasser wieder abstellen kann, merkte ich, dass es wieder zu brennen anfing! Das ging ca. 20 Minuten so, aber danach waren – dank der 20 Minuten fließenden Wassers – keinerlei Spuren mehr zu sehen.) Auf jeden Fall ist jede Verletzung, und wenn sie noch so klein ist, in das Buch im Verbandkasten einzutragen – nicht, um am Ende des Praktikums den Pflasterverbrauch umzulegen, sondern weil es die Berufsgenossenschaft, die für die Behandlung von »Laborunfällen« zahlt, so verlangt. Dadurch kann man nämlich, wenn irgendwelche Komplikationen auftreten, nachschauen, beim Umgang mit welchen Chemikalien der Unfall passiert ist und welche Gegenmaßnahmen man (auch Monate später noch) ergreifen kann.

Zentrifuge ■ Die Zentrifuge ist ein Gerät, das dafür sorgt, dass sich ein gebildeter NS schnell absetzt. Zentrifugengläser sind dickwandige, speziell für diesen Zweck angefertigte Gläser, die den hohen Kräften (der 100-fachen Erdbeschleunigung) standhalten können. Da die NSe mit derselben Kraft gegen die Glaswand gedrückt werden, ist es z. B. schwer, einen zentrifugierten AgCl-NS vollständig mit NH_3 dil. zu lösen, da die Teilchen sehr eng beieinander liegen. Aufgrund der hohen Kräfte, die bei der Zentrifugation auftreten, ist es sehr wichtig, dass die beiden verwendeten Zentrifugengläser brutto (d. h. Glas und Inhalt) dasselbe wiegen, also gegeneinander austariert werden. Sonst führt dies oft zu »hässlichen Geräuschen« beim Zentrifugieren, was zugleich die Zerstörung der Zentrifuge und leider auch der Analysenlösung zur Folge haben kann.

Periodensystem der Elemente (PSE)

Da das PSE auch in anderen Praktika ein sehr wichtiges Werkzeug ist, solltest du nicht nur ziemlich genau wissen, wo welches Element steht, sondern auch, welche Eigenschaften der Elemente man daraus ablesen kann. Zur Anschaffung eines eigenen, brauchbaren PSE siehe Literaturhinweise S. 239 f.

- Das PSE ist aufgeteilt in sieben Perioden, acht Haupt- und acht Nebengruppen, wobei die Hauptgruppen mit römischen Ziffern, die Nebengruppen mit arabischen Ziffern und die Perioden mit den Buchstaben K bis Q bezeichnet werden; die Elemente sind nach steigender Kernladungszahl (d. h. nicht nach steigender Masse) geordnet, beachte z. B. die RAM von Co und Ni.
- Die Periodennummer gibt Auskunft über die Anzahl der Elektronenschalen, die Hauptgruppennummer über die Anzahl der Außenelektronen und die damit verbundenen chemischen Eigenschaften.
- In den Nebengruppen sind nur Metalle zu finden; Metalle sind grundsätzlich elektropositiv, d. h. sie haben das Bestreben, Elektronen abzugeben.
- Bei Hauptgruppenelementen werden die s- und die p-Schale gefüllt.
- Bei Nebengruppenelementen werden die d- und die f-Schale gefüllt.
- Periodische Eigenschaften sind z. B. Ionenradius, Ionisierungsenergie, Smp., Sdp., Metallcharakter.
- In den Hauptgruppen nimmt der Metallcharakter von oben nach unten zu (»typischstes« Metall: Cs).
- In den Perioden nimmt der Metallcharakter von links nach rechts ab (»typischstes« Nichtmetall: F).
- Jenseits einer gedachten Linie Al/Ge/Sb/Po (»oben rechts«) sind die Nichtmetalle anzusiedeln, »unten links« stehen die Metalle; Si und Ge sowie As und Se zählen zu den Halbmetallen.
- Die Elektronegativität (EN) nimmt innerhalb einer Hauptgruppe von oben nach unten ab, innerhalb einer Periode von links nach rechts zu; die größte EN hat F (willkürlich auf den Wert 4,0 festgelegt).
- Merksatz für die Reihenfolge der wichtigsten EN-Werte: **F**alls **O**nkel **N**athan **C**hlor **br**aucht, **k(c)**ommt **s**ofort **j**emand **h**er (**P**unkt): F > O > N > Cl > Br > C > S > J > H > P. (Ich möchte noch darauf hinweisen, dass sich je nach verwendeter Literatur leicht unterschiedliche Reihenfolgen und Werte finden, da der Begriff der Elektronegativität – so brauchbar er für qualitative Betrachtungen ist – mathematisch nicht exakt fassbar ist.)
- Atomradien nehmen von links nach rechts ab und von oben nach unten zu.
- Nichtmetalloxide bilden Säuren, Metalloxide Basen.
- In den Perioden nimmt der Basencharakter von links nach rechts ab, in den Hauptgruppen steigt der Basencharakter der Hydroxide von oben nach unten.

- Alkalimetalle und Erdalkalimetalle bilden, in Wasser gebracht, Laugen, wobei Erdalkalimetalllaugen weniger gut löslich sind als Alkalilaugen, außerdem nimmt deren Löslichkeit von oben nach unten zu.
- Mit steigender Wertigkeit (z. B. $Fe^{2+} \rightleftharpoons Fe^{3+}$) nimmt der Säurecharakter zu.
- Innerhalb der Gruppe der Erdalkalimetalle nimmt (von oben nach unten):
  - die Basizität der Hydroxide und damit die Löslichkeit zu;
  - die Löslichkeit der Sulfate ab;
  - der Ionenradius zu.
- Innerhalb der Gruppe der Halogene nimmt (von oben nach unten):
  - die Acidität der Halogenwasserstoffe zu;
  - die EN ab;
  - der Nichtmetallcharakter ab.
- Eher kationenbildende Übergangsmetalle stehen links (Ag^{+}), eher anionenbildene rechts (CrO_4^{2-}, MnO_4^{-}); man beachte die Gruppennummer bei den Übergangsmetallen.
- Die amphoteren Elemente, d. h. Elemente, deren Salze sich sowohl in Säure als auch in Lauge lösen, sind: Al, As, Pb, Sb, Sn, Zn.
  Merksatz: **Al**le (Al) **z**eh**n** (Zn) **As**sistenten (As) **p**ro**b**ieren (Pb) den **Sn**ack (Sn) **s**el**b**st (Sb). Diese Information ist vor allem für die Löslichkeit von Stoffen in verschiedenen Lösungsmitteln von Bedeutung.

Merksätze für Haupt- und Nebengruppen sowie einige Perioden

1. HG:	H, Li, Na, K, Rb, Cs, Fr	**H**allo **LiNa**, **k**ann **R**o**b**ert **C**ä**s**ar **fr**isieren?
2. HG:	Be, Mg, Ca, Sr, Ba, Ra	**Be**stimmt **m**a**g** **Ca**esar **S**t**r**ähnen **ba**rbarisch **ra**dikal!
3. HG:	B, Al, Ga, In, Tl	**B**einahe **al**le **Ga**llier **in** **T**o**l**edo.
4. HG:	C, Si, Ge, Sn, Pb	**C**äsar **si**eht **Ge**rmanen (einen) **Sn**ack **p**ro**b**ieren.
5. HG:	N, P, As, Sb, Bi	**N**ero **p**lane **a**lle**s** **s**el**b**st, **bi**tte! (**N**ur **p**harmazeutische **As**sistenten **s**chrei**b**en **Bi**smut.)
6. HG:	O, S, Se, Te, Po	**O**belix **s**ieht **se**ine **T**ant**e** **Po**llonia! (**O**tto **s**ieht **se**inen **Te**ller **Po**mmes.)
7. HG:	F, Cl, Br, J, At	**F**rau **Cl**eopatra **br**ingt **j**edem **at**emlose …
8. HG:	He, Ne, Ar, Kr, Xe, Rn	**He** **Ne**ro, **ar**mer **Kr**anker **x**(z)**e**tert **r**um!

Fortsetzung nächste Seite

Fortsetzung

1. NG:	Cu, Ag, Au	**C**o**u**sine **a**n**g**elt **Au**stern.
2. NG:	Zn, Cd, Hg	**Z**eh**n** **C**a**d**miumversuche **h**aben **g**eklappt!
3. NG:	Sc, Y, La	**Sc**hicke **Y**vonne **La**ugenbrezeln!
4. NG:	Ti, Zr, Hf	**Ti**zian **z**er**r**iss **H**e**f**te! (**Ti**na **z**er**r**t am **H**o**f**hund.)
5. NG:	V, Nb, Ta	**V**anessa **n**e**b**uliert **ta**gelang.
6. NG:	Cr, Mo, W	**C**h**r**istoph **mo**chte **W**iderliches.
7. NG:	Mn, Tc, Re	**M**a**n**uel **t**au**c**ht **re**chts.
8. NG:	Fe, Ru, Os	**Fe**lix **ru**ft **Os**wald.
	Co, Rh, Ir	**Co**llin **r**auc**h**t **ir**rsinnig.
	Ni, Pd, Pt	**Ni**ls **p**aro**d**iert **P**ar**t**eien.
2. Periode:	Li, Be, B, C, N, O, F, Ne	**Li**ebe **Be**rta, **b**itte k(**c**)omm **n**icht **o**hne **F**ahrrad, **ne**in! (Libebcnofne)
3. Periode:	Na, Mg, Al, Si, P, S, Cl, Ar	**Na**ch **M**einun**g** (fast) **al**ler **si**nd **P**rofessoren **s**chon **c**(k)**l**eine **Ar**mleuchter. (Namgalsipsclar)
4. Periode:	K, Ca, Sc, Ti, V, Cr, Mn, Fe, Co, Ni, Cu, Zn, Ga, Ge, As, Se, Br, Kr	**K**aiser **Ca**esar **sc**himpft **Ti**tus **v**or **C**h**r**istus, **m**ei**n** **fe**iner **Co**usin **ni**ckt k(**c**)**u**rz zurück …? **K**ein **Ca**sanova … **ga**b **ge**rne **a**nderen **s**eine **Br**aut **kr** …
5. Periode:	Rb, Sr, Y, Zr, Nb, Mo, Tc, Ru, Rh, Pd, Ag, Cd, In, Sn, Sb, Fe, I, Xe	»**R**au**b**!« **s**ch**r**eit **Y**vonne **zur** **N**ach**b**arin. **Mo**ses’ **T**is**c**h **ru**ht **r**u**h**ig **p**ausieren**d** **a**m **CD**-Player …?
6. Periode:	Cs, Ba, Lu, Hf, Ta, W, Re, Os, Ir, Pt, Au, Hg, Tl, Pb, Bi, Po, At, Zn	**C**ae**s**ar **ba**stelt **Lu**kas **h**äu**f**ig **Ta**nnen**w**älder. **Re**he ob**s**ervieren **ir**dische **P**la**t**ten **au**s Quecksilber (**Hg**) …?

Die angeführten Merksätze sind natürlich nicht die einzig Möglichen. Sie stammen von Kommiliton(inn)en, die sich Gedanken gemacht haben, wie man sich das PSE besser einprägen kann. Und welche Ideen hast du? Ich suche immer wieder neue Sprüche! Schick’ mir doch deine Ideen – vielleicht tauchen sie in der nächsten Auflage hier auf!

Metallcharakter nimmt in den Hauptgruppen von oben nach unten zu

Elektronegativität (EN) nimmt von oben nach unten ab

	1. HG	2. HG	3. NG	4. NG	5. NG	6. NG	7. NG	8. NG			1. NG	2. NG	3. HG	4. HG	5. HG	6. HG	7. HG	8. HG
1. Periode	1 H 1,01																	2 He 4,00
2. Periode	3 Li 6,94	4 Be 9,01											5 B 10,81	6 C 12,01	7 N 14,01	8 O 16	9 F 19	10 Ne 20,18
3. Periode	11 Na 22,99	12 Mg 24,31											13 Al 26,98	14 Si 28,09	15 P 30,97	16 S 32,06	17 Cl 35,45	18 Ar 39,95
4. Periode	19 K 39,1	20 Ca 40,08	21 Sc 44,96	22 Ti 47,9	23 V 50,94	24 Cr 52	25 Mn 54,94	26 Fe 55,85	27 Co 58,93	28 Ni 58,71	29 Cu 63,55	30 Zn 65,37	31 Ga 69,72	32 Ge 72,59	33 As 74,92	34 Se 78,96	35 Br 79,9	36 Kr 83,8
5. Periode	37 Rb 85,47	38 Sr 87,62	39 Y 88,91	40 Zr 91,22	41 Nb 92,91	42 Mo 95,94	43 Tc 98,91	44 Ru 101,07	45 Rh 102,91	46 Pd 106,4	47 Ag 107,87	48 Cd 112,4	49 In 114,82	50 Sn 118,69	51 Sb 121,75	52 Te 127,6	53 I 126,9	54 Xe 131,3
6. Periode	55 Cs 132,91	56 Ba 137,34	57 La 138,91	72 Hf 178,49	73 Ta 180,95	74 W 183,85	75 Re 186,2	76 Os 190,2	77 Ir 192,22	78 Pt 195,09	79 Au 196,97	80 Hg 200,59	81 Tl 204,37	82 Pb 207,2	83 Bi 208,98	84 Po (209)*	85 At (210)*	86 Rn (222)*
7. Periode	87 Fr (223)*	88 Ra 226,03	89 Ac (227)*	104 (Ku) (261)*	105 (Ha) (262)*													

Lanthaniden	58 Ce 140,12	59 Pr 140,91	60 Nd 144,24	61 Pm 140,91	62 Sm 144,24	63 Eu (145)*	64 Gd 150,4	65 Tb 151,96	66 Dy 157,25	67 Ho 158,93	68 Er 162,5	69 Tm 164,93	70 Yb 167,26	71 Lu 168,93
Actiniden	90 Th 232,04	91 Pa 231,04	92 U 238,03	93 Np 237,05	94 Pu (224)*	95 Am (243)*	96 Cm (247)*	97 Bk (249)*	98 Cf (249)*	99 Es (254)*	100 Fm (257)*	101 Md (258)*	102 No (255)*	103 Lr (256)*

* zugängliches Isotop mit der längsten Halbwertszeit

Metallcharakter nimmt in den Perioden von links nach rechts ab

Elektronegativität (EN) nimmt von links nach rechts zu

Chemisches Gleichgewicht

1. Reaktionsgeschwindigkeit ■ Betrachtet man die Reaktionsgleichung $H_2 + I_2 \rightleftharpoons 2\ HI$, so gibt diese keinerlei Informationen darüber, wie schnell diese Reaktion abläuft. Will man die Geschwindigkeit einer Reaktion bestimmen, so misst man die Konzentrationsänderung eines Stoffes, der an der Reaktion beteiligt ist (Zunahme eines Produktes = die Stoffe »rechts vom Reaktionspfeil« bzw. Abnahme eines Eduktes = die Stoffe »links vom Reaktionspfeil«) bezogen auf eine bestimmte Zeiteinheit, d. h. $v = dc/dt$. Die Geschwindigkeit der Hinreaktion in obiger Gleichung ist also $v_{hin} = \kappa_{hin}\ [H_2]\ [I_2]$, die der Rückreaktion $v_{rück} = \kappa_{rück}\ [HI]\ [HI] = \kappa_{rück}\ [HI]^2$, wobei κ_{hin} und $\kappa_{rück}$ Proportionalitätskonstanten darstellen. Was nun den Verlauf der Reaktion angeht, so ist Folgendes zu überlegen:

Zu Beginn der Reaktion nimmt die Konzentration an H_2 und I_2 schnell ab; je mehr Zeit vergeht, desto weniger H_2 und I_2 sind noch vorhanden, die Konzentration der Reaktionspartner H_2 und I_2 nimmt also nur noch langsam ab. Für die Konzentration von HI gilt: Zu Beginn der Reaktion nimmt die Bildung von HI schnell zu. Je mehr HI jedoch gebildet wurde, desto mehr zerfällt auch wieder in H_2 und I_2. Irgendwann läuft die Bildung von HI aus H_2 und I_2 so schnell ab wie der Zerfall von HI in H_2 und I_2, die Reaktion befindet sich also im Gleichgewicht. Dabei handelt es sich um ein dynamisches Gleichgewicht, d. h. Hin- und Rückreaktion sind nicht zum Erliegen gekommen, sondern laufen nur gleich schnell ab. Zum Vergleich stelle man sich einen überschwemmten Keller mit einer bestimmten Wasserhöhe vor, die im Laufe von Stunden gleichbleibt, aber nicht, weil kein Wasser mehr einströmt, sondern weil Helfer das Wasser genauso schnell wieder abpumpen, wie es in den Keller fließt.

Bei der Betrachtung von Gleichgewichten ist zu bemerken, dass bei nur wenigen Vorgängen Hin- und Rückreaktion in etwa gleichem Umfang stattfinden, sondern die Lage des Gleichgewichts vorwiegend auf einer Seite liegt (siehe Säure/Base-Reaktion, Löslichkeiten und Komplexe), aber auch bei solchen Reaktionen findet immer eine Hin- und eine (wenn auch noch so kleine) Rückreaktion statt. Meist schreibt man den Reaktionspfeil nur in eine Richtung, aber korrekterweise wäre noch ein – wenn auch winziger – Pfeil in die andere Richtung zu schreiben.

Die Reaktionsgeschwindigkeit ist stark temperaturabhängig. Das liegt daran, dass die Reaktionspartner folgende Bedingungen erfüllen müssen, damit es zu einer Reaktion kommt:

- Die Teilchen müssen eine bestimmte Mindestenergie aufweisen.
- Die Teilchen müssen die richtige räumliche Orientierung besitzen, d. h. die H_2- und I_2-Moleküle müssen »frontal« aufeinanderprallen, ein »seitlicher« Aufprall führt nicht zur Reaktion.

Beide Bedingungen sind gemäß der Boltzmann-Beziehung (siehe Lehrbücher der Allgemeinen Chemie) bei höherer Temperatur besser zu erfüllen. Allgemein kann man die Reaktionsgeschwindigkeit in Abhängigkeit von der Temperatur folgendermaßen abschätzen (die so genannte RGT-Regel):

Eine Temperaturerhöhung um 10 K verdoppelt in etwa die Reaktionsgeschwindigkeit.

Da eine Temperaturerhöhung allein oft nicht ausreicht oder nicht möglich ist (z. B. im menschlichen Körper), setzt man zur Beschleunigung einer Reaktion häufig Katalysatoren ein. Katalysatoren sind Stoffe, die in den Reaktionsmechanismus eingreifen, dadurch die *Geschwindigkeit* einer Reaktion erhöhen, so dass sich das chemische Gleichgewicht schneller einstellt, ohne jedoch dabei die *Lage* des chemischen Gleichwichts zu beeinflussen. Sie liegen dabei am Ende einer Reaktion in unveränderter Form vor. Daher genügen bereits winzige Mengen davon. Mit ihrer Hilfe werden eine oder mehrere Zwischenverbindungen gebildet, zu deren Synthese jeweils eine geringere kinetische Energie der Teilchen (und somit auch eine geringere Temperatur) ausreicht. So kann die Reaktionsgeschwindigkeit um viele Zehnerpotenzen beschleunigt werden. Ferner wirken sie meist sehr spezifisch, d. h. sie katalysieren nur eine ganz bestimmte Reaktion. Falls ein Ion bei einer Reaktion als Katalysator dient, so kann diese auch als Nachweis für dieses Ion dienen (S. 139: Iod-Azid-Reaktion).

Im menschlichen Körper gibt es unzählige Biokatalysatoren (Enzyme genannt; Endung immer »-ase«), die jeweils nur eine ganz spezielle Reaktion ermöglichen. So katalysiert z. B. die Urease die Reaktion von Harnstoff $[(NH_2)_2CO]$ mit Wasser zu NH_3 und CO_2. Neben Katalysatoren gibt es auch »Antikatalysatoren« (= Inhibitoren), die eine normalerweise stattfindende Reaktion verhindern. Ein mögliches Einsatzgebiet der Inhibitoren ist der Korrosionsschutz.

2. Das Massenwirkungsgesetz ■ Falls $v_{hin} = v_{rück}$, so befindet sich ein chemisches System im Gleichgewicht (s. o.). Dieser Zustand ist folgendermaßen definiert: »Eine chemische Reaktion befindet sich dann im Gleichgewichtszustand, wenn das Verhältnis zwischen dem Produkt der Konzentrationen der Produkte und dem Produkt der Konzentrationen der Edukte einen für die betreffende Reaktion charakteristischen – bei gegebener Temperatur konstanten – Wert erreicht hat.«

Mathematisch formuliert heißt das für eine Reaktion vom Typ
$aA + bB + cC + \ldots \rightleftharpoons xX + yY + zZ + \ldots$:

$$v_{hin} = \kappa_{hin}\ [A]^a\ [B]^b\ [C]^c \ldots$$
$$v_{rück} = \kappa_{rück}\ [X]^x\ [Y]^y\ [Z]^z \ldots$$

Im Gleichgewicht gilt:

$$v_{hin} = v_{rück}$$

$$\kappa_{hin}\ [A]^a\ [B]^b\ [C]^c \ldots = \kappa_{rück}\ [X]^x\ [Y]^y\ [Z]^z \ldots$$

$$K_c = \frac{\kappa_{hin}}{\kappa_{rück}} = \frac{[X]^x \cdot [Y]^y \cdot [Z]^z \cdot \ldots}{[A]^a \cdot [B]^b \cdot [C]^c \cdot \ldots}$$

Beachte: Pr**o**dukte stehen immer **o**berhalb des Bruchstriches, die A**u**sgangsstoffe immer **u**nterhalb.

Ist K_c >> 1, so liegt das Gleichgewicht weit rechts (auf der Seite der Produkte). Ist K_c << 1, so liegt das Gleichgewicht weit links (auf der Seite der Edukte).

Die *Lage* des Gleichgewichts (nicht die Gleichgewichts*konstante*, in der Temperatur und Druck bereits berücksichtigt sind!) hängt stark von folgenden Faktoren ab:

- Temperatur
- Druck
- Konzentration der Reaktanden.

Wie die Gleichgewichtskonstante von den drei genannten Faktoren abhängt, zeigt das Prinzip von Le Chatelier:
Wird auf ein im Gleichgewichtszustand befindliches System durch Änderung der äußeren Bedingungen ein Zwang ausgeübt, so verschiebt sich die Lage des Gleichgewichts derart, dass der äußere Zwang vermindert wird. Dieses Prinzip des kleinsten Zwangs lässt sich auch einfacher formulieren:

Ein im Gleichgewichtszustand befindliches System weicht einem äußeren Zwang aus.

Was dies nun für die einzelnen Parameter Temperatur, Druck und Konzentration bedeutet, sei kurz erläutert:

- Erhöht man die Temperatur, begünstigt man die endotherme, erniedrigt man sie, begünstigt man die exotherme Reaktionsrichtung.
- Durch Druckerhöhung wird das Gleichgewicht auf die Seite der Stoffe mit dem geringeren Volumen, durch Druckerniedrigung auf die Seite der Stoffe mit dem größeren Volumen verschoben. Eine Druckänderung bewirkt nur etwas, wenn Gase an der Reaktion beteiligt sind, da Flüssigkeiten und Feststoffe ihr Volumen unter Druck kaum ändern. Ausnahme: H_2O (s) verflüssigt sich bei höherem Druck zu H_2O (l). (Prinzip beim Schlittschuhlaufen!)
- Bei Konzentrationserhöhung eines Reaktanden wird das Gleichgewicht in die Richtung verschoben, in der der Reaktand verbraucht wird, bei Konzentrationserniedrigung in die Richtung, in der der Reaktand gebildet wird.

Nochmals: Katalysatoren haben keinen Einfluss auf die *Lage* des Gleichgewichts (sondern nur auf die *Geschwindigkeit*, mit der sich dieses einstellt), da sie die Geschwindigkeit von Hin- und Rückreaktion gleichermaßen beschleunigen. So einfach und einleuchtend die oben gemachten Aussagen sind, so eminent wichtig sind sie für das Verständnis zahlloser Reaktionen. Mach' dir doch mal von Zeit zu Zeit beim Arbeiten im Labor oder beim Durchlesen des Arbeitsbuches die Mühe, zu überlegen, weshalb etwas so und nicht anders funktioniert bzw. wie man eine Reaktion beeinflussen kann.

Zum Abschluss noch ein praxisbezogenes Problem, mit dem sich die Wissenschaftler noch heute herumschlagen, das aber ausschließlich mit dem Prinzip des kleinsten Zwangs erklärt werden kann – die Ammoniaksynthese:

$$N_2\,(g) + 3\,H_2\,(g) \rightleftharpoons 2\,NH_3\,(g) \qquad \Delta H = -92\ \text{kJ/mol}$$

Formal ist alles klar:

- Da die Ammoniaksynthese ein exothermer Vorgang ist, muss man bei möglichst tiefen Temperaturen arbeiten, um eine gute Ausbeute zu erzielen.
- Da an der Reaktion (nur) Gase beteiligt sind, erhöht man den Druck, um möglichst viel NH_3 zu erhalten – nach dem Prinzip von Le Chatelier verschiebt sich das Gleichgewicht bei Druckerhöhung von links (vier Teile Gas) nach rechts (zwei Teile Gas).
- Führt man ständig N_2 und H_2 zu und entfernt das entstandene NH_3 ständig aus dem Gleichgewicht, so erhöht sich ebenfalls die Ausbeute.

Soweit die Theorie. In der Praxis bestehen jedoch zahlreiche Probleme: Wenn die Temperatur zu niedrig ist, findet wegen mangelnder Aktivierungsenergie überhaupt keine Reaktion statt. Führt man die benötigte Aktivierungsenergie zu, so zerfällt bei dieser Temperatur entstandenes NH_3 wieder zu N_2 und H_2. Der Einsatz eines Katalysators schafft nur eine gewisse Abhilfe des Problems. Je höher der Druck, desto teurer die Anlage bei der großtechnischen Herstellung, also desto unrentabler. Außerdem lässt sich entstandenes NH_3 nur schwer aus dem $H_2/N_2/NH_3$-Gemisch entfernen.

Trotz momentan optimaler Bedingungen (450 °C, Katalysator, 300 bar!) liegt die Ausbeute nur bei 15 Prozent. Wenn du es schaffst, unter Berücksichtigung betriebswirtschaftlicher Aspekte die Ausbeute zu erhöhen, brich dein Praktikum sofort ab – die Industrie empfängt dich bestimmt mit offenen Armen!

Säure-Base-Reaktionen

Begriffsentwicklung

1. **Ursprünglich:** Säuren schmecken in wässriger Lösung sauer, erzeugen bei bestimmten Pflanzen eine Rotfärbung (z. B. Rotkraut) und besitzen für zahlreiche Stoffe auflösende Kraft (s. Spannungsreihe). Basen schmecken in wässriger Lösung bitter, fühlen sich seifig an und färben Lackmuspapier sowie Blaukraut blau. Sie neutralisieren Säuren und sind Grundlage für die Bildung von Salzen (z. B. $KOH + HCl \rightleftharpoons KCl + H_2O$).

2. **Svante August Arrhenius (1887):** Säuren bilden in wässriger Lösung H^+-Ionen, Basen OH^--Ionen. Die Stärke einer Säure/Base (siehe unten) hängt vom Dissoziationsgrad (siehe unten) ab.
   Problem: einzig mögliche Reaktion: $H^+ + OH^- \rightleftharpoons H_2O$. Wie erklärt man den basischen Charakter von NH_3?

3. **Johannes Nikolaus Brönsted / Thomas Martin Lowry (1923):** Säuren sind Protonendonatoren, Basen sind Protonenakzeptoren. An einer (Neutralisations-)Reaktion sind immer zwei Säure/Base-Paare (Säure und konjugierte Base) beteiligt; Säurestärke = Tendenz, Proton(en) abzugeben. Säuren/Basen sind über ihre *Funktion*, nicht über ihre *Eigenschaften* definiert! Es gibt jedoch keine freien H^+-Ionen (zu hohe Ladung im Vergleich zur Atomgröße), so dass man besser H_3O^+-Ionen schreibt. Auch dies ist nicht ganz korrekt, da sich ein H_3O^+-Ion mit drei H_2O-Molekülen zu einem $H_9O_4^+$ umgibt; H_3O^+-Ionen sind keine festen Teilchen, sondern die positive Ladung wandert mit einer Geschwindigkeit von ca. 10 000 km/h im Wasser.
   Problem: Wie erklärt man den sauren Charakter von Fe^{3+} bzw. Al^{3+}?

4. **Gilbert Newton Lewis (1923):** Säuren sind Elektronenpaarakzeptoren, sie haben einen Elektronenmangel, sind elektrophil. Basen sind Elektronenpaardonatoren und haben einen Elektronenüberschuss, sie sind nukleophil.
   Beispiel für eine Säure: $B(OH)_3 + H_2O \rightleftharpoons [B(OH)_4]^- + H^+$
   Beispiel für eine Base: $NH_3 + H_2O \rightleftharpoons NH_4^+ + OH^-$

■ ***Anmerkungen:***

- Nichtmetalloxide bilden im Allgemeinen Säuren (z. B. $SO_2 + H_2O \rightleftharpoons H_2SO_3$; $CO_2 + H_2O \rightleftharpoons H_2CO_3$).
- Alle Metalloxide können Basen bilden – je stärker positiv sie geladen sind, desto stärker ist die Base (z. B. $CaO + H_2O \rightleftharpoons Ca(OH)_2$).
- Es gibt Kation-, Neutral- und Anionsäuren bzw. -Basen; einige Beispiele:

	Kation-	Neutral-	Anion-
Säure	NH_4^+, $[Al(H_2O)_6]^{3+}$	HCl, HNO_3	HSO_4^-, HCO_3^-
Base	$[Al(OH)(H_2O)_5]^{2+}$	NH_3, $NaOH$	HSO_4^-, SO_4^{2-}, CO_3^{2-}

- Unedle Metalle lösen sich in Säuren unter H_2-Entwicklung (s. auch Redoxreaktionen/Spannungsreihe).
- Mischungen aus Brönsted- und Lewis-Säuren (z. B. HSO_3F, SbF_5) ergeben so genannte Supersäuren, die sogar Methan deprotonieren können ($CH_4 + H^+ \rightleftharpoons CH_3^+ + H_2$).
- Ampholyte sind Stoffe, die Protonen aufnehmen und abgeben können (z. B. H_2O, HPO_4^{2-}).
- LM, die saure und basische Eigenschaften besitzen, d. h. zur Autoprotolyse befähigt sind, nennt man amphiprotisch (z. B. H_2O, CH_3COOH, NH_3).
- Säuren und Basen treten nie alleine auf, sondern immer nur als korrespondierende Säure-Base-Paare. Bei der Reaktion einer Säure mit Wasser gibt die Säure ein Proton ab, welches das Wasser aufnimmt. Hier reagiert das Wasser also als Base. Bei der Reaktion einer Base mit Wasser nimmt diese ein Proton auf, welches vom Wasser abgegeben wird – Wasser fungiert dabei als Säure. Diese Überlegungen lassen sich selbstverständlich auch auf nichtwässriges Milieu übertragen. Eine saure Reaktion ist also nicht notwendigerweise vom Vorhandensein von *H_3O^+-Ionen* abhängig, da ein Proton auch in nicht*wässrigem* Milieu auf andere Moleküle unter Ionenbildung übergehen kann! Auch hier ist also die Lewis-Deutung die einzige, die diesen Sachverhalt erklären kann.

pH-Wert

Da selbst reinstes Wasser noch eine geringe Leitfähigkeit zeigt, müssen darin Ionen enthalten sein. Dies lässt sich dadurch erklären, dass Wasser durch Autoprotolyse (d. h. sozusagen durch »Reaktion mit sich selbst«) H_3O^+ und OH^--Ionen bildet: (die eckigen Klammern bedeuten, dass es sich um die Konzentrationen, genauer um die Aktivitäten*, der in der Klammer stehenden Stoffe handelt)

$$H_2O + H_2O \rightleftharpoons H_3O^+ + OH^-; \qquad K = \frac{[H_3O^+] \cdot [OH^-]}{[H_2O]^2}.$$

Da $[H_2O]$ mit 55,5 mol/L nahezu konstant bleibt, bezieht man es in die Gleichgewichtskonstante K mit ein und schreibt K_W. Die Konstante K_W wird da-

* Man kann bei geringen (Eigen- und Fremd-)Ionenkonzentrationen (geringer Ionenstärke einer Lösung) in der Lösung die Aktivität näherungsweise gleich der Konzentration setzen – eine Näherung, die meist auch gemacht wird. Gerade bei konzentrierten Lösungen bzw. bei Lösungen mit hohem Fremdionenanteil macht man jedoch größere Fehler. Nachfolgend wird von der Konzentration die Rede sein, sei dir aber bewusst, dass genau genommen stets die Aktivität einzusetzen wäre – was der Übersichtlichkeit und Verständlichkeit wegen unterbleibt.

bei Ionenprodukt des Wassers genannt; sie wird empirisch bestimmt. Beachte ihre Einheit von mol^2/L^2.

$$K_W = [H_3O^+][OH^-] = 10^{-14}\ mol^2/L^2$$

Da $[H_3O^+][OH^-]$ gilt (auch bei Autoprotolysereaktionen muss die Neutralitätsbedingung gewahrt sein, d. h. für jedes positiv geladene Teilchen muss auch ein negativ geladenes entstehen), liegen in reinstem Wasser bei 25 °C 10^{-7} mol/L H_3O^+-Ionen vor. Nimmt diese Konzentration zu, so sagt man, die Lösung ist sauer, nimmt sie ab, so spricht man von einer basischen Lösung. Da die Aktivität* an H_3O^+-Ionen als Messgröße für Lösungen eingeführt wurde, hat man, um handlichere Zahlen zu erhalten, den negativen dekadischen Logarithmus der H_3O^+-Ionenaktivität als pH-Wert (lat.: potentia Hydrogenii = Macht des Wasserstoffes) definiert:

$$pH = -\log [H_3O^+]$$

Analog dazu gilt für den pOH-Wert

$$pOH = -\log [OH^-] \text{ bzw. } pH = pK_w + \log [OH^-].$$

Da $[H_3O^+]\,[OH^-] = 10^{-14}$ gelten muss, lässt sich formulieren:

$$pH + pOH = 14$$

Da K_W wie alle Gleichgewichtskonstanten temperaturabhängig ist, muss eine neutrale Lösung nicht immer pH = 7 aufweisen. So ist z. B. K_W bei 100 °C $10^{-12}\ mol^2/L^2$, woraus sich wegen $[H_3O^+] = [OH^-] = 10^{-6}$ ein pH-Wert von 6 ergibt!

Anmerkung: H_3O^+ bzw. OH^- stehen bei einer Reaktion einer Säure HA / einer Base B mit Wasser immer rechts (reine Definitionssache).

pK_s-Wert

Da sich aus einer Reaktionsgleichung $HA + H_2O \rightleftharpoons A^- + H_3O^+$ nicht ablesen lässt, wie weit das Gleichgewicht auf der linken oder auf der rechten Seite liegt, muss man ein Maß dafür finden, wie stark eine Säure ist, d. h. wie leicht sie ihre Protonen abgibt. Dazu formuliert man das Massenwirkungsgesetz:

$$K = \frac{[H_3O^+] \cdot [A^-]}{[H_2O] \cdot [HA]}$$

Da $[H_2O] = 55{,}5$ mol/L beträgt und weitgehend konstant bleibt, kann man es wieder in die Konstante einbeziehen und schreiben:

$$K_s = \frac{[H_3O^+] \cdot [A^-]}{[HA]}$$

Bei *starken Säuren* gilt, dass sie in Wasser (nahezu) vollständig dissoziieren und der negative dekadische Logarithmus der Anfangskonzentration c_0 (der Säure) dem pH-Wert entspricht:*

$$pH = -\log c_S \text{ (für starke Säuren)}$$

Für *starke Basen* gilt analog:

$$pOH = -\log c_B \text{ (für starke Basen)}$$

$$\rightarrow pH = 14 + \log c_B.$$

Bei *schwachen Säuren* dissoziieren nur wenige Teilchen HA in H_3O^+ und A^-, jedoch gilt immer $[A^-] = [H_3O^+] = x$. Die Konzentration an HA im Gleichgewicht errechnet sich also zu $[HA] = c_0 - x$. Da x gegenüber c_0 sehr klein ist (es dissoziiert ja nur sehr wenig HA zu H_3O^+ und A^-), lässt sich die Näherung $[HA] \approx c_0$ aufstellen. Setzt man dies alles nun in die Beziehung für K_S ein, so ergibt sich $K_S = x^2/c_0$. Nach x aufgelöst heißt das: $x = (K_S\, c_0)^{½}$. x stand für $[H_3O^+]$, also errechnet sich der pH-Wert zu

$$-\log [H_3O^+] = -\log [K_S c_0]^{½}$$

$$pH = -½ \log K_S - ½ \log c_0.$$

In Analogie zum pH-Wert wird $-\lg K_S$ als pK_S-Wert definiert (vgl. $-\lg K_W = pK_W$), für *schwache Säuren* gilt also:

$$pH = 0{,}5\, pK_S - 0{,}5 \log c_0 \text{ (für schwache Säuren)}$$

Ebenso wie man für die schwachen Säuren den pH-Wert auf diese Weise aus dem pK_S-Wert berechnen kann, lässt sich für eine *schwache Base*, die mit Wasser gemäß $B + H_2O \rightleftharpoons HB^+ + OH^-$ reagiert, der pH-Wert folgendermaßen errechnen (analog zu einer schwachen Säure, hier mit c_0 als Anfangskonzentration einer Base):

$$pOH = 0{,}5\, pK_B - 0{,}5 \log c_0 \text{ (für schwache Basen)}$$

$$pH = 14 - 0{,}5\, pK_B + 0{,}5 \log c_0 \text{ (da pH = 14 – pOH).}$$

* Gilt streng genommen nur für einprotonige Säuren, da bei weitgehender Dissoziation einer mehrprotonigen Säure eine größere Menge an Protonen freigesetzt wird (bei vollständiger Dissoziation von 1 mol H_2SO_4 würden z. B. 2 mol H_3O^+-Ionen freigesetzt).

Da in die aufgestellten Formeln einige Näherungen eingeflossen sind, gelten folgende Einschränkungen:

- $c_{S/B}$ muss immer zwischen 10^{-5} mol/L und 1 mol/L liegen.
- Starke Säuren nie nach der Formel für schwache berechnen und umgekehrt!

Generell ist zu beachten:

- Eigentlich sollten bei der pH-Wert-Berechnung die *Aktivitäten* und nicht die Konzentrationen eingesetzt werden, und nur bei c < 1 mol/L kann man näherungsweise $c - c_0$ setzen.
- Je stärker die Säure, desto schwächer die konjugierte Base.
- Für die pK_S-Werte von Säuren gilt:

sehr starke Säuren	$pK_S < -1{,}74$
starke Säuren	$1{,}74 \leq pK_S < 4{,}50$
schwache Säuren	$4{,}50 \leq pK_S < 9{,}50$

Zur pH-Wert-Berechnung gilt: Ausgehend von einer pK_S-Tabelle nimmt man bis einschließlich HNO_3 die Formel für starke Säuren, ab HNO_3 die Formel für schwache Säuren. Bei mittelstarken Säuren kommt es auf die Konzentration an, nach welcher Formel man rechnen muss (z. B. bei H_3PO_4, HSO_4^-).

- Da in Wasser keine stärkere Säure als H_3O^+ existieren kann (so genannter nivellierender Effekt des Lösungsmittels, s. u.), muss man zur Bestimmung der pK_S-Werte sehr starker Säuren auf andere – wasserfreie (= aprotische) – und schwächer basische LM (z. B. Eisessig, Dichlormethan) zurückgreifen.
- Es gibt – entgegen einer Aussage, die ich selbst im Chemie-Leistungskurs in der Schule gehört habe – sehr wohl pH-Werte < 0 und > 14. Die obere Grenze ist aufgrund des pK_S-Wertes von H_3O^+ 15,74, die untere Grenze – 1,74. Diese kann nach beiden Seiten nicht überschritten werden (nivellierender Effekt eines Lösungsmittels, d. h. in H_2O kann keine stärkere Säure/Base als H_3O^+/OH^- existieren).
- Da an einer Säure/Base-Reaktion immer zwei korrespondierende Säure/Base-Paare beteiligt sind, lässt sich am Vergleich der pK_S-Werte feststellen, ob eine Reaktion in merklichem Umfang stattfindet oder nicht, denn das Gleichgewicht liegt immer auf der Seite des höheren pK_S-Wertes (= der schwächeren Base).

Beispiele: $CH_3COOH + CN^- \rightleftharpoons CH_3COO^- + HCN$

$pK_S = 4{,}75$ $\qquad\qquad pK_S = 9{,}40$

Die Reaktion findet statt, da die stärkere Säure (CH_3COOH) ihr Proton an die schwächere Säure (HCN) abgibt.

$Br^- + HCl \rightleftharpoons HBr + Cl^-$
$pK_S = -3$ $pK_S = -6$

Die Reaktion findet von links nach rechts nicht statt, da die stärkere Säure (HBr) rechts steht.

Die stärkere Säure setzt die schwächere (aus ihrem Salz) in Freiheit.

Du sollst diesen Satz nicht stur auswendig lernen, obwohl er sehr, sehr wichtig ist, sondern seinen Sinn verstehen, da er Grundlage für viele Anionennachweise ist, was an entsprechender Stelle vermerkt ist.

Zum Abschluss dieses Punktes möchte ich nochmals eindringlich darauf hinweisen: *pH-Wert und Säurestärke sind zwei absolut verschiedene Sachverhalte!* Man kann bei zwei Lösungen mit verschiedenen pH-Werten *nie* behaupten, die Lösung mit dem kleineren pH-Wert ist die stärkere Säure.

Beispiele: 0,001 mol/L HCl — 1 mol/L CH_3COOH
$pK_S = -3$ — $pK_S = 4{,}75$
$pH = -\lg 0{,}001 = 3$ — $pH = 0{,}5\ pK_S - 0{,}5 \lg 1 = 2{,}375$
HCl ist in diesem Beispiel die stärkere Säure, CH_3COOH hat hier den kleineren pH-Wert!

Die Stärke einer Säure lässt sich auch aufgrund ihrer Struktur erklären. Ist eine Säure stark, so bedeutet das, dass man leicht ein Proton abspalten kann. Dies ist der Fall, wenn die Bindung zwischen dem H-Atom und dem Bindungspartner (sehr) stark polarisiert ist bzw. wenn der Abstand zwischen H-Atom und Bindungspartner groß ist. Deshalb lassen sich (mit abnehmender Wichtigkeit) folgende Regeln formulieren:

1. Innerhalb einer Hauptgruppe nimmt die Säurestärke von oben nach unten zu, da sich ein Proton wegen der geringeren Anziehung von einem großen Atom leichter abspalten lässt als von einem kleinen.
2. Innerhalb einer Periode nimmt die Säurestärke von links nach rechts zu, da die Elektronegativität erhöht und die Bindung damit polarer wird. Daraus folgt: H^+ kann leichter abgespalten werden.
3. Ist das Proton über ein O-Atom gebunden, so gelten dieselben Regeln:
   H-O-H < H-O-I < H-O-Br < H-O-Cl (Cl zieht stärker als Br und I am O-Atom und dies dann am H-Atom).
4. Ist das Proton über ein O-Atom an ein Zentralatom gebunden, so ist die Säure um so stärker, je mehr weitere O-Atome am Zentralatom gebunden sind:
   $H\text{-}O\text{-}Cl < H\text{-}O\text{-}ClO < H\text{-}O\text{-}ClO_2 < H\text{-}O\text{-}ClO_3$.

Protolysegrad α

Der Protolysengrad α ist definiert als Quotient der protolysierten HA-Moleküle und der Konzentration der anfangs vorhanden HA-Moleküle $[HA]_0$:

$$\alpha = \frac{[H_3O^+]}{[HA]_0} = \frac{[A^-]}{[HA]_0}$$

Für die Reaktion $HA + H_2O \rightleftharpoons A^- + H_3O^+$ gilt: $[HA] = c_0 - \alpha \cdot c_0$ und $[H_3O^+] = [A^-] = \alpha \cdot c_0$. Setzt man dies in die Beziehung für K_S ein, so ergibt sich:

$$K_s = \frac{[H_3O^+] \cdot [A^-]}{[HA]} = \frac{(\alpha \cdot c_0) \cdot (\alpha \cdot c_0)}{c_0 \cdot (1 - \alpha)} = \frac{\alpha^2 c_0{}^2}{c_0\,(1 - \alpha)}$$

Da bei schwachen Säuren und Basen $\alpha << 1$, vereinfacht sich der Ausdruck zu $K_S = \alpha^2 \cdot c_0$.

Daraus ergibt sich das so genannte *Ostwald'sche Verdünnungsgesetz:*

$$\alpha = \sqrt{\frac{K_S}{c_0}}$$

Wie man sieht, verhält sich eine schwache Säure/Base bei zunehmender Verdünnung wie eine starke Säure/Base, da – mathematisch gesehen – α gegen 1 strebt, die Dissoziation also zunimmt. Anschaulich erklärt heißt das, dass in verdünnter Lösung die Wahrscheinlichkeit, dass die H_3O^+- und A^--Teilchen zusammentreffen und damit zurückreagieren können, erheblich abnimmt. Bei einer 1,0 M CH_3COOH sind z. B. 0,4 % der CH_3COOH-Moleküle dissoziiert, bei einer 0,001 M CH_3COOH bereits 13,3 %! Da dies Auswirkungen auf die Formel zur pH-Wert-Berechnung hat, kann man folgende Faustregel aufstellen:

→ Solange $c_0 >> K_S$, kann man noch mit der Formel $pH = 0{,}5\ pK_S - 0{,}5\ \lg c_0$ rechnen.

→ Wenn $c_0 < K_S$, muss man mit $pH = -\lg c_0$ rechnen.

Was nun die Größenordnung für α bei starken und schwachen Säuren/Basen angeht, so gilt folgende Tabelle:

Säuren-/Basen-Stärke	α	Beispiele
sehr stark	0,7 – 1,0	HCl, KOH
stark	0,2 – 0,7	HNO_3, $Ca(OH)_2$
mittelstark	0,01 – 0,2	H_3PO_4, AgOH
schwach	0,001 – 0,01	CH_3COOH, NH_3
sehr schwach	< 0,001	H_2S, $Al(OH)_3$

Da bei der Berechnung des Protolysegrades K_S auftaucht, ist auch α temperaturabhängig, d. h. bei höheren Temperaturen steigt α an.

pH-Wert von Salzen schwacher Säuren/Basen

Beispiele für Salze			die wässrige Lösung hat
NaCl	ist das Salz einer *starken* Säure (HCl)	und einer *starken* Base (NaOH)	pH = 7
NH_4NO_3	ist das Salz einer *starken* Säure (HNO_3)	und einer *schwachen* Base (NH_3)	pH < 7
KNO_2	ist das Salz einer *schwachen* Säure (HNO_2)	und einer *starken* Base (KOH)	pH > 7
NH_4Ac	ist das Salz einer *schwachen* Säure (HAc)	und einer *schwachen* Base (NH_3)	pH = ?*

* hängt davon ab, ob der saure Charakter des Kations bzw. der basische Charakter des Anions überwiegt oder ob sie sich gegenseitig aufheben. Beispiele: pH < 7: $SnCl_2$, pH = 7: NH_4Ac, pH > 7: NH_4CN.

Diese Beobachtungen lassen oft Rückschlüsse auf Kationen/Anionen bei Einzelstoffanalysen zu und sollten daher immer gemacht werden (pH der *wässrigen* Lösungen messen!)

Mehrprotonige Säuren

Säuren wie Schwefelsäure oder Phosphorsäure können mehrere Protonen abgeben; dabei lässt sich für jeden Schritt eine Säurekonstante K_S aufstellen: (Dabei gilt immer: $K_{S1} > K_{S2} > K_{S3} > \ldots > K_{Sn}$.)

$$H_3PO_4 + H_2O \rightleftharpoons H_2PO_4^- + H_3O^+ \qquad K_{S1} = \frac{[H_2PO_4^-] \cdot [H_3O^+]}{[H_3PO_4]}$$

$$H_2PO_4^- + H_2O \rightleftharpoons HPO_4^{2-} + H_3O^+ \qquad K_{S2} = \frac{[HPO_4^{2-}] \cdot [H_3O^+]}{[H_2PO_4^-]}$$

$$HPO_4^{2-} + H_2O \rightleftharpoons PO_4^{3-} + H_3O^+ \qquad K_{S3} = \frac{[PO_4^{3-}] \cdot [H_3O^+]}{[HPO_4^{2-}]}$$

Dabei muss streng genommen jeder Schritt für die pH-Wert-Berechnung berücksichtigt werden, da ja H_3O^+-Ionen gebildet werden. Unterscheiden sich die pK_S-Werte zwischen zwei Schritten jedoch um mehr als 4 (die K_S-Werte um mehr als 10^4), so können alle folgenden Schritte vernachlässigt werden. Der pH-Wert solcher Säuren errechnet sich aus:

$$pH = \frac{pK_{S1} + pK_{S2}}{2} \qquad \text{bzw.} \qquad pH = \frac{pK_{S2} + pK_{S3}}{2}$$

Eine für das Praktikum wichtige mehrwertige Säure ist H_2S:

$$H_2S + H_2O \rightleftharpoons HS^- + H_3O^+ \quad K_{S1} = \frac{[HS^-] \cdot [H_3O^+]}{[H_2S]} = 1{,}1 \cdot 10^{-7}\ \text{mol/L}$$

$$HS^- + H_2O \rightleftharpoons S^{2-} + H_3O^+ \quad K_{S2} = \frac{[S^{2-}] \cdot [H_3O^+]}{[HS^-]} = 1{,}0 \cdot 10^{-14}\ \text{mol/L}$$

$$K_{S1} \cdot K_{S2} = \frac{[S^{2-}] \cdot [H_3O^+]^2}{[H_2S]} = 1{,}1 \cdot 10^{-21}\ \text{mol}^2/\text{L}^2$$

Da die Sättigungskonzentration von H_2S 0,1 mol/L beträgt (mehr löst sich nicht), kann man nach Auflösen der Gleichung nach $[S^{2-}]$ die Konzentration an Sulfidionen in Abhängigkeit vom pH-Wert berechnen. So liegt $[S^{2-}]$ bei pH = 2 bei $1{,}1 \cdot 10^{-18}$ mol/L, bei pH = 6 dagegen bei $1{,}1 \cdot 10^{-10}$ mol/L, also 100-Mio.-mal höher als bei pH = 2 (wichtig im KTG!).

Puffer

Eine Lösung, die in der Lage ist, einen bestimmten pH-Wert auch bei Zugabe von kleinen Mengen Säure bzw. Base weitgehend konstant zu halten, wird als Puffer bezeichnet. Sie enthält immer eine schwache Base und eine schwache Säure (z. B. CH_3COO^-/NH_4^+). Puffer werden für Prozesse beim Galvanisieren, bei der Lederherstellung und bei Fotomaterial sowie in zahlreichen Stoffwechselkreisläufen im menschlichen Körper gebraucht. So sind im Blut u.a. der Phosphat- und der Carbonatpuffer ($H_2PO_4^-/HPO_4^{2-}$ und H_2CO_3/HCO_3^-) dafür verantwortlich, dass der pH-Wert des Blutes immer zwischen 7,35 und 7,45 liegt. Schon Abweichungen von mehr als 0,1 pH-Einheiten von diesen Werten können lebensgefährlich sein!

Die beste Pufferwirkung wird erreicht, wenn man eine schwache Säure und ihre korrespondierende Base möglichst hoch konzentriert und im Verhältnis 1:1 verwendet. Der pH-Wert errechnet sich folgendermaßen:

$$HA + H_2O \rightleftharpoons A^- + H_3O^+ \qquad K_S = \frac{[H_3O^+] \cdot [A^-]}{[HA]} \qquad [H_3O^+] = K_S \cdot \frac{[HA]}{[A^-]}$$

Daraus ergibt sich die Henderson-Hasselbalch-Gleichung:

$$pH = pK_S - \log \frac{[HA]}{[A^-]}$$

Das Verhältnis zwischen [HA] und $[A^-]$ muss im Bereich 1:10 bis 10:1 liegen, um eine gute Pufferwirkung zu erzielen. Gibt man z. B. zu einem CH_3COOH/CH_3COO^--Gemisch, in dem $[CH_3COOH] = [CH_3COO^-] = 1$ mol/L ist, 0,1 mol OH^--Ionen zu, so reagieren diese mit CH_3COOH zu CH_3COO^- und H_2O, sodass $[CH_3COOH]$ auf 0,9 mol/L absinkt, während $[CH_3COO^-]$ auf

1,1 mol/L ansteigt. Der pH-Wert, der vorher 4,75 betrug, steigt nach Zugabe der OH^--Ionen auf pH = 4,75 – lg 0,9/1,1 = 4,83, während er in einer Lösung ohne Puffer (reines Wasser) von pH = 7 auf pH = 13 angestiegen wäre.

Indikatoren

Will man die Konzentration an H_3O^+-Ionen in einer Lösung bestimmen, hat jedoch kein pH-Papier oder Ähnliches zur Verfügung, so gibt man tropfenweise so lange OH^--Ionen zu, bis sich die H_3O^+-Ionen mit den OH^--Ionen umgesetzt haben. Um den Endpunkt dieser Bestimmung anzuzeigen, benötigt man einen Stoff, der in Abhängigkeit von der H_3O^+-Ionen-Konzentration verschiedene Farben aufweist. Solche Stoffe nennt man Indikatoren. Säure/Base-Indikatoren sind organische Farbstoffe, deren Farbe vom pH-Wert der Lösung abhängt. Es handelt sich dabei stets um ein korrespondierendes Säure/Base-Paar (kurz $HInd/Ind^-$). Deshalb sollte man auch nur wenige Tropfen eines möglichst farbintensiven Indikators nehmen, um das Säure/Base-Gleichgewicht des zu titrierenden Stoffes nicht zu beeinflussen. Man kann grundsätzlich unterscheiden zwischen ein- und zweifarbigen Indikatoren. Bei einfarbigen ist die saure Form immer farblos; bei zweifarbigen schlägt die Farbe bei einem bestimmten pH-Wert um, es bildet sich eine Mischfarbe. Während bei einfarbigen Indikatoren bei einer größeren zugegebenen Menge Base lediglich Farbvertiefung eintritt, ändern zweifarbige Indikatoren den Farbton. Grundsätzlich gilt (wie bei Puffern) folgende Formel:

$$pH = pK_S - \log \frac{[HInd]}{[Ind^-]}$$

Da das menschliche Auge einen Farbumschlag jedoch immer erst bei einem Verhältnis von 10:1 bzw. 1:10 wahrnimmt, gibt es für Indikatoren einen Umschlagsbereich von ca. 2 pH-Einheiten. Man unterscheidet Hauptgruppen von Indikatoren: Azofarbstoffe, Sulfophthaleine, Triphenylmethane und Phthaleine. Diese jedoch im Grundaufbau zu erklären bzw. auszuführen, worauf ein Farbumschlag genau beruht, würde hier zu weit führen und ist für das chemische Grundverständnis in diesem Praktikum auch nicht notwendig. Gedulde dich bis zum Praktikum der Quantitativen anorganischen Analytik, dann wirst du darüber mehr erfahren, als du möchtest.

(Übrigens: Stoffe, die dem Phenolphthalein (= einfarbiger Indikator) strukturell recht ähnlich sind, werden pharmazeutisch als Abführmittel eingesetzt.)

Titrationen

Titrationen (franz. titre = Gehalt) sind Maßnahmen zur Bestimmung der Konzentration einer Lösung. Um z. B. den Gehalt an HCl in einer Lösung zu bestimmen, lässt man so lange OH^--Ionen zutropfen, bis sich alles zu H_2O und NaCl umgesetzt hat (Neutralisation). Den Endpunkt der Titration zeigt ein Indikator an. Aus dem verbrauchten Volumen der NaOH-Lösung und deren exakter Konzentration lässt sich dann der Gehalt an H_3O^+-Ionen bestimmen. Der Verlauf einer solchen Titration lässt sich mittels einer so genannten Titrationskurve darstellen, bei der auf der x-Achse z. B. der Verbrauch an NaOH-Lösung aufgetragen wird und auf der y-Achse der pH-Wert.

Löslichkeit

Löslichkeit

Gibt man Salze in Wasser, so stellt man fest, dass sich einige gut, andere schlecht bzw. fast gar nicht lösen. Chemisch geschieht dabei Folgendes: Das Kristallgitter des Salzes wird »aufgebrochen«, die dabei entstehenden Kat- und Anionen umgeben sich mit einer Hülle von Wassermolekülen. Diesen Prozess bezeichnet man allgemein als *Solvatation* (lat.: solvere = lösen); wenn Wasser das Lösungsmittel ist, nennt man das *Hydratation*. Dies geschieht je nach Salz in sehr unterschiedlichem Maße. Die ungelösten Kristalle sinken zu Boden und bilden den Bodenkörper. Lässt man solche Lösungen einige Zeit stehen, so ist zu beobachten, dass sich ein Gleichgewicht einstellt zwischen gelösten und ungelösten Teilchen, d. h., es verlassen pro Zeiteinheit ebenso viele Teilchen die Kristalle am Bodenkörper wie sich andere Teilchen aus der Lösung an den Kristallen des Bodenkörpers anlagern. Dieses *dynamische* Gleichgewicht zwischen dem Bodenkörper und der sich darüber befindlichen gesättigten Lösung bezeichnet man als Löslichkeitsgleichgewicht. Dabei spielt die Größe des Bodenkörpers keine Rolle, wichtig ist nur sein Vorhandensein.

Die Stoffmengenkonzentration eines Stoffes in einer gesättigten Lösung bezeichnet man als seine Löslichkeit.

Die Löslichkeit ist eine charakteristische Eigenschaft der betreffenden Substanz und wird stark von der Temperatur und dem Lösungsmittel beeinflusst. Bei den meisten Stoffen nimmt die Löslichkeit mit steigender Temperatur stark zu (siehe z. B. Bleinachweis als $PbCl_2$-Nadeln), weshalb ich dir für's Praktikum auch raten würde, das Reagenzglas mit Lösungsmittel und Stoff immer erst über dem Bunsenbrenner zu erhitzen, um auszuprobieren, ob dein Stoff in dem gewählten Lösungsmittel wirklich nicht löslich ist oder ob du nur nicht lange genug gewartet hast. Die Bildung einer Lösung aus ursprünglich festen Kristallen ist wegen der Entropie-Zunahme ein endothermer Vorgang (die Ordnung ist in Kristallen größer als in einer Lösung, also nimmt die Unordnung (= Entropie) beim Lösen zu). Dieser Lösevorgang wird durch das Erwärmen, also einem »Zwang« von außen, nach dem Prinzip von Le Chatelier (S. 42) beschleunigt, um die zugeführte Energie weitgehend zu kompensieren. Noch einmal anders erklärt: Wärme führt dazu, dass die kinetische Energie der Teilchen zunimmt. Es ist einsichtig, dass Teilchen in einem Gitter eine bestimmte Mindestenergie benötigen, um dieses Gitter zu verlassen. Je höher die Temperatur ist, desto höher ist der Anteil der Teilchen, die den Betrag dieser Mindestenergie erreichen oder überschreiten, die also das Gitter verlassen können. Es können also mehr Teilchen das Gitter verlassen als vorher und gleichzeitig weniger wieder ins Gitter zurückkehren (sie erhalten ja auch stärkere Stöße von anderen Teilchen). Dies führt zu einer erhöhten Konzentration der Teilchen in der Lösung). Was geeignete Lösungsmittel betrifft, so gilt folgende Faustregel:

Gleiches löst Gleiches, d. h. *polare* Stoffe und Ionen lösen sich in *polaren* Lösungsmitteln (z. B. Wasser) besser, *unpolare* Stoffe lösen sich in *unpolaren* Lösungsmitteln wie Ether oder Kohlenwasserstoffen besser; diese Eigenschaft macht man sich auch bei einigen Praktikumsversuchen wie den Halogenidnachweisen mittels Chloramin T und einem organischen LM (s. S. 126 f.) sowie dem Chrom-Nachweis als CrO_5 (s. S. 193) zunutze.

Molarität/Molalität

Die *Molarität* M ist eine Konzentrationsangabe, die ausdrückt, welche Stoffmenge, also wieviel Mol einer Verbindung in einem Liter fertiger Lösung enthalten sind. Sie hat die Einheit [mol/L]: $c = n/V$

Bei der *Molalität* handelt es sich um einen nicht mehr gebräuchlichen Begriff der Maßanalyse, der auch beim osmotischen Druck und der Gefrierpunkterniedrigung/Siedepunkterhöhung eine Rolle spielt. Die Molalität ist temperaturabhängig, da sich dabei eine Stoffmenge n auf ein Kilogramm Lösungsmittel bezieht [mol/kg]: $b = n/m$

Löslichkeitsprodukt

Für den Lösungsvorgang

$$A_xB_y\ (s) \ = \ xA\ (aq) + yB\ (aq)$$

lässt sich aus dem MWG eine Gleichgewichtskonstante K formulieren:

$$K = \frac{[A]^x \cdot [B]^y}{[A_xB_y]}$$

Da $[A_xB_y]$ die Konzentration des Bodenkörpers beschreibt, die konstant bleibt, lässt es sich mit in die Konstante einbeziehen und man erhält:

$$K_L\ (A_xB_y) = [A]^x\ .\ [B]^y$$

K_L bezeichnet man als das Löslichkeitsprodukt eines Salzes (nachfolgend immer als Lp. abgekürzt). Es gibt nun drei Arten von Lösungen:

1. Lp. > $[A]^x\ [B]^y$ Die Lösung ist noch nicht gesättigt, man kann noch mehr von A_xB_y lösen.
2. Lp. = $[A]^x\ [B]^y$ Die Lösung ist gesättigt, jeder weitere Zusatz von A_xB_y würde eine Ausfällung verursachen.

3. $Lp < [A]^x [B]^y$ Die Lösung enthält mehr A und B, als es dem Lp. entspricht; es hat sich bereits ein Niederschlag gebildet; das heißt jedoch nicht, dass die Lösung übersättigt ist! (Eine übersättigte Lösung liegt nur dann vor, wenn in einer Lösung mehr A_xB_y gelöst ist als nach dem Lp. »möglich« ist, ohne dass in der Lösung ein Niederschlag entsteht; wie so etwas passieren kann, erfährst du später.)

Es ist zu beachten, dass die Löslichkeitsprodukte unterschiedlicher Salze nicht ohne weiteres miteinander verglichen werden dürfen, da die Größen jeweils verschiedene Einheiten haben können (hängt von x und y ab). Die Einheit ist, da [A] und [B] Konzentrationen sind, immer mol^{x+y}/L^{x+y}. Wollte man Löslichkeitsprodukte unterschiedlicher Einheiten miteinander vergleichen, so wäre dies dasselbe, als ob man z. B. die Fläche seiner Wohnung (Einheit m^2) mit der Wassermenge in einem Schwimmbecken (Einheit m^3) vergleichen wollte. Dasselbe gilt auch bei Löslichkeiten: Man darf nicht die *Löslichkeitsprodukte* miteinander vergleichen, sondern muss die *molaren Löslichkeiten* der Salze miteinander vergleichen. Diese lässt sich aus dem Löslichkeitsprodukt berechnen, denn für $[A_xB_y] = c_S$ gilt:

$$[A] = x \cdot c_S \quad \text{und} \quad [B] = y \cdot c_S$$

Ferner gilt: $Lp. = [A]^x[B]^y = (xc_S)^x(yc_S)^y = x^x\, y^y\, c_S^{(x+y)}$

Daraus errechnet sich die Sättigungskonzentration c_S zu:

$$c_S = \sqrt[x+y]{\frac{Lp.}{x^x \cdot y^y}}$$

Diese so errechneten Sättigungskonzentrationen lassen sich nun miteinander vergleichen. Das Löslichkeitsprodukt nimmt bei gegebener Temperatur einen konstanten Wert an, d. h. wenn man eine der beiden Konzentrationen ändert, so ändert sich auch die andere mit. Dies macht man sich vielfältig zunutze:

a) Um die *Löslichkeit* eines Stoffes zu *senken*, gibt man dessen *Kat- oder Anionen im Überschuss* hinzu, also mehr, als zum Erreichen des Lp. nötig wäre. Nimmt man z. B. eine Lösung mit $[Ag^+] = 10^{-6}$ mol/L und $[Cl^-] = 10^{-6}$ mol/L, so müsste man zum Erreichen des Lp. (= 10^{-10} mol^2/L^2) die Cl^--Konzentration durch Zusatz von Kochsalz auf 10^{-4} mol/L erhöhen, damit AgCl auszufallen beginnt. Erhöht man $[Cl^-]$ sogar auf 10^{-1} mol/L, so senkt man $[Ag^+]$ damit auf 10^{-9} mol/L. Es sind dann nur noch 1/1000 soviel Ag^+-Ionen in Lösung wie bei Erhöhung von $[Cl^-]$ auf nur 10^{-4} mol/L.
Dabei ist jedoch zu beachten, dass ein Überschuss an Anionen einen gebildeten NS durch Komplexierung wieder auflösen kann (z. B. $AgCN + CN^- \rightleftharpoons [Ag(CN)_2]^-$. Dieses Phänomen macht man sich insbesondere bei den

amphoteren Elementen Al, As, Pb, Sb, Sn, Zn zunutze, die bei einem bestimmten pH-Wert als Hydroxide ausfallen und im Überschuss von OH^--Ionen als Hydroxokomplexe wieder in Lösung gehen!

b) Um die *Löslichkeit* eines Stoffes zu *erhöhen*, senkt man die Konzentration von A oder B so stark, dass das Lp. dann weit unterschritten wird und sich mehr von diesem Stoff aus dem Bodenkörper lösen kann. Dafür gibt es zahlreiche Möglichkeiten: *Komplexierung*, *pH-Wert-Änderung*, *Oxidation/Reduktion* eines Ions etc.
   - *Komplexierung:* Hat man einen Niederschlag von AgCl und gibt NH_3 dazu, so komplexiert *das* Ammoniak die wenigen Silberionen, die nach dem Lp. in Lösung sind, so dass diese aus dem Gleichgewicht entfernt werden; es geht mehr AgCl in Lösung, und zwar so lange, bis – bei ausreichender Menge Ammoniak – der gesamte NS aufgelöst ist.
   - *Änderung des pH-Wertes:* Unmittelbaren Einfluss hat der pH-Wert auf die OH^--Konzentration und somit auf die Löslichkeit von Hydroxiden. In saurer Lösung werden die wenigen OH^--Ionen sofort aus dem Gleichgewicht entfernt, es kann mehr NS in Lösung gehen. Der pH-Wert hat jedoch auch Einfluss auf die Konzentration von S^{2-}, CO_3^{2-}, PO_4^{3-} und andere Anionen, die aus Säuren entstehen, ja er beeinflusst selbst die Konzentration von Chromat(CrO_4^{2-})-Ionen, da diese sich im sauren Milieu zu Dichromat($Cr_2O_7^{2-}$)-Ionen umwandeln und dann ein anderes Löslichkeitsverhalten zeigen.
   - *Oxidation/Reduktion:* Gibt man zu Hg_2Cl_2 Cl_2-Gas, so setzt es sich gemäß

     $Hg_2Cl_2 + Cl_2 \rightleftharpoons 2\ Hg^{2+} + 4\ Cl^-$

     um, der NS geht aus denselben Gründen wie oben in Lösung ($HgCl_2$ ist deutlich besser löslich als Hg_2Cl_2). Gibt man zu einer sauren Lösung, die einen AgCl-NS enthält, Zn-Staub (d. h. elementares Zink, Zn^0), so scheidet sich nach der Spannungsreihe (s. u.) Ag^0 ab, wird aus dem GG entfernt und das Anion geht in der für einen Nachweis erforderlichen Menge in Lösung.

Die hier aufgeführten Beispiele sind nur eine kleine Auswahl der Fälle, in denen die Löslichkeit bzw. das Löslichkeitsprodukt eine Rolle spielt, aber ich hoffe, sie machen dir klar, wie man prinzipiell die Löslichkeit von Stoffen beeinflussen kann. Überlege dir doch einmal, wo im Praktikum die Beeinflussung der Löslichkeit eine Rolle spielt. Nun noch einige praktikumsbezogene Beispiele, bei denen die Bedeutung von Löslichkeitsprodukten und molaren Löslichkeiten deutlich werden soll:

1. In einer Lösung mit $[Cu^{2+}] = 0{,}1$ mol/L und $[Mn^{2+}] = 0{,}1$ mol/L wird bei pH = 1 H_2S-Gas eingeleitet. Fällt nun CuS, MnS oder gar beides aus?
   Lp. (CuS) = $8{,}0 \cdot 10^{-37}\ mol^2/L^2$ Lp. (MnS) = $1{,}0 \cdot 10^{-15}\ mol^2/L^2$
   Gemäß der Gleichung auf S. 52 errechnet sich die S^{2-}-Konzentration bei pH = 1 (c $[H_3O^+] = 0{,}1$ mol/L) folgendermaßen:

$[S^{2-}] = (1{,}1 \cdot 10^{-21}\ mol^2/L^2) \cdot 0{,}1\ mol/L\ /\ [H_3O^+]^2 = 1{,}1 \cdot 10^{-20}\ mol/L$.

Damit gilt für CuS

$0{,}1\ mol/L \cdot 1{,}1 \cdot 10^{-20} = 1{,}1 \cdot 10^{-21}\ mol^2/L^2 >$ Lp., das CuS fällt also aus.

Dagegen ist bei MnS

$0{,}1\ mol/L \cdot 1{,}1 \cdot 10^{-20} = 1{,}1 \cdot 10^{-21} <$ Lp.,

das MnS fällt also bei pH 1 noch nicht aus (Anwendung im KTG).

2. Eine Lösung enthält $I^-/Br^-/Cl^-$ in einer Konzentration von je 0,01 mol/L; nun tropft man $AgNO_3$-Lösung dazu. Was passiert?
   Lp. (AgI) $= 8{,}5 \cdot 10^{-17}\ mol^2/L^2$,
   Lp. (AgBr) $= 5{,}0 \cdot 10^{-13}\ mol^2/L^2$,
   Lp. (AgCl) $= 1{,}7 \cdot 10^{-10}\ mol^2/L^2$.
   Wie man erkennen kann, wird gemäß obiger Gleichung bei $c(Ag^+) = 8{,}5 \cdot 10^{-15}$ mol/L zunächst AgI ausfallen, ab $c(Ag^+) = 5{,}0 \cdot 10^{-11}$ mol/L fällt AgBr aus und schließlich AgCl. Dies nutzt man bei der *fraktionierten Fällung* der Silberhalogenide aus (s. S. 125).
3. Eine Möglichkeit zur Trennung von Ba^{2+}, Sr^{2+} und Ca^{2+} ist das *Chromat-Sulfat-Verfahren, wie es im KTG angewendet wird* (s. S. 161).

Lp. ($BaCrO_4$) = $8{,}5 \cdot 10^{-11}\ mol^2/L^2$	Lp. ($BaSO_4$) = $1{,}5 \cdot 10^{-9}\ mol^2/L^2$
Lp. ($SrCrO_4$) = $3{,}6 \cdot 10^{-5}\ mol^2/L^2$	Lp. ($SrSO_4$) = $7{,}6 \cdot 10^{-7}\ mol^2/L^2$
	Lp. ($CaSO_4$) = $2{,}4 \cdot 10^{-5}\ mol^2/L^2$

Allgemein ist festzuhalten: Lp. ($BaCrO_4$) << Lp. ($SrCrO_4$)
Lp. ($BaSO_4$) < Lp. ($SrSO_4$) < Lp. ($CaSO_4$).

Da die Unterschiede der Löslichkeiten von $SrCrO_4$ und $CaCrO_4$ ziemlich gering sind, trennt man zunächst Ba^{2+} als Chromat ab. Nimmt man $[Ba^{2+}] = [Sr^{2+}] = [Ca^{2+}] = 0{,}1$ mol/L an, so gilt für $[CrO_4^{2-}] = 8{,}5 \cdot 10^{-11}\ mol^2/L^2\ /\ 0{,}1\ mol/L = 8{,}5 \cdot 10^{-10}$ mol/L, was ungefähr bei pH = 5 der Fall ist. Diese Chromatkonzentration reicht aber noch lange nicht für die Fällung von Sr^{2+} und Ca^{2+}. Da die Unterschiede der Löslichkeiten von $SrSO_4$ und $CaSO_4$ auch relativ gering sind, besteht die Gefahr, dass bei »willkürlicher« SO_4^{2-}-Zugabe $SrSO_4$ *und* $CaSO_4$ ausfallen, was eine eindeutige Zuordnung unmöglich machen würde. Deshalb greift man zu einer »List«: Man gibt zur Prüfung auf Sr^{2+} zu einem Teil der Sr^{2+}/Ca^{2+} enthaltenden Lösung eine gesättigte Gipslösung, in der $[Ca^{2+}] = [SO_4^{2-}] = 2{,}4 \cdot 10^{-5}$ mol/L (Lp. von $CaSO_4$!). Bei dieser SO_4^{2-}-Konzentration ist das Lp. von $SrSO_4$ durch $0{,}1\ mol/L \cdot 2{,}4 \cdot 10^{-5}\ mol/L = 2{,}4 \cdot 10^{-6}\ mol^2/L^2$ überschritten, $SrSO_4$ fällt also aus. Sollte die Lösung außerdem noch Ca^{2+}-Ionen enthalten, so nimmt die Gesamt*konzentration* an Ca^{2+} durch die Zugabe an Gipslösung (= $CaSO_4$) ja ab. Es nimmt nicht die Gesamt*stoffmenge* in der Lösung ab, denn durch die Zugabe von Gipslösung nimmt die Gesamtstoffmenge an Ca^{2+} zu; dennoch wird die *Konzentration* geringer, denn die zugegebene Gipslösung ist *gesättigt*, wohingegen die Analysenlösung nicht gesättigt ist. Also nimmt die Konzentration, gemessen an der $CaSO_4$-Konzentration, in der Lösung ab, das Lp. von $CaSO_4$ wird nicht erreicht.

4. Einige Anionen werden direkt aus der Analysensubstanz nachgewiesen und nicht aus dem Sodaauszug. Das hängt damit zusammen, dass die Konzentration im Sodaauszug nicht ausreichend hoch ist für die Nachweise. So sind z. B. Sulfide so gut wie nie im SA zu finden, sofern Schwermetalle zugegen sind, wie sich an folgendem Rechenbeispiel zeigen lässt:
   ZnS ist mit einem Lp. von $2{,}5 \cdot 10^{-22}$ mol^2/L^2 noch ein relativ »leicht« lösliches Sulfid. Damit das S^{2-} jedoch im SA zu finden ist, muss Zn^{2+} in Form von $ZnCO_3$ vorliegen (nur dann wird S^{2-} freigesetzt). Nimmt man (im SA) $[CO_3^{2-}] = 1$ mol/L an, so müsste, um das Lp. von $ZnCO_3$ (= $2{,}0 \cdot 10^{-10}$ mol^2/L^2) zu überschreiten und damit das Zn vom ZnS zum $ZnCO_3$ »umzufällen«, die Zn^{2+}-Konzentration $2{,}0 \cdot 10^{-10}$ mol/L betragen, wegen des Lp. von ZnS ist aber nur $1{,}6 \cdot 10^{-11}$ mol/L in Lösung, sodass das Sulfid des ZnS nicht im Sodaauszug zu finden ist.
   Anders verhält es sich bei $BaSO_4$ (Lp. = $1{,}5 \cdot 10^{-9}$ mol^2/L^2), wo bei gegebener $[CO_3^{2-}] = 1$ mol/L $[Ba^{2+}] = 1{,}6 \cdot 10^{-9}$ mol/L sein muss, damit $BaCO_3$ (Lp. = $1{,}6 \cdot 10^{-9}$ mol^2/L^2) ausfällt, was nach dem Lp. von $BaSO_4$ (s. o.) leicht der Fall ist.

Komplexe

Allgemeines

Komplexe ■ sind Moleküle oder Ionen, in denen ein ungeladenes/geladenes Atom Z (*Zentralatom, -ion*) entsprechend seiner *Koordinationszahl* n mehrere ungeladene oder geladene, ein- oder mehratomige Gruppen L (*Liganden*), die meist auch als solche existenzfähig sind, anlagern kann.
Schreibweise: $[ZL_n]^{\text{Ladung (...+/...–)}}$

Zentralteilchen ■ sind oft Schwermetallkationen (v. a. Übergangsmetalle), deren Ziel es ist, durch die Bindung mit den Liganden die (energetisch günstige) Edelgaskonfiguration zu erreichen.

Liganden ■ sind Moleküle oder Ionen mit mindestens einem *freien Elektronenpaar*; man unterscheidet zwischen anionischen (z. B. Cl^-), neutralen (z. B. NH_3) und kationischen (z. B. $C_2H_5^+$) Liganden; ferner gibt es die Einteilung in ein- und mehrzähnige Liganden, also Liganden, die zur Komplexbildung ein bzw. mehrere freie Elektronenpaare zur Verfügung stellen. Komplexverbindungen mit mehrzähnigen Liganden nennt man *Chelate*; ein Beispiel dafür ist EDTA (= Ethylendiamintetraessigsäure), die z. B. bei Schwermetall-Intoxikationen mit Pb^{2+} o. ä. als Antidot intravenös gespritzt wird.

Koordinationszahl ■ ist die Zahl der vom Zentralatom gebundenen Liganden. Sie ist abhängig von der Größe des Kations und den Liganden. Als Koordinationszahlen kommen meist 2, 4, 6 und 8 vor, wobei 4 und 6 die weitaus häufigsten sind. Der räumliche Bau der Komplexe ist eng mit der Koordinationszahl verbunden. Die meisten Komplexe mit der Koordinationszahl 6 haben oktaedrischen Bau (Oktaeder = 2 Pyramiden mit quadratischer Grundfläche, die an der Grundfläche zusammengesetzt sind); hier ist das Zentralatom genau im Zentrum lokalisiert und die Liganden an den sechs Ecken.

Bindungsart ■ Komplexe sind Koordinationsverbindungen, d. h. der Ligand stellt ein freies (also nicht-bindendes) Elektronenpaar zur Verfügung (er ist also Elektronenpaardonator), mit dem er sich an das Zentralteilchen, das eine Elektronenlücke aufweist, anlagert (dieses ist Elektronenpaarakzeptor). Das erinnert doch ganz stark an eine ... *Säure-Base-Reaktion* nach Lewis. Richtig! Der Ligand ist also *die Lewis-Base*, das Zentralteilchen die *Lewis-Säure*.

Stabilität ■ Ganz allgemein lässt sich sagen: Je höher geladen das Zentralatom ist, desto stabiler ist der Komplex. Außerdem ist zu berücksichtigen: Die Zentralteilchen sind bestrebt, durch die Bindungen, die sie mit dem Liganden eingehen, einen energetisch günstigeren Zustand zu erreichen. Gelingt ihnen dies, z. B. durch Erreichen der Edelgaskonfiguration, so sind sie besonders stabil (z. B. $[Cu(CN)_4]^{3-}$; dieser Komplex besitzt $28e^-$ von Cu^+ und 4 freie e^--Paare (= $8e^-$) von den 4 CN^--Liganden = $36e^-$, was der e^--Konfiguration von Krypton entspricht). Wird die Edelgaskonfiguration nicht erreicht, so hat dies meist sterische Gründe, d. h. es können sich wegen der Größe der Liganden nicht so viele Liganden an das Zentralatom anlagern, wie zum Erreichen der Edelgaskonfiguration nötig wäre. So hat etwa der $[Ni(CN)_4]^{2-}$-Komplex nur 34 e^-.

Ganz besonders stabil sind die *Chelatkomplexe*. Dies lässt sich dadurch erklären, dass sich bei Chelatkomplexen ein Ligand an mehreren Stellen am Zentralatom anlagert, innerhalb eines Chelatkomplexes also keine Abstoßung stattfindet (wie etwa zwischen Cl^--Ionen oder CN^--Ionen) und die Entropie (= Unordnung) zunimmt, weil bei einem hydratisierten Kation durch die Bindung mit einem Chelatmolekül mehrere Wassermoleküle frei werden.

Nomenklatur der Komplexe

- Das Kation (egal, ob Komplexion oder nicht) wird immer zuerst genannt.
- Im Komplex werden immer erst die Liganden in alphabetischer Reihenfolge genannt und dann das Zentralatom. In der Formelschreibweise wird der ganze Komplex in eckige Klammern [...] gesetzt, wobei in der Klammer erst das Zentralatom, dann die anionischen, neutralen und schließlich die kationischen Liganden (in dieser Reihenfolge!) stehen. Die Anzahl der Liganden wird beim Sprechen mit vorangestellten griechischen Zahlwörtern (die für die alphabetische Ordnung nicht berücksichtigt werden) bezeichnet, in der Schreibweise durch tiefgestellte Ziffern hinter dem Liganden.
- Anionische Liganden erhalten ein »o« am Ende, z. B.

Br^-	Bromo-	CN^-	Cyano-	NO_3^-	Nitrato-	SO_4^{2-}	Sulfato-
CO_3^{2-}	Carbonato-	F^-	Fluoro-	NO_2^-	Nitro-	S^{2-}	Thio-
Cl^-	Chloro-	OH^-	Hydroxo-	$C_2O_4^{2-}$	Oxalato-	SCN^-	Thiocyanato-
OCN^-	Cyanato-	I^-	Iodo-	O^{2-}	Oxo-	$S_2O_3^{2-}$	Thiosulfato-

- Neutrale Liganden werden nicht geändert und erhalten keine Endung.
  Ausnahmen: NH_3 -Ammin- CO -Carbonyl-
  H_2O -Aqua- NO -Nitrosyl-
- Falls der Komplex das Anion eines Salzes ist, erhält das Zentralatom den lateinischen Namen und die Endung »at«.
- Die Oxidationszahl wird in römischen Zahlen mit angegeben.

Klingt alles ganz schön kompliziert, ist es aber gar nicht: Einige Beispiele, dann wird's (hoffentlich) besser verständlich:

$K_3[Fe(CN)_6]$	Kaliumhexacyanoferrat(III)
$[AlF_6]^{3-}$	Hexafluoroaluminat
$K_2[HgI_4]$	Kaliumtetraiodomercurat(II)
$[Ag(NH_3)_2]Cl$	Diamminsilber(I)chlorid
$[Ni(NH_3)_6]Cl_2$	Hexamminnickel(II)chlorid
$(NH_4)_3[P(Mo_3O_{10})_4]$	Ammoniumtetramolybdophosphat
$[PtCl_2(NH_3)_4]Cl_2$	Tetrammindichloroplatin(IV)chlorid
$K_2Na[Co(NO_2)_6]$	Dikaliumnatriumhexanitrocobaltat
$[CoCl_2(H_2O)_4]_2SO_4$	Tetraaquadichlorocobalt(III)sulfat
$Na_3[Fe(CN)_5NO]$	Natriumpentacyanonitrosylferrat(II)
$Hg[Co(SCN)_4]$	Quecksilbertetrathiocyanatocobaltat(II)
$[AsS_4]^{3-}$	Tetrathioarsenat(V)

Falls du jetzt immer noch – oder erst recht – keinen Durchblick hast, alles halb so schlimm; für einige Komplexe gibt es Trivialnamen (z. B. $K_3[Fe(CN)_6]$ = rotes Blutlaugensalz), andere, wie der Diamminsilberkomplex, gehen dir spätestens nach wenigen Tagen durch das ständige Sprechen so gut über die Lippen, dass du meinst, du hättest nie etwas anderes gelernt.

Isomerie

Wenn zwei Stoffe die gleiche Summenformel, aber einen unterschiedlichen Aufbau – und damit auch verschiedene physikalische oder chemische Eigenschaften – haben, nennt man sie Isomere. Beispiele für Komplexisomere:

1. Konstitutionsisomere

unterscheiden sich in ihrem strukturellen Aufbau, also darin, welches Anion als Ligand fungiert und welches über eine Ionenbindung verknüpft ist.

Beispiel: $[PtCl_2(NH_3)_4]Br_2 \rightleftharpoons [PtBr_2(NH_3)_4]Cl_2$

Diese beiden Verbindungen unterscheiden sich in vielen Eigenschaften, z. B. in ihrer Farbe (die erste Verbindung ist rot, die zweite violett) und in ihrer Löslichkeit. Schon hieran wird deutlich, dass sie außer der gleichen Summenformel nicht viel gemeinsam haben.

2. Hydratisomere

je nachdem, ob H_2O als Ligand oder als Kristallwasser vorliegt.

Beispiel: $\underset{\text{violett}}{[Cr(H_2O)_6]Cl_3} \rightleftharpoons \underset{\text{grün}}{[CrCl(H_2O)_5]Cl_2 \cdot H_2O} \rightleftharpoons \underset{\text{grün}}{[CrCl_2(H_2O)_4]Cl \cdot 2\,H_2O}$

Auch diese Verbindungen unterscheiden sich in ihrem Löslichkeitsverhalten und in ihren Leitfähigkeiten!

3. Bindungsisometrie

je nachdem, über welches Atom der Ligand an das Zentralatom gebunden ist, z. B. Z-O-N=O/Z-NO_2

Beispiel: $[Co(NO_2)(NH_3)_5]Cl_2 \rightleftharpoons [Co(ONO)(NH_3)_5]Cl_2$
gelb rot

4. Stereoisomere

Dabei handelt es sich um Moleküle mit gleicher Summenformel und Sequenz in der Verknüpfung der Atome, die sich aber in der dreidimensionalen Atomanordnung unterscheiden.

a) Diastereomere (cis/trans): Diastereomere sind Stereoisomere (s. o.), die sich nicht wie Enantiomere, also wie Bild zu Spiegelbild bzw. linke zu rechter Hand verhalten; sie haben unterschiedliche Eigenschaften (z. B. Dichte).

Einsatz in der Krebsbehandlung (so genanntes Cisplatin) — Keine medizinische Anwendung, da zu toxisch

Beide Moleküle sind planar gebaut

b) Enantiomere (früher optische Isomere)
Enantiomere unterscheiden sich nur darin, dass sie die Ebene linear polarisierten Lichtes in genau entgegengesetzter Richtung drehen. Sie sind Verbindungen, die sich zueinander wie Bild und Spiegelbild verhalten, aber sich nicht zur Deckung bringen lassen (wie z. B. die linke und rechte Hand). Diese Möglichkeit ist etwa gegeben bei tetraedrischer Koordination mit vier verschiedenen Liganden.

Eigenschaften von Komplexen

Komplexe weisen im Vergleich zu Salzen ganz andere Eigenschaften auf, da sie sehr stabil sind und kaum in einzelne Ionen dissoziiert sind. So fällt z. B. beim $[Fe(CN)_6]^{4-}$ weder eine Reaktion auf Fe^{2+} noch auf CN^- positiv aus! Damit sind sie zum Teil schlecht oxidierbar bzw. reduzierbar (gilt z. B. bei $[Ag(NH_3)_2]^+$: bei Zusatz von Zn^0 scheidet sich kein Ag^0 ab). Außerdem sind zahlreiche Komplexe in Salzform und in wässriger Lösung farbig.

Anwendung/Natürliches Vorkommen

Wegen der oben beschriebenen Eigenschaften nutzt man die Komplexierung oft als Hilfsmittel für die »Maskierung«, wie es im KTG z. B. bei der Maskierung von Cu^{2+} bzw. Cu^{+} mit CN^{-} geschieht. Auch in der Medizin findet die Komplexbildung Anwendung. So spritzt man bei akuter Bleivergiftung eine EDTA (ein mehrzähniger Ligand)-Lösung intramuskulär, da Pb^{2+} mit dem EDTA einen sehr stabilen Komplex bildet, der für den Menschen weit weniger gefährlich ist als die freien Pb^{2+}-Ionen, die als Enzymgifte wirken. In der Natur finden sich Komplexe z. B. im Hämoglobin mit Fe^{2+} als Zentralatom, im Chlorophyll, einem sehr ähnlich aufgebauten Komplex bei Pflanzen mit Mg^{2+} als Zentralatom und im Vitamin B_{12}, in dem Co^{3+} das Zentralatom ist.

Rechenbeispiele

Sehr schön lässt sich der Zusammenhang zwischen Lp. und der Komplexstabilität in folgender Reihe zeigen:

$$AgCl \xrightarrow{+\,NH_3\ \text{dil.}} Ag(NH_3)_2^{+} \xrightarrow{+\,Br^-} AgBr \xrightarrow{+\,NH_3\ \text{konz.}} Ag(NH_3)_2^{+} \xrightarrow{+\,I^-} AgI \xrightarrow{+\,CN^-} Ag(CN)_2^{-} \xrightarrow{+\,S^{2-}} Ag_2S$$

Gibt man also zu AgCl NH_3 dil., so löst sich der NS wieder auf, gibt man daraufhin Br^--Ionen hinzu, so fällt AgBr aus, das unter Zugabe von NH_3 konz. wieder in Lösung geht, etc.

Geht man von 0,1 mol/L ausgefälltem AgCl aus, so lassen sich folgende Berechnungen anstellen:

Lp. (AgCl) = $1{,}7 \cdot 10^{-10}$ mol^2/L^2
Lp. (AgBr) = $1{,}0 \cdot 10^{-13}$ mol^2/L^2
Lp. (AgI) = $8{,}5 \cdot 10^{-17}$ mol^2/L^2
Lp. (Ag_2S) = $5{,}5 \cdot 10^{-51}$ mol^3/L^3

$K_{Stab.}$ $[Ag(NH_3)_2]^+$ = $1{,}6 \cdot 10^{7}$ mol^{-2}/L^{-2}
$K_{Stab.}$ $[Ag(CN)_2]^-$ = $5{,}5 \cdot 10^{18}$ mol^{-2}/L^{-2}

Gibt man NH_3 im Überschuss zu, so löst sich z. B. der AgCl-Niederschlag auf. Beträgt die freie NH_3-Konzentration durch Verwendung von NH_3 dil. nur 0,05 mol/L, so lässt sich die Ag^+-Konzentration folgendermaßen berechnen:

$$K_{Stab} = \frac{[Ag(NH_3)_2]^+}{[Ag^+] \cdot [NH_3]^2} \qquad [Ag^+] = \frac{[Ag(NH_3)_2]^+}{K_{Stab.} \cdot [NH_3]^2}$$

$$= \frac{0{,}1\ mol/L}{1{,}6 \cdot 10^{7}\ mol^{-2}/L^{-2} \cdot [0{,}05\ mol/L]^2} = 2{,}5 \cdot 10^{-6}\ mol/L$$

Die errechnete Silberionenkonzentration beträgt etwa 1/5 der Sättigungslöslichkeit von AgCl, d. h. der Komplex wird durch die NH_3 dil. gerade eben aufgelöst. Gibt man jetzt zur Fällung als AgBr gerade soviel KBr-Lösung dazu, dass $[Br^-]$ nach dem vollständigen Ausfällen = 0,1 mol/L ist, so sind nur noch

$1{,}0 \cdot 10^{-12}$ mol/L Ag^+-Ionen in Lösung. Nun setzt man soviel NH_3 konz. (!) zu, dass nach Auflösen des NS $[NH_3] = 0{,}2$ mol/L beträgt. Damit errechnet sich die Konzentration der noch in Lösung vorhandenen Ag^+-Ionen zu

$$[Ag^+] = \frac{[Ag(NH_3)_2]^+}{K_{Stab.} \cdot [NH_3]^2} = \frac{0{,}1 \text{ mol/L}}{1{,}6 \cdot 10^7 \text{ mol}^{-2}/\text{L}^{-2} \cdot [0{,}2 \text{ mol}^{-2}/\text{L}]^2} \approx 1{,}56 \cdot 10^{-7} \text{ mol/L}$$

Die errechnete Silberkonzentration beträgt hier sogar nur die Hälfte der Sättigungslöslichkeit von AgBr, d. h. der NS wird durch die Zugabe von NH_3 konz. gerade aufgelöst, während die Zugabe von NH_3 dil. hier sicher nicht ausreichen würde. Nach Zugabe von 0,2 mol KI beträgt $[I^-]$ nach dem Ausfällen noch 0,1 mol/L (die Hälfte wurde ja zum Ausfällen der 0,1 mol/L des $[Ag(NH_3)_2]^+$-Komplexes gebraucht). An Silberionen ist also noch in Lösung: $[Ag^+] = 8{,}5 \cdot 10^{-16}$ mol/L. Hier setzt man KCN-Lösung zu, bis – nachdem sämtlicher AgI-NS aufgelöst ist – $[CN^-] = 0{,}1$ mol/L ist; $[Ag^+]$ errechnet sich (wie oben) zu:

$$[Ag^+] = \frac{[Ag(CN)_2]^-}{K_{Stab.} \cdot [CN^-]^2} = \frac{0{,}1 \text{ mol/L}}{5{,}5 \cdot 10^{18} \text{ mol}^{-2}/\text{L}^{-2} \cdot [0{,}1 \text{ mol/L}]^2} \approx 1{,}82 \cdot 10^{-18} \text{ mol/L}$$

Damit nun Ag_2S auszufallen beginnt, muss

$$S^{2-} \geq \frac{5{,}5 \cdot 10^{-51} \text{ mol}^3/\text{L}^3}{(1{,}82 \cdot 10^{-18})^2 \text{ mol}^2/\text{L}^2} \approx 1{,}67 \cdot 10^{-15} \text{ mol/L}$$

sein.

Möchte man dies durch Einleiten von H_2S-Gas erreichen, errechnet sich der dafür erforderliche pH-Wert gemäß:

$$[H_3O^+] = \sqrt{\frac{1{,}1 \cdot 10^{-21} \text{ mol}^3/\text{L}^3}{1{,}67 \cdot 10^{-15} \text{ mol/L}}} \approx 8{,}12 \cdot 10^{-4} \text{ mol/L}$$

d. h. für diese Fällung muss der pH-Wert mindestens 3,1 (oder höher) sein.

Wie groß muss die Stabilitätskonstante des $[Cu(CN)_4]^{3-}$-Komplexes mindestens sein, damit bei $CN^- = 0{,}8$ mol/L, $[Cu^+] = 0{,}3$ mol/L und pH = 1 kein CuS ausfällt [Lp $(Cu_2S) = 2{,}0 \cdot 10^{-47}$ mol^3/L^3] ?

$$\text{pH} = 1 \quad \rightarrow [S^{2-}] = \frac{1{,}1 \cdot 10^{-21} \text{ mol}^3/\text{L}^3}{(0{,}1 \text{ mol/L})^2} = 1{,}1 \cdot 10^{-19} \text{ mol/L}$$

$$\rightarrow \quad [Cu^+] = \sqrt{\frac{2{,}0 \cdot 10^{-47} \text{ mol}^3/\text{L}^3}{1{,}1 \cdot 10^{-19} \text{ mol/L}}} \approx 1{,}35 \cdot 10^{-14} \text{ mol/L}$$

$$\rightarrow \quad K_{Stab.} \geq \frac{0{,}3 \text{ mol/L}}{1{,}35 \cdot 10^{-14} \text{ mol/L} \cdot (0{,}8 - 0{,}3)^4 \text{ mol}^4/\text{L}^4}$$

$K_{Stab.}$ muss also bei den gegebenen Bedingungen mindestens $3{,}56 \cdot 10^{14}$ mol^{-4}/L^{-4} betragen.

Redoxreaktionen

Begriffsentwicklung

Oxidation ■ Ursprünglich: Aufnahme von Sauerstoff
Heute: Abgabe von Elektronen
Erhöhung der Oxidationszahl

Reduktion ■ Ursprünglich: Abgabe von Sauerstoff
Heute: Aufnahme von Elektronen
Erniedrigung der Oxidationszahl

Oxidationsmittel ■ System, das e^- aufnehmen kann, das also bewirkt, dass ein anderes System seine e^- abgibt (= oxidiert wird). Es wird dabei selbst reduziert und lag vor der Reaktion in der oxidierten Form vor.
Beispiele: MnO_4^-, MnO_2, CrO_4^{2-}, $Cr_2O_7^{2-}$, PbO_2, NO_2^-.
Reaktionsgleichungen dazu S. 77 f.

Reduktionsmittel ■ System, das e^- abgeben kann, das also bewirkt, dass ein anderes System seine e^- aufnimmt (= reduziert wird). Es wird dabei selbst oxidiert und lag vor der Reaktion in der reduzierten Form vor.
Beispiele: I^-, SO_3^{2-}, $S_2O_3^{2-}$, SCN^-, Sn^{2+}, Zn^0, Mg^0.
Reaktionsgleichungen dazu S. 77 f.

Da es keine »freien Elektronen« gibt, sind Oxidation und Reduktion immer miteinander kombiniert. Dabei lässt sich folgende Aussage machen:

Findet eine chemische Reaktion zwischen einem Oxidationsmittel und einem Reduktionsmittel statt, so wird das Reduktionsmittel unter e^--Abgabe oxidiert und das diese Elektronen aufnehmende Oxidationsmittel reduziert.

$$\text{Ox 1} + \text{Red 2} \rightleftharpoons \text{Red 1} + \text{Ox 2}$$

(immer zwei korrespondierende Redoxpaare)

Die Oxidationszahl (abgekürzt OxZ) ist die theoretische Ladung, die ein Atom haben würde, wenn die e^- aller Bindungen an diesem Atom dem elektronegativeren Partner zugeordnet werden. Sie wird in römischen Ziffern über das jeweilige Element geschrieben.

Zur Ermittlung der Oxidationszahlen gelten (mit abnehmender Wichtigkeit!) folgende Regeln:

1. Ein einzelnes Atom oder ein Atom in einem Element hat die Oxidationszahl 0.
2. Die Oxidationszahl eines einatomigen Ions ist identisch mit seiner Ionenladung.
3. Die Summe der Oxidationszahlen aller Atome eines mehratomigen Ions ist immer gleich der Ladung des Ions.
4. Fluor hat in allen Verbindungen (außer dem F_2-Molekül) die Oxidationszahl –1 (Ausnahme: F_2-Molekül, s. 1).
5. Metalle haben immer positive Oxidationszahlen.
6. Wasserstoff hat immer die Oxidationszahl +1. (Ausnahme: Metallhydride, siehe 5.)
7. Sauerstoff hat immer die Oxidationszahl –2 (Ausnahme: F_2O und Peroxide, siehe 4. + 6.)
8. In Nichtmetallverbindungen ist die Oxidationszahl des elektronegativeren Elementes negativ.

Einige Beispiele zum Üben:

0	– II	+ VII –II	– I +II	+ I –I	+ I –I	+ IV –II	+ I –I
H_2	S^{2-}	MnO_4^-	F_2O	LiH	H_2O_2	SO_2	IBr

Um nun abzuschätzen, ob ein Atom eine bestimmte Oxidationszahl überhaupt annehmen kann, gilt bei Hauptgruppenelementen:

maximal mögliche Oxidationszahl = Gruppennummer im PSE;
minimal mögliche Oxidationszahl = Gruppennummer im PSE minus 8.

Allgemein lässt sich sagen, dass Elemente, die in *ungeraden Gruppen* stehen, bevorzugt *ungerade Oxidationszahlen* annehmen und Elemente, die in *geraden Gruppen* stehen, bevorzugt *gerade Oxidationszahlen*. Bei Nebengruppenelementen können auch Elektronen der nächstäußeren Schale abgegeben werden; sie haben daher eine große Bandbreite an Oxidationszahlen (v. a. Mn, Cr). Im Folgenden sind einige wichtige Chlor-, Chrom-, Stickstoff-, Sauerstoff-, Phosphor- und Schwefel-Verbindungen mit ihren Strukturformeln angegeben.

Strukturformeln

Die hier dargestellten Formeln tragen zum Teil Mesomeriepfeile (↔), d. h. die freien Elektronen(paare) liegen nicht exakt in einer der aufgeführten Formen vor, sondern alle diese Formen sind Grenzformen, so dass die »wahre« Verteilung der Elektronen irgendwo »dazwischen« liegt.

Name	Summenformel	Strukturformel	Sonstiges
		C-Verbindungen	
Dichlormethan	CH_2Cl_2	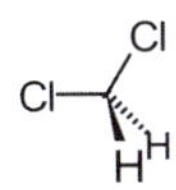	getrennt entsorgen!
Kohlen(stoff)-monoxid	CO		giftiges Gas
Kohlen(stoff)-dioxid	CO_2	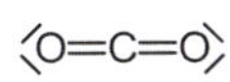	linear gebaut
Carbonat	CO_3^{2-}	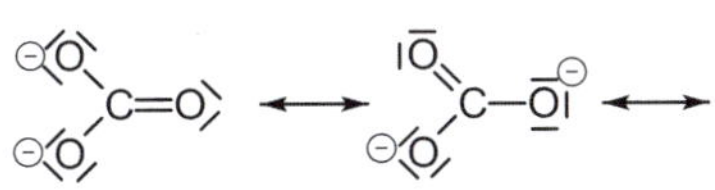	
Cyanid	CN^-	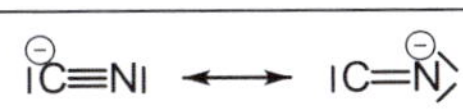	KCN = Zyankali, Cyanide sehr giftig
Dicyan	$(CN)_2$	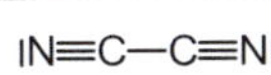	farbloses, sehr giftiges Gas
Schwefelkohlenstoff	CS_2	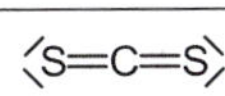	sehr giftiges Lösungsmittel
Formaldehyd	HCHO	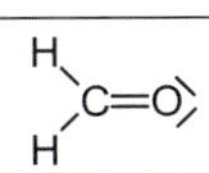	Formalinlösung, z. B. zum Konservieren von Leichen
Oxalsäure	$H_2C_2O_4$	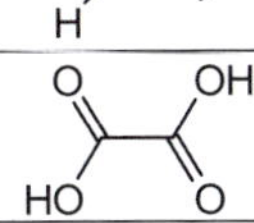	z. B. in Rhabarber; starke Säure
Weinsäure	$H_4C_4O_6$	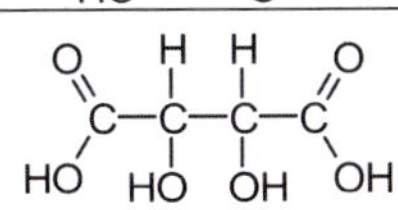	schwächer als Oxalsäure, 4 Stereoisomere
Cyanat	OCN^-	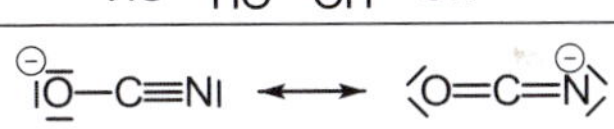	
Thiocyanat (auch Rhodanid)	SCN^-		Pseudohalogenid (wie CN^-)
Dirhodan	$(SCN)_2$	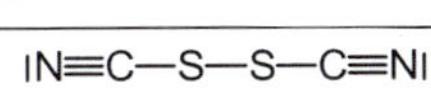	s. Dicyan

Name	Summenformel	Strukturformel	Sonstiges
Cl-Verbindungen			
Chlor	Cl_2	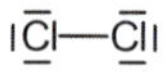	
Chlorwasserstoff	HCl	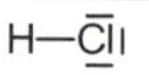	Salzsäure ist HCl in H_2O eingeleitet
Hypochlorit	OCl^-	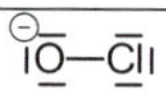	Desinfektionsmittel
Chlorit	ClO_2^-		
Chlorat	ClO_3^-	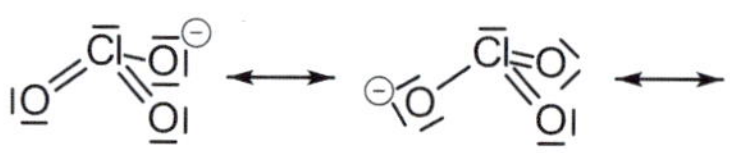	Chlorate explodieren leicht
Perchlorat	ClO_4^-	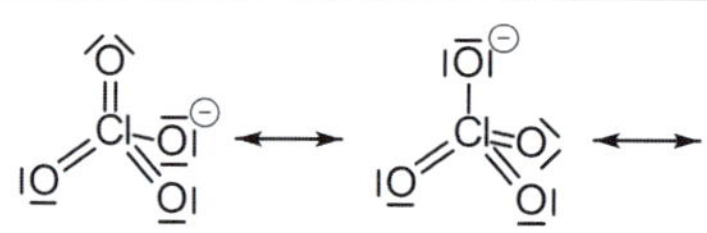	$KClO_4$-Niederschlag als K^+-Nachweis mit Perchlorsäure
Cr-Verbindungen			
Chromylchlorid	CrO_2Cl_2	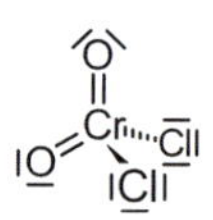	hochgiftig; entsteht bei Cl^--Nachweis nach dem DAB
Chromat	CrO_4^{2-}	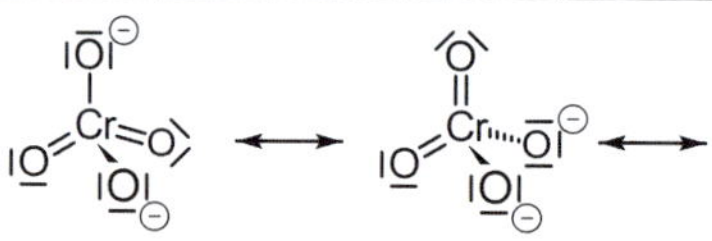	existiert im alkalischen Milieu; Cr hat in CrO_4^{2-} und $Cr_2O_7^{2-}$ dieselbe Oxidationszahl!
Dichromat	$Cr_2O_7^{2-}$	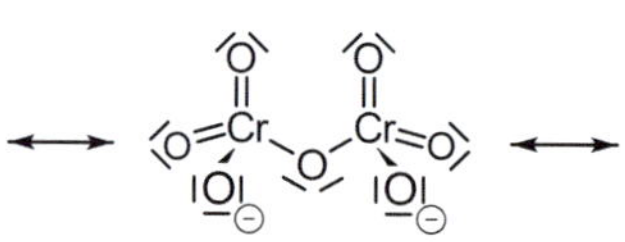	existiert im sauren Milieu; Cr hat in CrO_4^{2-} und $Cr_2O_7^{2-}$ dieselbe Oxidationszahl!
Chromperoxid	CrO_5	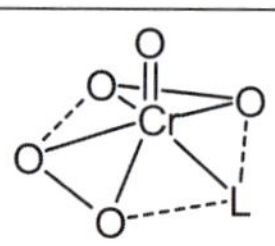	so genannter »Schmetterlingskomplex« (S. 193)

Name	Summenformel	Strukturformel	Sonstiges
		N-Verbindungen	
Stickstoff	N_2		≈ 80 % N_2 in der Luft
Azid	N_3^-	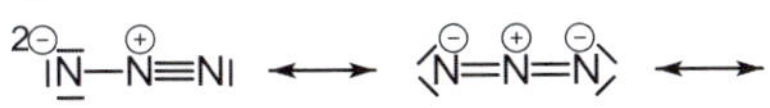	starkes Oxidationsmittel; I_2/N_3^--Reaktion
Ammoniak	NH_3	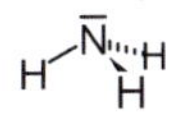	gleiche Oxidationsstufe des N!
Ammonium	NH_4^+	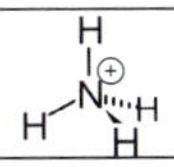	
Stickstoffmonoxid	NO		Radikal
Stickstoffdioxid	NO_2		Radikal
Distickstofftetraoxid	N_2O_4	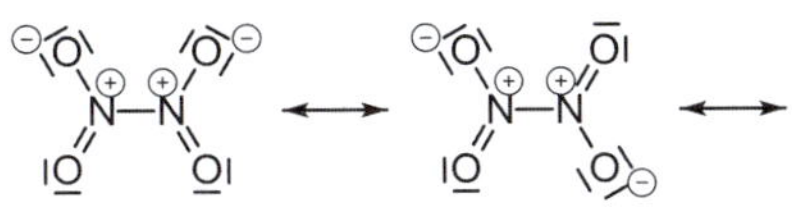	Dimeres von NO_2
Nitrylion	NO_2^+	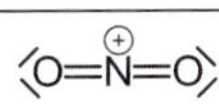	
Nitrit	NO_2^-	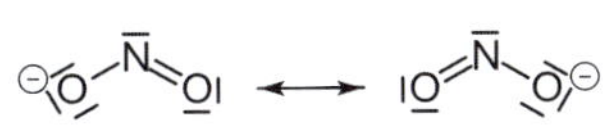	in Pökelsalz ist $NaNO_2$ enthalten
Nitrat	NO_3^-	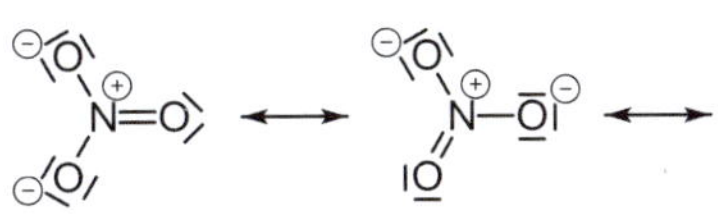	
Hydrazin	N_2H_4	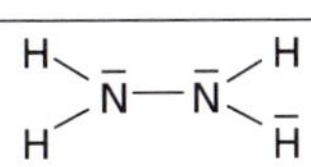	
Distickstoffmonoxid	N_2O	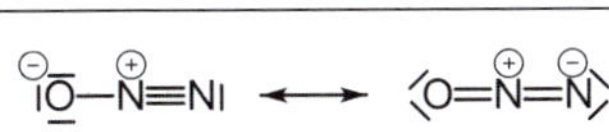	Lachgas, zur OP-Narkose
Distickstofftrioxid	N_2O_3	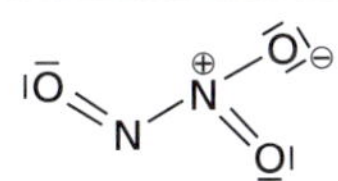 (–)	Anhydrid der salpetrigen Säure (HNO_2)
Distickstoffpentoxid	N_2O_5 (HNO_3)	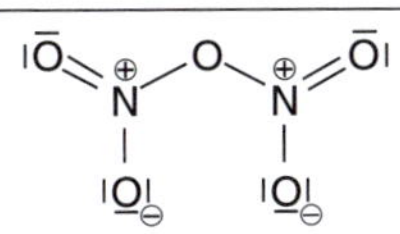 (–)	Anhydrid der Salpetersäure (HNO_3)

Name	Summenformel	Strukturformel	Sonstiges
O-Verbindungen			
Sauerstoff	O_2	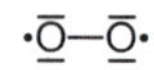 (und nur so!)	O_2 ist ein Diradikal!
Ozon	O_3		starkes Oxidationsmittel
Wasser	H_2O	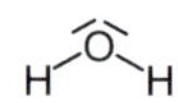	
Wasserstoffperoxid	H_2O_2	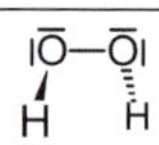	Oxidationsmittel, oft zum Haarebleichen
Sauerstoffdifluorid	F_2O	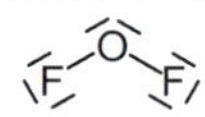	O mit Oxidationszahl +2
P-Verbindungen			
Phosphinsäure	H_3PO_2	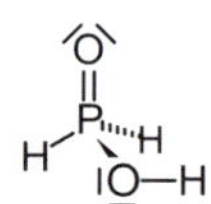	Unterphosphorige Säure; zur Grenz- und Identitätsprüfung auf As
Phosphonsäure	H_3PO_3	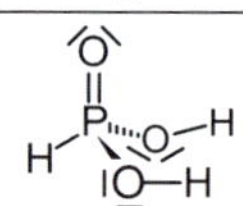	Phosphorigsäure (früher Phosphorige Säure)
Phosphorsäure	H_3PO_4	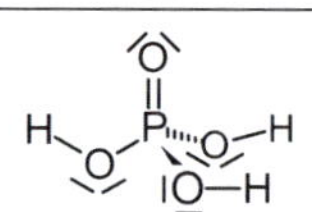	dreiwertige Säure

Name	Summenformel	Strukturformel	Sonstiges
		S-Verbindungen	
Schwefel	S_8	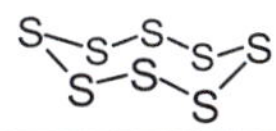	Polymorphie
Sulfid	S^{2-}	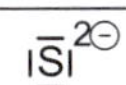	
Polysulfid	S_x^{2-}	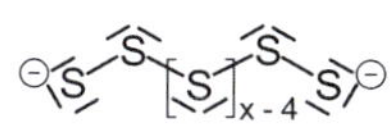	»Rand S« Oxidationsstufe –1 »alle anderen S« Oxidationsstufe 0
Schwefelmonoxid	SO	⟨S=O⟩	reagiert sofort weiter zu S_2O und SO_2
Schwefeldioxid	SO_2	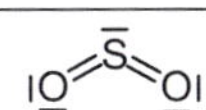	
Schwefeltrioxid	SO_3	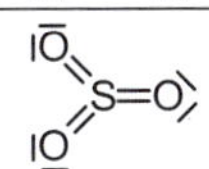	
Sulfit	SO_3^{2-}	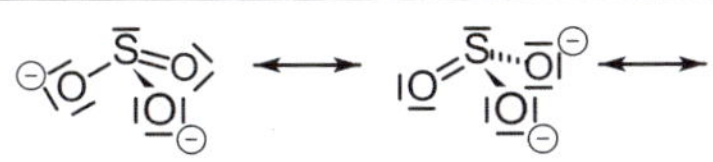	H_2SO_3 unbeständig → Zerfall in SO_2 und H_2O
Sulfat	SO_4^{2-}	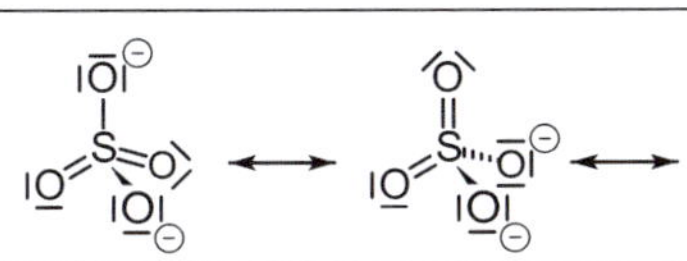	
Thiosulfat	$S_2O_3^{2-}$	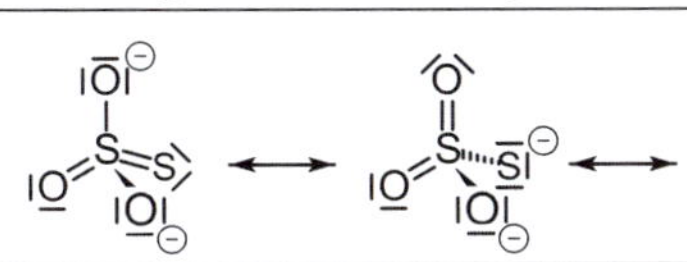	
Tetrathionat	$S_4O_6^{2-}$	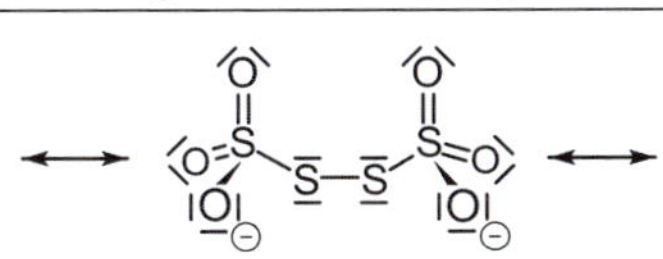	$2\ S_2O_3^{2-} + I_2 \rightarrow 2\ I^- + S_4O_6^{2-}$ Grundlage der Iodometrie
Peroxodisulfat	$S_2O_8^{2-}$	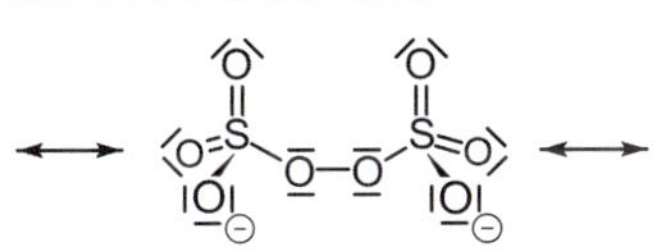	
Dithionit	$S_2O_4^{2-}$	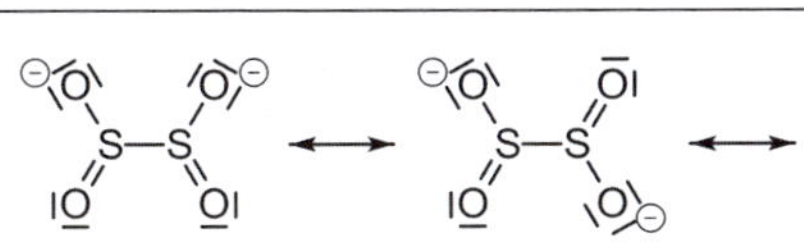	bei SO_4^{2-} Identitätsprüfung

Zur korrekten Aufstellung von Redoxgleichungen beachte man folgende Regeln:

1. Aufstellen von Teilgleichungen für Oxidation und Reduktion.
2. Oxidationsstufen für die an der Reaktion beteiligten Redoxpaare finden.
3. Für Elektronenausgleich auf beiden Seiten sorgen.
4. Auf Ladungsausgleich bei beiden Seiten achten: mit H^+, OH^-/H_2O bzw. CO_3^{2-}/CO_2 entsprechend einrichten.
5. Bildung des kleinsten gemeinsamen Vielfachen der abgegebenen/aufgenommenen Elektronen und Addition der beiden Teilgleichungen.

Beispiel 1:

$Cr_2O_7^{2-} + Fe^{2+} + H^+ \rightleftharpoons Cr^{3+} + Fe^{3+}$

1. Red. $Cr_2O_7^{2-} \rightleftharpoons 2\,Cr^{3+}$
   Ox. $Fe^{2+} \rightleftharpoons Fe^{3+}$

2. $\overset{+VI\ -II}{Cr_2O_7^{2-}} \rightleftharpoons 2\,\overset{+III}{Cr^{3+}}$
   $\overset{+II}{Fe^{2+}} \rightleftharpoons \overset{+III}{Fe^{3+}}$

3. $Cr_2O_7^{2-} + 6\,e^- \rightleftharpoons 2\,Cr^{3+}$
   $Fe^{2+} \rightleftharpoons Fe^{3+} + e^-$

4. $Cr_2O_7^{2-} + 6e^- + 14H^+ \rightleftharpoons 2\,Cr^{3+} + 7\,H_2O$
   $Fe^{2+} \rightleftharpoons Fe^{3+} + e^-$

5. $Cr_2O_7^{2-} + 6\,Fe^{2+} + 14\,H^+ \rightarrow 2\,Cr^{3+} + 6\,Fe^{3+} + 7\,H_2O$

Beispiel 2:

$MnO_4^- + C_2O_4^{2-} \rightleftharpoons Mn^{2+} + CO_2$

1. Red. $MnO_4^- \rightleftharpoons Mn^{2+}$
   Ox. $C_2O_4^{2-} \quad 2\,CO_2$

2. $\overset{+VII\ -II}{MnO_4^-} \rightleftharpoons \overset{+2}{Mn^{2+}}$
   $\overset{+III\ -II}{C_2O_4^{2-}} \rightleftharpoons 2\,\overset{+IV\ -II}{CO_2}$

3. $MnO_4^- + 5\,e^- \rightleftharpoons Mn^{2+}$
   $C_2O_4^{2-} \rightleftharpoons 2\,CO_2 + 2\,e^-$

4. $MnO_4^- + 5\,e^- + 8\,H^+ \rightleftharpoons Mn^{2+} + 4\,H_2O$
   $C_2O_4^{2-} \rightleftharpoons 2\,CO_2 + 2\,e^-$

5. $2\,MnO_4^- + 5\,C_2O_4^{2-} + 16\,H^+ \rightleftharpoons 2\,Mn^{2+} + 10\,CO_2 + 8\,H_2O$

Bei den bisher aufgeführten Reaktionsgleichungen wurde immer ein Stoff oxidiert, einer reduziert (Ladungsausgleich im sauren Milieu mit H^+, im basischen mit OH^- und in der Schmelze mit CO_3^{2-}). Nun gibt es noch zwei Spezialfälle: Wird bei einer Redoxreaktion ein Stoff gleichzeitig oxidiert und reduziert, so dass er danach in zwei verschiedenen Oxidationszahlen vorliegt, so bezeichnet man diesen Vorgang als Disproportionierung.

Wird aus zwei Verbindungen mit verschiedenen Oxidationszahlen durch Oxidation und Reduktion eine Verbindung, so bezeichnet man diesen Vorgang als Synproportionierung oder Komproportionierung.

Beispiel für Disproportionierung:

		pH > 7	
	I_2	$\rightleftharpoons$	$I^- + IO_3^-$
Red.	$I_2 + 2\,e^-$	$\rightleftharpoons$	$2\,I^-$
Ox.	I_2	$\rightleftharpoons$	$2\,IO_3^- + 10\,e^-$
Summe:	$3\,I_2 + 6\,OH^-$	$\rightleftharpoons$	$5\,I^- + IO_3^- + 3\,H_2O$

Beispiel für Synproportionierung:

	MnO_4^-	$+ Mn^{2+}$	$\rightleftharpoons$	MnO_2	
Red.	MnO_4^-	$+ 3\,e^- + 2\,H_2O$	$\rightleftharpoons$	MnO_2	$+ 4\,OH^-$
Ox.	Mn^{2+}	$+ 4\,OH^-$	$\rightleftharpoons$	MnO_2	$+ 2\,e^- + 2\,H_2O$
Summe:	$2\,MnO_4^- + 3\,Mn^{2+} + 4\,OH^-$		$\rightleftharpoons$	$5\,MnO_2 + 2\,H_2O$	

Normalpotenzial / Spannungsreihe / Nernst'sche Gleichung

Da ein Stoff nie »nur Oxidationsmittel« oder »nur Reduktionsmittel« ist, sondern es immer davon abhängt, mit welchem anderen Stoff er reagiert, braucht man ein Bezugssystem, das als Vergleich für die Oxidations- bzw. Reduktionskraft eines Stoffes dient. Dazu nimmt man die *Normalwasserstoffelektrode*, d. h. eine platinierte Platinelektrode, die bei 25 °C in einer Lösung mit $[H_3O^+]$ = 1 mol/L von Wasserstoffgas mit dem Druck p = 1,013 bar umspült wird (diese Bedingungen nennt man Normal- oder auch Standardbedingungen) und deren Oxidationskraft bzw. Reduktionskraft man willkürlich auf den Wert 0 festgesetzt hat, sie hat also per definitionem das Normalpotenzial 0.

Gibt man nun in eine andere Kammer eine Elektrode eines Metalls Me, das in eine Lösung taucht, in der Me^{n+}-Ionen gelöst sind, und verbindet die beiden Flüssigkeiten durch eine so genannte Salzbrücke (damit ein Ladungsaustausch stattfinden kann), so kann man mittels eines zwischen die beiden Elektroden geschalteten Voltmeters eine bestimmte Spannung (ein bestimmtes Potenzial) ablesen. Fließen e^- aus der Normalwasserstoffelektrode in die Metallelektrode, findet also eine Reaktion gemäß

$$Me^{n+} + \tfrac{1}{2}\,n\,H_2 \rightleftharpoons Me^0 + n\,H^+$$

statt, so erhält das Metall ein positives Potenzial, es wirkt als Oxidationsmittel. Läuft die Reaktion gemäß

$$Me^0 + n\,H^+ \rightleftharpoons Me^{n+} + \tfrac{1}{2}\,n\,H_2$$

ab, so erhält es ein negatives Potenzial, das Metall dient als Reduktionsmittel, es oxidiert H^+ zu H_2. So lässt sich für jedes Metall (und bei entsprechend vari-

ierten Bedingungen auch für jedes Nichtmetall) ein Normalpotenzial finden, das – der Größe nach geordnet – die so genannte *Spannungsreihe* ergibt.
Für die wichtigsten Metalle sieht sie folgendermaßen aus:

K < Ca < Na < Mg < Al < Mn < Zn < Fe < Ni < Sn < Pb < **H_2** < Cu < Hg < Ag < Au.

Merkspruch für die Reihenfolge: **K**aiser **Ca**esar **Na**poleon **mag** **al**le **m**ei**n**e **z**ackige**n** **Eisen-Nickel-S**oldate**n**. **Blei** **h**aben **cu**banische **Quecksilber-Ag**enten **au**ch.

Dabei werden alle links von H_2 stehenden als unedle Metalle bezeichnet, sie verhalten sich wegen ihres negativen Normalpotenzials als Reduktionsmittel gegenüber H^+, d. h. sie lösen sich z. B. in HCl unter H_2-Entwicklung:

$$Zn^0 + 2\,H^+ \rightleftharpoons Zn^{2+} + H_2$$

Alle rechts von H_2 stehenden Metalle werden als Halbedel- bzw. als Edelmetalle bezeichnet, sie lösen sich erst in oxidierenden Säuren wie HNO_3 oder Königswasser. Betrachtet man die Tabelle der Normalpotenziale, so lassen sich folgende Aussagen treffen:

1. Je weiter oben ein Redoxpaar steht, desto stärker ist seine Reduktionskraft (starkes Reduktionsmittel).
2. Je weiter unten ein Redoxpaar steht, desto stärker ist seine Oxidationskraft (starkes Oxidationsmittel).
3. Reaktionen finden – ähnlich wie bei den Säure-Base-Reaktionen – immer nur von »links oben« nach »rechts unten« statt. So findet z. B. die Reaktion $5\,Zn^0 + 2\,MnO_4^- (+\,14\,H^+) \rightleftharpoons 5\,Zn^{2+} + 2\,Mn^{2+} (+\,7\,H_2O)$ statt, während z. B. zwischen Ag^0 und Fe^{2+} keine Reaktion stattfindet.

Da man zwischen zwei unterschiedlich konzentrierten Cu^{2+}-Lösungen eine Spannung ablesen kann, muss man eine Beziehung zwischen Konzentration der oxidierten/reduzierten Form und deren Redox-Potenzial aufstellen können. Dies geschieht mit Hilfe der so genannten Nernst'schen Gleichung:

$$E = E^0 + \frac{0{,}059}{z} \log \frac{[Ox]}{[Red]}$$

Ox = Konzentration der oxidierten Form
Red = Konzentration der reduzierten Form
z = Anzahl der übertragenen e^-

Am Beispiel der Reaktion $MnO_4^- + 8\,H^+ + 5\,e^- \rightleftharpoons Mn^{2+} + 4\,H_2O$ möchte ich die Abhängigkeit der Oxidationskraft einer $KMnO_4$-Lösung vom pH-Wert aufzeigen: Geht man von einer MnO_4^--Konzentration von 1 mol/L und einer Mn^{2+}-Konzentration von 0,1 mol/L aus, so ergibt sich:

$pH = 1 \Rightarrow [H_3O^+] = 0{,}1$ mol/L

$$E = E^0 + \frac{0{,}059}{5} \log \frac{[MnO_4^-][H^+]^8}{[Mn^{2+}]} = 1{,}52 + \frac{0{,}059}{5} \log \frac{10^{-8}}{10^{-1}} = 1{,}44\ V$$

$pH = 6 \Rightarrow [H_3O^+] = 10^{-6}$ mol/L

$$E = E^0 + \frac{0{,}059}{5} \log \frac{[MnO_4^-][H^+]^8}{[Mn^{2+}]} = 1{,}52 + \frac{0{,}059}{5} \log \frac{10^{-48}}{10^{-1}} = 1{,}97\ V$$

Die Oxidationskraft der $KMnO_4$-Lösung nimmt also bei zunehmendem pH-Wert ab.

Wenn bei Redoxreaktionen die H_3O^+-Ionenkonzentration eine Rolle spielt, so gilt: Oxidationsmittel sind in saurer Lösung, Reduktionsmittel in alkalischer Lösung wirksamer.

Hinweise:
- Merke dir bei Redoxgleichungen immer nur Edukte und Produkte und richte die Reaktionsgleichung dann ein.
  Niemals Redoxgleichungen mit Koeffizienten auswendig lernen! Du fällst spätestens dann auf die Nase, wenn neue Reaktionen zu formulieren sind.
- $Cr_2O_7^{2-}$ exisiert im Sauren, CrO_4^{2-} im Basischen (Ausgleich mit H^+ bzw. OH^-).
- MnO_4^- wird im Sauren zu Mn^{2+}, im Basischen zu MnO_2 (Aufpassen beim Ausgleichen!).
- H_2O_2 wird im Sauren zu O_2, im Basischen zu H_2O (Aufpassen beim Ausgleichen!).
- Ist eine Redoxgleichung für eine Schmelze zu formulieren, so wird der Ladungsausgleich mit CO_3^{2-}/CO_2 gemacht.

Zum Abschluss noch einige praxisrelevante Reaktionsgleichungen und eine Berechnung.

$$2\ MnO_4^- + C_4H_4O_6^{2-} + 8\ H^+ \rightleftharpoons 2\ Mn^{2+} + 4\ CO_2 + 6\ H_2O$$
$$2\ MnO_4^- + 5\ AsO_3^{3-} + 6\ H^+ \rightleftharpoons 2\ Mn^{2+} + 5\ AsO_4^{3-} + 3\ H_2O$$
$$2\ MnO_4^- + 5\ SO_3^{2-} + 6\ H^+ \rightleftharpoons 2\ Mn^{2+} + 5\ SO_4^{2-} + 3\ H_2O$$
$$2\ MnO_4^- + 10\ SCN^- + 16\ H^+ \rightleftharpoons 2\ Mn^{2+} + 5\ (SCN)_2 + 8\ H_2O$$
$$2\ MnO_4^- + 5\ NO_2^- + 6\ H^+ \rightleftharpoons 2\ Mn^{2+} + 5\ NO_3^- + 3\ H_2O$$
$$I_2 + 2\ S_2O_3^{2-} \rightleftharpoons 2\ I^- + S_4O_6^{2-}$$
$$I_2 + S^{2-} \rightleftharpoons 2\ I^- + S^0$$

$6\ I^-$	+	$Cr_2O_7^{2-}$	+	$14\ H^+$	$\rightleftharpoons$	$3\ I_2$	+	$2\ Cr^{3+}$	+	$7\ H_2O$
$2\ I^-$	+	$2\ NO_2^-$	+	$4\ H^+$	$\rightleftharpoons$	I_2	+	$2\ NO$	+	$2\ H_2O$
BrO_3^-	+	I^-			$\rightleftharpoons$	Br^-	+	IO_3^-		
BrO_3^-	+	$6\ I^-$	+	$6\ H^+$	$\rightleftharpoons$	Br^-	+	$3\ I_2$	+	$3\ H_2O$
$2\ BrO_3^-$	+	I_2			$\rightleftharpoons$	$2\ IO_3^-$	+	Br_2		
Mn^{2+}	+	$2\ NO_3^-$	+	$2\ CO_3^{2-}$	$\rightleftharpoons$	MnO_4^{2-}	+	$2\ NO_2^-$	+	$2\ CO_2$
$3\ MnO_4^{2-}$			+	$4\ H^+$	$\rightleftharpoons$	MnO_2	+	$2\ MnO_4^-$	+	$2\ H_2O$
$2\ Al^0$	+	$6\ H_2O$	+	$2\ OH^-$	$\rightleftharpoons$	$2\ [Al(OH)_4]^-$			+	$3\ H_2$
Hg_2^{2+}			+	$2\ OH^-$	$\rightleftharpoons$	HgO	+	Hg^0	+	H_2O
SnS	+	S_2^{2-}			$\rightleftharpoons$	SnS_3^{2-}				
$3\ HCl$	+	HNO_3			$\rightleftharpoons$	Cl_2	+	$NOCl$	+	$2\ H_2O$
IO_3^-	+	$5\ I^-$	+	$6\ H^+$	$\rightleftharpoons$	$3\ I_2$			+	$3\ H_2O$
S^{2-}	+	$4\ H_2O_2$			$\rightleftharpoons$	SO_4^{2-}			+	$4\ H_2O$
$3\ Cu^0$	+	$8\ HNO_3$ dil.			$\rightleftharpoons$	$3\ Cu(NO_3)_2$	+	$2\ NO$	+	$4\ H_2O$
Cu^0	+	H_2SO_4 dil.			$\rightleftharpoons$			keine Reaktion		
Cu^0	+	$2\ H_2SO_4$ konz.			$\rightleftharpoons$	$CuSO_4$	+	SO_2	+	$2\ H_2O$
Cu^0	+	HCl			$\rightleftharpoons$			keine Reaktion		

Das Ganze mag jetzt sehr kompliziert klingen, ist es aber gar nicht, wenn man das Prinzip verstanden hat. Die hier aufgeführten Reaktionen stellen die stöchiometrisch richtigen *Summen*gleichungen dar; probier doch mal, die jeweiligen *Teil*gleichungen zu formulieren!

Wie bereits ausgeführt, hängt das Redoxpotenzial von MnO_4^- stark vom pH-Wert ab. Das wird bei den Halogeniden besonders deutlich. Es gilt:

$E^0\ (Cl^-/½\ Cl_2) = 1{,}36\ V$

$E^0\ (Br^-/½\ Br_2) = 1{,}07\ V$

$E^0\ (I^-\ /½\ I_2) = 0{,}54\ V$

Soll nun die MnO_4^--Lösung die jeweiligen Halogenide zu $Cl_2/Br_2/I_2$ oxidieren, so muss das Redoxpotenzial des MnO_4^- höher sein als das des jeweiligen Halogenids.

Für $Cl^-/½Cl_2$ gilt also, wenn E $[MnO_4^-] > 1{,}36$ V, $[MnO_4^-] = 0{,}5$ mol/L und $[Mn^{2+}] = 0{,}1$ mol/L:

$$1{,}36\ V < E^0 + \frac{0{,}059}{5} \log \frac{[MnO_4^-][H^+]^8}{[Mn^{2+}]}$$

Löst man nach der H^+-Konzentration auf, so ergibt sich ungefähr 0,01; d. h. bei den hier gegebenen Bedingungen muss der pH-Wert unter 1,8 liegen, um Cl^- zu Cl_2 zu oxidieren. Für Br^- gilt: pH > 4,85 und für I^- gilt: pH > 10,0. Somit lässt sich – neben anderen Nachweisen – durch Wahl des geeigneten pH-Wertes bestimmen, welches Halogenid vorliegt!

Reagenzien

In den nachfolgenden Übersichten sind einige Reagenzien mit ihrer Gefahrstoffeinstufung aufgelistet. Außerdem erfahrt Ihr, wie man sie herstellt und in welchem Aufbewahrungsgefäß sie am besten abgefüllt werden. Zur Herstellung der haltbaren Reagenzien werden die angegebenen Stoffmengen in Wasser gelöst und danach zu 1000 ml aufgefüllt. Für teure und nicht lange haltbare Reagenzien empfiehlt sich folgendes Vorgehen: in die 30 ml Flaschen wird das Reagenz als Feststoff eingewogen und bei Bedarf mit 10 ml Lösungsmittel aufgelöst. So vermeidet man unnötigen Abfall. Für die Arbeit am Labortisch füllt man sich die flüssigen Reagenzien in 30 – 50 ml Tropfflaschen aus Polyethylen bzw. Braunglasflaschen mit Tropfpipette ab. Zur übersichtlichen Aufbewahrung der Reagenzien am Arbeitsplatz haben sich in den neuen Bundesländern treppenförmige Holzständer (die sogenannten Ackermann-Ständer, s. S. 16) bewährt.

Feststoffe				
Substanz	Formel	Gefahren-symbol GHS	Signalwort	Gefäß
Ammoniumacetat	NH_4CH_3COO	–		PE
Ammoniumcarbonat	$(NH_4)_2CO_3$	07	Achtung	PE
Ammoniumperoxodisulfat	$(NH_4)_2S_2O_8$	03, 07, 08	Gefahr	PE
Ammoniumthiocyanat	NH_4SCN	07	Achtung	PE
Blei(IV)oxid	PbO_2	07, 08, 09	Gefahr	PE
Borax	$Na_4B_2O_7$	08	Gefahr	PE
Calciumfluorid	CaF_2	–		PE
Kaliumhydrogensulfat	$KHSO_4$	05, 07	Gefahr	PE
Kaliumnitrat	KNO_3	03	Achtung	PE
Kaliumperoxodisulfat	$K_2S_2O_8$	03, 07, 08	Gefahr	PE
Natriumacetat	$NaCH_3COO$	–		PE
Natriumcarbonat	Na_2CO_3	–	Achtung	PE
Natriumchlorid	$NaCl$	–		PE
Natriumnitrit	$NaNO_2$	03, 06, 09	Gefahr	PE
Oxalsäure	$H_2C_2O_4$	07	Achtung	PE
Phosphorsalz	$NaNH_4HPO_4$	–		PE
Siliciumdioxid	SiO_2	–		PE
Zink (granuliert)	Zn	02, 09	Gefahr	PE

Säuren und Laugen

Substanz	Konzentration %	mol/l	Rezeptur	Gefahrensymbol GHS	Signalwort	Gefäß
Ammoniak	25	18	handelsüblich	05, 09	Gefahr	Glas
	7	2	230 ml 25 % NH_3/Lsg	05, 09	Gefahr	PE
Kalilauge	10,5	2	113 g festes KOH	05, 07	Gefahr	PE
Natronlauge	33	10	handelsüblich	05	Gefahr	PE
	8	2	200 ml 33 %ige NaOH	05	Gefahr	PE
Essigsäure	98	17	handelsüblich	02, 05	Gefahr	PE
	12	2	120 ml 98 %ige CH_3COOH	05	Gefahr	PE
Salzsäure	37	12,5	handelsüblich	05, 07	Gefahr	Glas
	7	2	170 ml 37 %ige HCl	07	Achtung	PE
Salpetersäure	65	14	handelsüblich	05	Gefahr	Glas
	12	2	140 ml 65 %ige HNO_3	05	Gefahr	PE
Schwefelsäure	96	18	handelsüblich	05	Gefahr	Glas
	9,5	1	56 ml 96 %ige H_2SO_4	05	Gefahr	PE

Anorganische Reagenzien

Substanz	Konzentration [mol/l]	Rezeptur	Gefahrensymbol GHS	Signalwort	Gefäß
Ammoniummolybdat		100 g $(NH_4)_6Mo_7O_{24}$ *4 H_2O	–		PE
Ammoniumsulfidlösung		handelsüblich	02, 05	Gefahr	Glas
Ammoniumthiocyanat	1,0	76 g NH_4SCN	07	Achtung	PE
Bariumchlorid	0,5	122 g $BaCl_2$ *2 H_2O	06	Gefahr	PE
Barytwasser	0,2	63 g $Ba(OH)_2$ *8 H_2O	05, 07	Gefahr	PE
Bleiacetat	0,2	76 g $(CH_3COO)_2Pb$ *3 H_2O	08, 09	Gefahr	PE
Calciumchlorid	1,5	180 g $CaCl_2$ *2 H_2O	07	Achtung	PE
Cobaltnitrat		1 g $Co(NO_3)_2$ *6 H_2O	08, 09	Gefahr	PE
Eisen(III)chlorid	0,05	13 g $FeCl_3$ *6 H_2O + 1 ml 37 % HCl	05, 07	Gefahr	PE
Iodlösung	0,05	12,7 g I_2 mit 25 g KI trocken mischen, in wenig Wasser lösen, auf 1000 ml auffüllen		Glas	
Kaliumchromat	1,0	194 g K_2CrO_4	07, 08, 09	Gefahr	PE
Kaliumhexacyanoferrat(II)	0,05	53 g $K_4[Fe(CN)_6]$ *3 H_2O	–		PE

Fortsetzung nächste Seite

Anorganische Reagenzien

Substanz	Konzentration [mol/l]	Rezeptur	Gefahrensymbol GHS	Signalwort	Gefäß
Kaliumhexahydroxoantimonat		siehe Pharm. Eur.	07, 09	Achtung	PE
Kaliumiodid	0,05	8,3 g KI	–		Glas
Kaliumpermanganat	0,02	3,2 g $KMnO_4$	09	Achtung	Glas
Kupfersulfat	0,05	12,5 g $CuSO_4$ *5 H_2O	07, 09	Achtung	PE
Magnesiamixtur		100 g NH_4Cl, 100 g $MgCl_2$ *6 H_2O 50 ml 25 %ige NH_3-Lösung	–		PE
Natriumazid	1,0	65 g NaN_3	06, 09	Gefahr	PE
Natriumhexanitrocobaltat		1 g $Na_3[Co(NO_2)_6]$ / 10 ml H_2O	02, 07, 08	Achtung	PE
Silbernitrat	0,05	8,5 g $AgNO_3$	–		Braunglas
Wasserstoffperoxid 3 %		1 ml 30 %H_2O_2 mit H_2O zu 10 ml auffüllen	–		PE

Organische Reagenzien

Substanz	Rezeptur	Gefahrensymbol GHS	Signalwort	Gefäß
Alizarin S	10 g Alizarin S	–		PE
Chloramin T	0,5 g Chloramin T / 10 ml H_2O	05, 07, 08	Gefahr	PE
Diphenylcarbazid	0,1 g Diphenylcarbazid / 10 ml C_2H_5OH	–		PE
Formaldehydlösung 35 – 40 %	handelsübliche Lösung	05, 06, 08	Gefahr	PE
Kalignost	0,1 g Kalignost / 10 ml H_2O	07	Achtung	PE
Malachitgrün	0,5 g Malachitgrünoxalat (Merck101398)	05, 07 ,08 ,09	Gefahr	Glas
Methanol	handelsüblich	02, 06, 08	Gefahr	PE
Morin	0,1 g Morin / 10 ml CH_3OH	07	Achtung	PE
Schiff's Reagenz	handelsüblich (Merck 109034)	–		Glas
Titangelb	0,5 g Titangelb	–		Glas
Weinsäure	150 g Weinsäure	07	Achtung	PE
Zinkiodidstärkelösung	handelsüblich (Merck 105445)	07	Achtung	Braunglas

FRAGE 4 ■ Was ist KI_3, Kalium ist doch nur einwertig?

FRAGE 5 ■ Was hat man sich unter $(NH_4)_2S_x$ (Ammoniumpolysulfid) vorzustellen?

Strukturformeln wichtiger Reagenzien (und Seitenverweise)

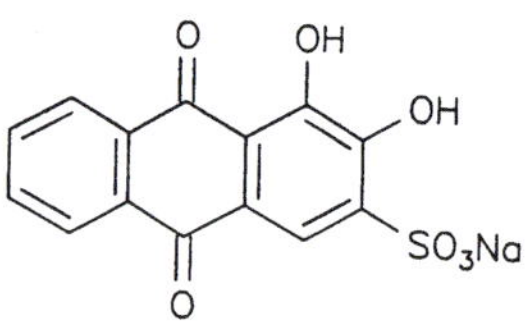

Alizarin S
121, 171

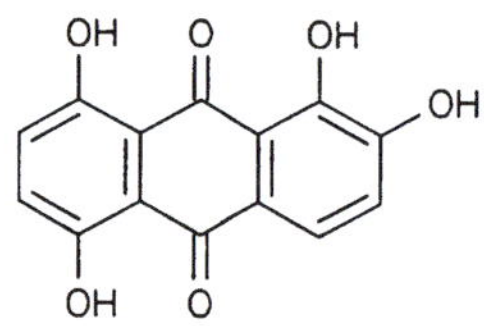

Chinalizarin
210

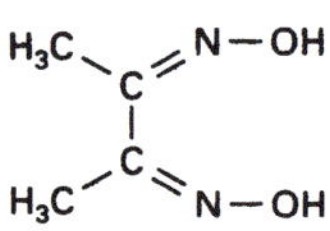

Diacetyl**d**ioxim (DAD) = Dimethylglyoxim
183, 219

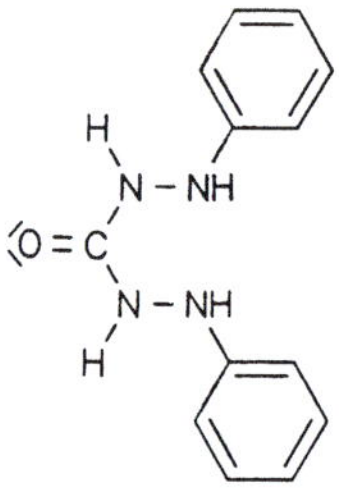

Diphenylcarbazid
116, 193

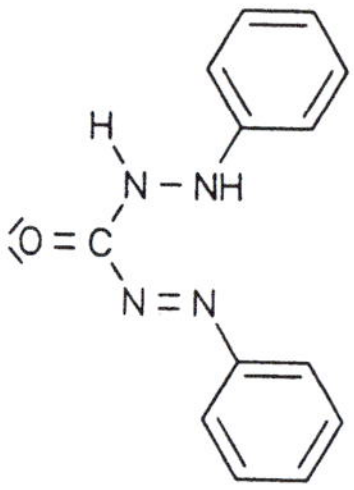

Diphenylcarbazon
116, 193

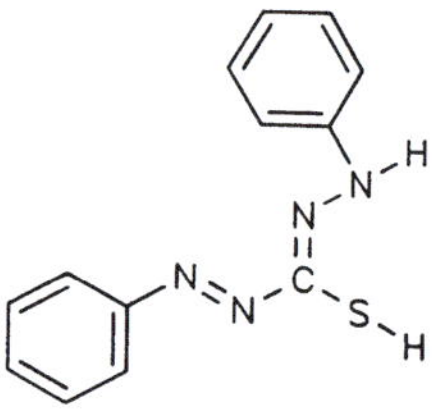

Dithizon
233

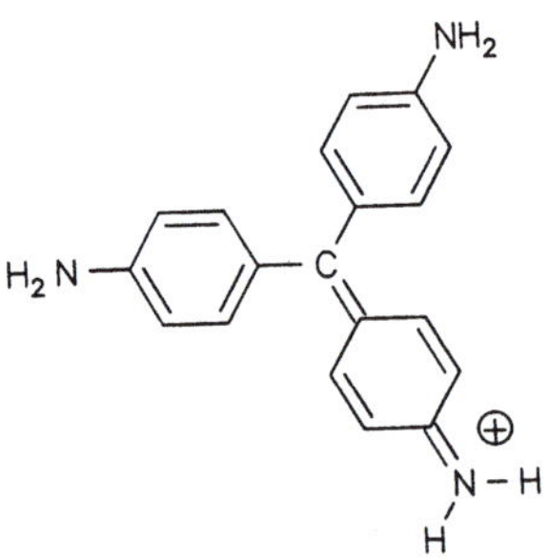

Fuchsin
113, 140

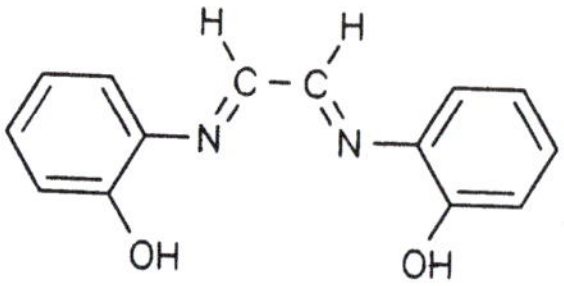

Glyoxalbishydroxyanil
190

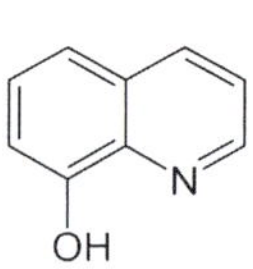

8-Hydroxychinolin (Oxin)
211

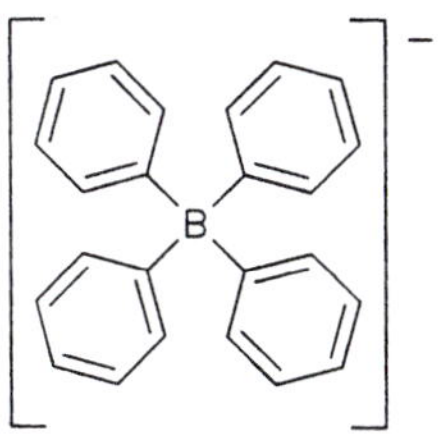

Kalignost
202

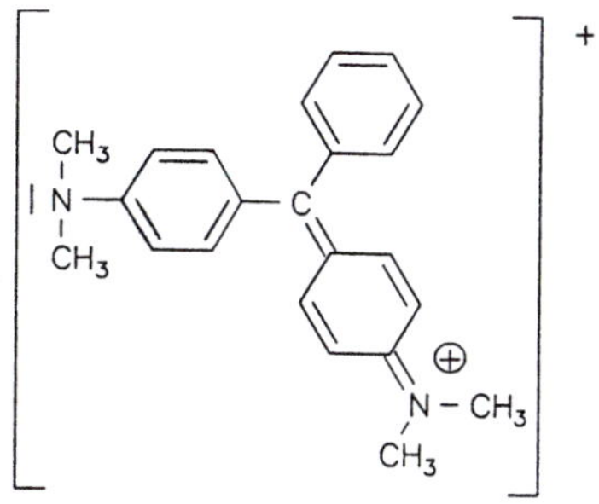

Malachitgrün
140

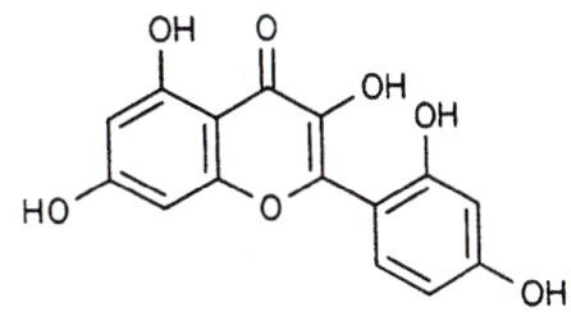

Morin
171

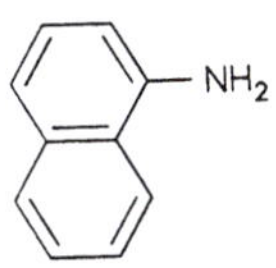

1-Naphthylamin
147

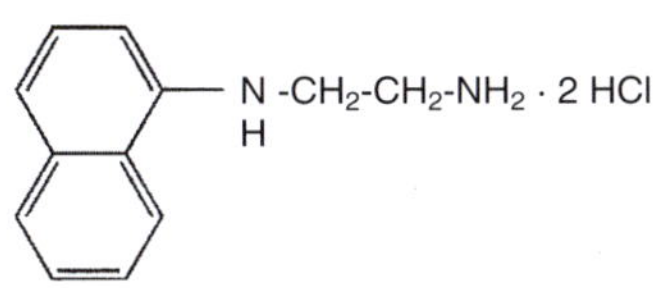

N-(1-Naphthyl)-ethylendiamin-dihydrochlorid
148

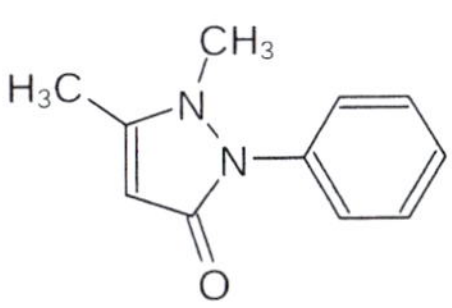

Phenazon
146

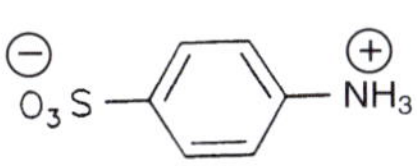

Sulfanilsäure
147

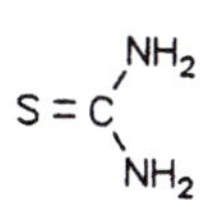

Thioharnstoff
183

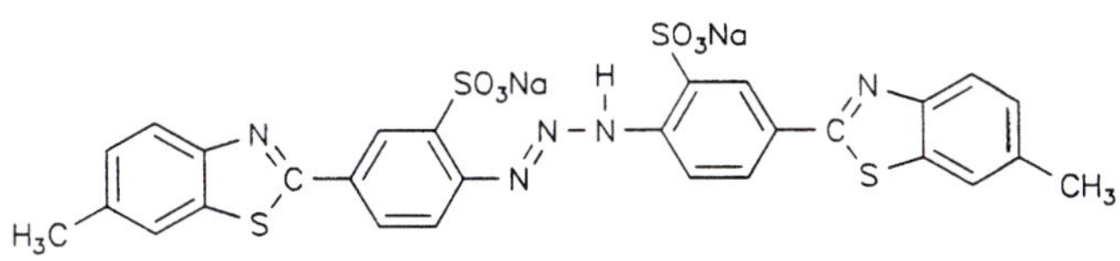

Titangelb
211

»Gefährliche Seiten«

Bei der Laborarbeit lässt sich ein Umgang mit potenziell gefährlichen, gesundheits- oder umweltgefährdenden Stoffen nicht vollständig ausschließen. Um die Risiken zu minimieren, ist eine korrekte Kennzeichnung der Reagenzien (und deren Verständnis) unerlässlich. Insofern solltest du dich mit den Regeln der Gefahrstoffverordnung genau auseinandersetzen; hier können nur einige prinzipielle Hinweise gegeben werden. Näheres ist einschlägigen Veröffentlichungen (vgl. Literaturverzeichnis S. 240) zu entnehmen.

Seit Ende 2010 gilt in Deutschland das weltweit einheitliche Kennzeichnungssystem für Gefahrstoffe (Globally Harmonized System, GHS), das die dir vielleicht noch bekannte Symbolik der orangefarbenen Quadrate abgelöst hat. Die nun weiß-roten Symbole werden ergänzt durch Signalwörter; dabei steht „Gefahr“ für schwerwiegende Gefahren, das Signalwort „Achtung“ für weniger schwerwiegende Gefahren. Schließlich gibt es ausführlichere Gefahrenhinweise (H-Sätze, vergleichbar mit den früheren R-Sätzen). Sie bestehen aus dem Buchstaben H und einer dreistelligen Zahl. An der ersten Ziffer kann man ablesen, zu welcher der drei großen Gefahrenklassen der Stoff gehört (2 = physikalische Gefahr; 3 = Gesundheitsgefahr; 4 = Umweltgefahr). Zusätzlich gibt es auf EU-Bestimmungen zurückgehende ergänzende Hinweise (EUH).

Sicherheitshinweise („P-Sätze“, früher „S-Sätze“) werden mit dem Buchstaben P und ebenfalls einer dreistelligen Zahl beschrieben. Die erste Ziffer hat dabei folgende Bedeutung: 1 = Allgemeines, 2 = Prävention, 3 = Reaktion, 4 = Lagerung, 5 = Entsorgung.

Aus den sich nach Maßgabe der Verordnung ableitenden Gefahrenhinweisen werden für das Kennzeichnungsetikett bis zu sechs Sicherheitshinweise ausgewählt. Bei der Auswahl ist Art und Umfang der beabsichtigten oder ermittelten Verwendung des Stoffes zu berücksichtigen. Redundante, inhaltlich doppelte sowie sinngemäß überflüssige Hinweise erscheinen nicht.

Gefahrensymbole

GHS01 (Explosionsgefahr)
Bei Anbringung von GHS01 sind ggf. anzubringende Piktogramme GHS02 oder GHS03 fakultativ.

GHS02 (Feuergefahr)

GHS03 (Brandfördernde Wirkung)

GHS04 (Gasflasche)

GHS05 (Ätzwirkung)
Bei Anbringung von GHS05 entfällt ein wegen Haut- oder Augenreizung anzubringendes Piktogramm GHS07.

GHS06 (Akute Toxizität)
Bei Anbringung von GHS06 entfällt ein ggf. anzubringendes Piktogramm GHS07.

GHS07 (Ausrufezeichen)

GHS08 (Gesundheitsgefahr)
Bei Anbringung von GHS08 für Sensibilisierung der Atemwege entfällt ein Piktogramm GHS07 für Sensibilisierung der Haut oder Haut- und Augenreizung.

GHS09 (Umweltgefahr)

H-/P-Sätze

Physikalische Gefahren

H200 Instabil, explosiv.
H201 Explosiv, Gefahr der Massenexplosion.
H202 Explosiv; große Gefahr durch Splitter, Spreng- und Wurfstücke.
H203 Explosiv; Gefahr durch Feuer, Luftdruck oder Splitter, Spreng- und Wurfstücke.
H204 Gefahr durch Feuer oder Splitter, Spreng- und Wurfstücke.
H205 Gefahr der Massenexplosion bei Feuer.
H220 Extrem entzündbares Gas.
H221 Entzündbares Gas.
H222 Extrem entzündbares Aerosol.
H223 Entzündbares Aerosol.
H224 Flüssigkeit und Dampf extrem entzündbar.
H225 Flüssigkeit und Dampf leicht entzündbar.
H226 Flüssigkeit und Dampf entzündbar.
H228 Entzündbarer Feststoff.
H240 Erwärmung kann Explosion verursachen.
H241 Erwärmung kann Brand oder Explosion verursachen.
H242 Erwärmung kann Brand verursachen.
H250 Entzündet sich in Berührung mit Luft von selbst.
H251 Selbsterhitzungsfähig; kann in Brand geraten.
H252 In großen Mengen selbsterhitzungsfähig; kann in Brand geraten.
H260 In Berührung mit Wasser entstehen entzündbare Gase, die sich spontan entzünden können.
H261 In Berührung mit Wasser entstehen entzündbare Gase.
H270 Kann Brand verursachen oder verstärken; Oxidationsmittel.
H271 Kann Brand oder Explosion verursachen; starkes Oxidationsmittel.
H272 Kann Brand verstärken; Oxidationsmittel.
H280 Enthält Gas unter Druck; kann bei Erwärmung explodieren.
H281 Enthält tiefkaltes Gas; kann Kälteverbrennungen oder -verletzungen verursachen.
H290 Kann gegenüber Metallen korrosiv sein.

EUH001 In trockenem Zustand explosionsgefährlich.
EUH006 Mit und ohne Luft explosionsfähig.
EUH014 Reagiert heftig mit Wasser.
EUH018 Kann bei Verwendung explosionsfähige/entzündbare Dampf/Luft-Gemische bilden.
EUH019 Kann explosionsfähige Peroxide bilden.
EUH044 Explosionsgefahr bei Erhitzen unter Einschluss.

Gesundheitsgefahren

H300 Lebensgefahr bei Verschlucken.
H301 Giftig bei Verschlucken.
H302 Gesundheitsschädlich bei Verschlucken.
H304 Kann bei Verschlucken und Eindringen in die Atemwege tödlich sein.
H310 Lebensgefahr bei Hautkontakt.
H311 Giftig bei Hautkontakt.
H312 Gesundheitsschädlich bei Hautkontakt.
H314 Verursacht schwere Verätzungen der Haut und schwere Augenschäden.
H315 Verursacht Hautreizungen.
H317 Kann allergische Hautreaktionen verursachen.
H318 Verursacht schwere Augenschäden.
H319 Verursacht schwere Augenreizung.
H330 Lebensgefahr bei Einatmen.
H331 Giftig bei Einatmen.
H332 Gesundheitsschädlich bei Einatmen.
H334 Kann bei Einatmen Allergie, asthmaartige Symptome oder Atembeschwerden verursachen.
H335 Kann die Atemwege reizen.
H336 Kann Schläfrigkeit und Benommenheit verursachen.
H340 Kann genetische Defekte verursachen.
H341 Kann vermutlich genetische Defekte verursachen.
H350 Kann Krebs erzeugen.
H350i Kann bei Einatmen Krebs erzeugen.
H351 Kann vermutlich Krebs erzeugen.
H360 Kann die Fruchtbarkeit beeinträchtigen oder das Kind im Mutterleib schädigen.
H360D Kann das Kind im Mutterleib schädigen.
H360F Kann die Fruchtbarkeit beeinträchtigen.
H360FD Kann die Fruchtbarkeit beeinträchtigen. Kann das Kind im Mutterleib schädigen.
H360Fd Kann die Fruchtbarkeit beeinträchtigen. Kann vermutlich das Kind im Mutterleib schädigen.
H360Df Kann das Kind im Mutterleib schädigen. Kann vermutlich die Fruchtbarkeit beeinträchtigen.
H361 Kann vermutlich die Fruchtbarkeit beeinträchtigen oder das Kind im Mutterleib schädigen.
H361d Kann vermutlich das Kind im Mutterleib schädigen.
H361f Kann vermutlich die Fruchtbarkeit beeinträchtigen.
H361fd Kann vermutlich die Fruchtbarkeit beeinträchtigen. Kann vermutlich das Kind im Mutterleib schädigen.
H362 Kann Säuglinge über die Muttermilch schädigen.
H370 Schädigt die Organe.
H371 Kann die Organe schädigen.
H372 Schädigt die Organe bei längerer oder wiederholter Exposition.
H373 Kann die Organe schädigen bei längerer oder wiederholter Exposition.

EUH029 Entwickelt bei Berührung mit Wasser giftige Gase.
EUH031 Entwickelt bei Berührung mit Säure giftige Gase.
EUH032 Entwickelt bei Berührung mit Säure sehr giftige Gase.
EUH066 Wiederholter Kontakt kann zu spröder oder rissiger Haut führen.
EUH070 Giftig bei Berührung mit den Augen.
EUH071 Wirkt ätzend auf die Atemwege.

Umweltgefahren

H400 Sehr giftig für Wasserorganismen.
H410 Sehr giftig für Wasserorganismen, mit langfristiger Wirkung.
H411 Giftig für Wasserorganismen, mit langfristiger Wirkung.
H412 Schädlich für Wasserorganismen, mit langfristiger Wirkung.
H413 Kann für Wasserorganismen schädlich sein, mit langfristiger Wirkung.

EUH059 Die Ozonschicht schädigend.
EUH401 Zur Vermeidung von Risiken für Mensch und Umwelt die Gebrauchsanleitung einhalten.

Besondere Hinweise

EUH201 Achtung! Enthält Blei. Nicht für den Anstrich von Gegenständen verwenden, die von Kindern gekaut oder gelutscht werden könnten.
EUH202 Cyanoacrylat. Gefahr. Klebt innerhalb von Sekunden Haut und Augenlider zusammen. Darf nicht in die Hände von Kindern gelangen.
EUH203 Enthält Chrom (VI). Kann allergische Reaktionen hervorrufen.
EUH204 Enthält Isocyanate. Kann allergische Reaktionen hervorrufen.
EUH205 Enthält epoxidhaltige Verbindungen. Kann allergische Reaktionen hervorrufen.
EUH206 Achtung! Nicht zusammen mit anderen Produkten verwenden, da gefährliche Gase (Chlor) freigesetzt werden können.
EUH207 Achtung! Enthält Cadmium. Bei der Verwendung entstehen gefährliche Dämpfe. Hinweise

des Herstellers beachten. Sicherheitsanweisungen einhalten.

EUH208 Enthält >Name des sensibilisierenden Stoffes<. Kann allergische Reaktionen hervorrufen.

EUH209 Kann bei Verwendung leicht entzündbar werden.

EUH209A Kann bei Verwendung entzündbar werden.

EUH210 Sicherheitsdatenblatt auf Anfrage erhältlich.

P-Sätze

Allgemeine Hinweise

P101 Ist ärztlicher Rat erforderlich, Verpackung oder Etikett bereithalten.

P102 Darf nicht in die Hände von Kindern gelangen.

P103 Vor Gebrauch Kennzeichnungsetikett lesen.

Prävention

P201 Vor Gebrauch besondere Anweisungen einholen.

P202 Vor Gebrauch sämtliche Sicherheitsratschläge lesen und verstehen.

P210 Von Hitze/ Funken/ offener Flamme/ heißen Oberflächen fernhalten. Nicht rauchen.

P211 Nicht gegen offene Flamme oder andere Zündquelle sprühen.

P220 Von Kleidung/ .../ brennbaren Materialien fernhalten/ entfernt aufbewahren.

P221 Mischen mit brennbaren Stoffen/ ... unbedingt verhindern.

P222 Kontakt mit Luft nicht zulassen.

P223 Kontakt mit Wasser wegen heftiger Reaktion und möglichem Aufflammen unbedingt verhindern.

P230 Feucht halten mit ....

P231 Unter inertem Gas handhaben.

P231+ P232 Unter inertem Gas handhaben. Vor Feuchtigkeit schützen.

P232 Vor Feuchtigkeit schützen.

P233 Behälter dicht verschlossen halten.

P234 Nur im Originalbehälter aufbewahren.

P235 Kühl halten.

P235+ P410 Kühl halten. Vor Sonnenbestrahlung schützen.

P240 Behälter und zu befüllende Anlage erden.

P241 Explosionsgeschützte elektrische Betriebsmittel/ Lüftungsanlagen/ Beleuchtungsanlagen/ ... verwenden.

P242 Nur funkenfreies Werkzeug verwenden.

P243 Maßnahmen gegen elektrostatische Aufladungen treffen.

P244 Druckminderer frei von Fett und Öl halten.

P250 Nicht schleifen/ stoßen/ .../ reiben.

P251 Behälter steht unter Druck: Nicht durchstechen oder verbrennen, auch nicht nach der Verwendung.

P260 Staub/ Rauch/ Gas/ Nebel/ Dampf/ Aerosol nicht einatmen.

P261 Einatmen von Staub/ Rauch/ Gas/ Nebel/ Dampf/ Aerosol vermeiden.

P262 Nicht in die Augen, auf die Haut oder auf die Kleidung gelangen lassen.

P263 Kontakt während der Schwangerschaft/ der Stillzeit vermeiden.

P264 Nach Gebrauch ... gründlich waschen.

P270 Bei Gebrauch nicht essen, trinken oder rauchen.

P271 Nur im Freien oder in gut belüfteten Räumen verwenden.

P272 Kontaminierte Arbeitskleidung nicht außerhalb des Arbeitsplatzes tragen.

P273 Freisetzung in die Umwelt vermeiden.

P280 Schutzhandschuhe/ Schutzkleidung/ Augenschutz/ Gesichtsschutz tragen.

P281 Vorgeschriebene persönliche Schutzausrüstung verwenden.

P282 Schutzhandschuhe/ Gesichtsschild/ Augenschutz mit Kälteisolierung tragen.

P283 Schwer entflammbare/ flammhemmende Kleidung tragen.

P284 Atemschutz tragen.

P285 Bei unzureichender Belüftung Atemschutz tragen.

Reaktion

P301 BEI VERSCHLUCKEN: ...

P301+P310 BEI VERSCHLUCKEN: Sofort GIFTINFORMATIONSZENTRUM oder Arzt anrufen.

P301+P312 BEI VERSCHLUCKEN: Bei Unwohlsein GIFTINFORMATIONSZENTRUM oder Arzt anrufen.

P301+P330 BEI VERSCHLUCKEN: Mund ausspülen.
+P331 KEIN Erbrechen herbeiführen.

P302 BEI KONTAKT MIT DER HAUT: ...

P302+P334 BEI KONTAKT MIT DER HAUT: In kaltes Wasser tauchen/ nassen Verband anlegen.

P302+P350 BEI KONTAKT MIT DER HAUT: Behutsam mit viel Wasser und Seife waschen.

P302+P352 BEI KONTAKT MIT DER HAUT: Mit viel Wasser und Seife waschen.

P303 BEI KONTAKT MIT DER HAUT (oder dem Haar): ...

P303+P361 +P353 BEI KONTAKT MIT DER HAUT (oder dem Haar): Alle beschmutzten, getränkten Kleidungsstücke sofort ausziehen. Haut mit viel Wasser abwaschen/ duschen.

P304	BEI EINATMEN: …
P304+P340	BEI EINATMEN: An die frische Luft bringen und in einer Position ruhigstellen, die das Atmen erleichtert.
P304+P341	BEI EINATMEN: Bei Atembeschwerden an die frische Luft bringen und in einer Position ruhigstellen, die das Atmen erleichtert.
P305	BEI KONTAKT MIT DEN AUGEN: …
P305+P351 +P338	BEI KONTAKT MIT DEN AUGEN: Einige Minuten lang behutsam mit Wasser spülen. Vorhandene Kontaktlinsen nach Möglichkeit entfernen. Weiter spülen.
P306	BEI KONTAKT MIT DER KLEIDUNG: …
P306+P360	BEI KONTAKT MIT DER KLEIDUNG: Kontaminierte Kleidung und Haut sofort mit viel Wasser abwaschen und danach Kleidung ausziehen.
P307	BEI Exposition: …
P307+P311	BEI Exposition: GIFTINFORMATIONSZENTRUM oder Arzt anrufen.
P308	BEI Exposition oder falls betroffen: …
P308+P313	BEI Exposition oder falls betroffen: Ärztlichen Rat einholen/ ärztliche Hilfe hinzuziehen.
P309	BEI Exposition oder Unwohlsein: …
P309+P311	BEI Exposition oder Unwohlsein: GIFTINFORMATIONSZENTRUM oder Arzt anrufen.
P310	Sofort GIFTINFORMATIONSZENTRUM oder Arzt anrufen.
P311	GIFTINFORMATIONSZENTRUM oder Arzt anrufen.
P312	Bei Unwohlsein GIFTINFORMATIONSZENTRUM oder Arzt anrufen.
P313	Ärztlichen Rat einholen/ ärztliche Hilfe hinzuziehen.
P314	Bei Unwohlsein ärztlichen Rat einholen/ ärztliche Hilfe hinzuziehen.
P315	Sofort ärztlichen Rat einholen/ ärztliche Hilfe hinzuziehen.
P320	Besondere Behandlung dringend erforderlich (siehe … auf diesem Kennzeichnungsetikett).
P321	Besondere Behandlung (siehe … auf diesem Kennzeichnungsetikett).
P322	Gezielte Maßnahmen (siehe … auf diesem Kennzeichnungsetikett).
P330	Mund ausspülen.
P331	KEIN Erbrechen herbeiführen.
P332	Bei Hautreizung: …
P332+313	Bei Hautreizung: Ärztlichen Rat einholen/ ärztliche Hilfe hinzuziehen.
P333	Bei Hautreizung oder -ausschlag: …
P333+P313	Bei Hautreizung oder -ausschlag: Ärztlichen Rat einholen/ ärztliche Hilfe hinzuziehen.
P334	In kaltes Wasser tauchen/ nassen Verband anlegen.
P335	Lose Partikel von der Haut abbürsten.
P335+P334	Lose Partikel von der Haut abbürsten. In kaltes Wasser tauchen/ nassen Verband anlegen.
P336	Vereiste Bereiche mit lauwarmem Wasser auftauen. Betroffenen Bereich nicht reiben.
P337	Bei anhaltender Augenreizung: …
P337+P313	Bei anhaltender Augenreizung: Ärztlichen Rat einholen/ ärztliche Hilfe hinzuziehen.
P338	Eventuell vorhandene Kontaktlinsen nach Möglichkeit entfernen. Weiter ausspülen.
P340	Die betroffene Person an die frische Luft bringen und in einer Position ruhigstellen, die das Atmen erleichtert.
P341	Bei Atembeschwerden die betroffene Person an die frische Luft bringen und in einer Position ruhigstellen, die das Atmen erleichtert.
P342	Bei Symptomen der Atemwege: …
P342+311	Bei Symptomen der Atemwege: GIFTINFORMATIONSZENTRUM oder Arzt anrufen.
P350	Behutsam mit viel Wasser und Seife waschen.
P351	Einige Minuten lang behutsam mit Wasser ausspülen.
P352	Mit viel Wasser und Seife waschen.
P353	Haut mit Wasser abwaschen/ duschen.
P360	Kontaminierte Kleidung und Haut sofort mit viel Wasser abwaschen und danach Kleidung ausziehen.
P361	Alle kontaminierten Kleidungsstücke sofort ausziehen.
P362	Kontaminierte Kleidung ausziehen und vor erneutem Tragen waschen.
P363	Kontaminierte Kleidung vor erneutem Tragen waschen.
P370	Bei Brand: …
P370+P376	Bei Brand: Undichtigkeit beseitigen, wenn gefahrlos möglich.
P370+P378	Bei Brand: … zum Löschen verwenden.
P370+P380	Bei Brand: Umgebung räumen.
P370+P380 +P375	Bei Brand: Umgebung räumen. Wegen Explosionsgefahr Brand aus der Entfernung bekämpfen.
P371	Bei Großbrand und großen Mengen: …
P371+P380 +P375	Bei Großbrand und großen Mengen: Umgebung räumen. Wegen Explosionsgefahr Brand aus der Entfernung bekämpfen.
P372	Explosionsgefahr bei Brand.
P373	KEINE Brandbekämpfung, wenn das Feuer explosive Stoffe/ Gemische/ Erzeugnisse erreicht.

P374	Brandbekämpfung mit üblichen Vorsichtsmaßnahmen aus angemessener Entfernung.
P375	Wegen Explosionsgefahr Brand aus der Entfernung bekämpfen.
P376	Undichtigkeit beseitigen, wenn ohne Gefahr möglich.
P377	Brand von ausströmendem Gas: Nicht löschen, bis Undichtigkeit gefahrlos beseitigt werden kann.
P378	… zum Löschen verwenden.
P380	Umgebung räumen.
P381	Alle Zündquellen entfernen, wenn gefahrlos möglich.
P390	Verschüttete Mengen aufnehmen, um Materialschäden zu vermeiden.
P391	Verschüttete Mengen aufnehmen.

Lagerung

P401	… aufbewahren.
P402	An einem trockenen Ort aufbewahren.
P402+P404	In einem geschlossenen Behälter an einem trockenen Ort aufbewahren.
P403	An einem gut belüfteten Ort aufbewahren.
P403+P233	Behälter dicht verschlossen an einem gut belüfteten Ort aufbewahren.
P403+P235	Kühl an einem gut belüfteten Ort aufbewahren.
P404	In einem geschlossenen Behälter aufbewahren.
P405	Unter Verschluss aufbewahren.
P406	In korrosionsbeständigem/ … Behälter mit korrosionsbeständiger Auskleidung aufbewahren.
P407	Luftspalt zwischen Stapeln/ Paletten lassen.
P410	Vor Sonnenbestrahlung schützen.
P410+P403	Vor Sonnenbestrahlung geschützt an einem gut belüfteten Ort aufbewahren.
P410+P412	Vor Sonnenbestrahlung schützen. Nicht Temperaturen von mehr als 50°C aussetzen.
P411	Bei Temperaturen von nicht mehr als …°C aufbewahren.
P411+P235	Kühl und bei Temperaturen von nicht mehr als …°C aufbewahren.
P412	Nicht Temperaturen von mehr als 50°C aussetzen.
P413	Schüttgut in Mengen von mehr als …kg bei Temperaturen von nicht mehr als …°C aufbewahren.
P420	Von anderen Materialien entfernt aufbewahren.
P422	Inhalt in/ unter … aufbewahren.

Entsorgung

P501	Inhalt/Behälter … zuführen.

Gefährliche Stoffe/Versuche, die immer unter dem Abzug durchzuführen sind

1. Arbeiten jeglicher Art mit konzentrierten Säuren und Laugen (Abfüllen, Eindampfen, Abrauchen), insbesondere beim Umgang mit Königswasser.
2. Alle Versuche, bei denen der Geruch von HCN oder H_2S festzustellen ist.
3. Ansäuern und Erhitzen der Analysensubstanz (v. a. mit konz. H_2SO_4).
4. Freisetzung von nitrosen Gasen (NO/NO_2), die bei Reaktionen von NO_2^-/ NO_3^- mit Oxidationsmitteln entstehen.
5. Marsh'sche Probe (für As/Sb).
6. Leuchtprobe (für Sn).

Entsorgung von nicht mehr gebrauchten Analysen

Hat man eine Analyse richtig herausgebracht, so möchte man am liebsten das restliche Pulver seiner Analysensubstanz in hohem Bogen in den großen Abfallbehälter werfen, aber halt: In den letzten Jahren gab es öfter Berichte über äußerst heftige Reaktionen, und zwar nicht (nur) bei dem, der den Stoff entsorgt, sondern durch den Stoff selbst. Das heißt, es ist schon vorgekommen, dass beim Entsorgen von Feststoffen die Lösung im Abfallbehälter zu brennen oder zumindest äußerst stark zu brodeln anfing. Daher gilt: Alle Feststoffe vorher in Lösung bringen (Wasser, verdünnte Säure) und erst dann entsorgen! Welche Feststoffe bzw. Lösungen wie entsorgt werden müssen, ist äußerst wichtig, aber von Uni zu Uni sehr unterschiedlich. Daher bitte ich dich dringend, die Laborassistenten zu fragen, wie das genau läuft.

Als grundsätzliche Bemerkung lässt sich noch sagen, dass nicht mit Wasser mischbare Flüssigkeiten, v. a. halogenierte Lösungsmittel wie z. B. Dichlormethan, getrennt entsorgt werden müssen.

Anmerkung

Ich erinnere mich noch sehr gut an mein Praktikum der Qualitativen Anorganischen Analytik (und all die folgenden), in denen ich mich bei den jährlichen Sicherheitsbelehrungen gelangweilt habe und dieser blöden Gefahrstoffverordnung und ähnlichen Dingen absolut nichts abgewinnen konnte. In meinem Praktikum in der öffentlichen Apotheke habe ich festgestellt, dass zumindest die angehenden Apotheker und PTAs unter euch alles, was sie Kunden an Chemikalien aushändigen, z. B. Salzsäure zum Entfernen von Kalkflecken, Natronlauge zum Herstellen von Laugenbrezeln (ja, das geschieht mit der gleichen Natronlauge, mit der du auch im Praktikum hantierst), Alkohol (Ethanol 90 % zum Ansetzen von Schnaps oder 2-Propanol [= Isopropanol] zum Reinigen), exakt beschriften und den Kunden über die von diesem Stoff ausgehenden Gefahren aufklären müssen, da sie sonst ihre Approbation als Apotheker verlieren können, wenn etwas passiert. Angesichts eines trotz zahlreicher Neuerungen noch immer lesenswerten Artikels (Kaufmann, Dieter: Gefahrstoffrecht in der Apothekenpraxis. Dtsch. Apoth. Ztg. 136 (1996), 4407–4420, ist an Universitäten meist in der Bibliothek einsehbar – auch für »Nicht-Pharmazeuten« lesenswert), der von so netten Dingen wie brennenden Haaren, verätzten Augen u. ä. berichtet, habe ich ein komplett anderes Verhältnis zur Gefahrstoffverordnung – schließlich möchte ich meine Approbation, wenn ich sie nach mühsamen fünf Jahren »ackern« endlich in Händen halte, nicht gleich wieder abgeben müssen. Langer Rede kurzer Sinn: Ich rate zumindest den »Jungpharmazeuten« dringend, sich spätestens während ihrer Famulatur mit den aktuellen Vorschriften des Gefahrstoffrechts zu befassen. Eventuell könnt ihr in der Apotheke entsprechende Überlegungen anregen. Beispielsweise ist inzwischen vorgeschrieben, alle Tätigkeiten in Labor und Rezeptur im vorhinein hinsichtlich ihres Gefährdungspotenzials zu evaluieren (»Gefährdungsbeurteilung«). Zu aktueller Literatur und Softwarehilfen siehe Literaturverzeichnis. Ich hoffe, ich habe euch allen klargemacht, dass der Umgang mit Gefahrstoffen nichts ist, was nur in der Uni stattfindet, sondern später zum Alltag gehört.

Analysenschema und Vorproben

Analysenschema

Datum: ____________________

Analysennummer: ____________

I. Vorproben:

1. Beschreibung der Substanz: Farbe: ....
   Form: ....
   Hygroskopie: ....
   Sonstiges: ....

2. Löslichkeit: Lösungsmittel: .... Erhitzen? ....
   pH-Wert der wässrigen Lösung: ....
   Erwärmen/Abkühlen beim Lösen: ....
   Farbe der Lösung: ....
   Sonstiges: ....

3. Flammenfärbung: ....

4. Boraxperle: Farbe Oxidationsflamme: ....
   Farbe Reduktionsflamme: ....

5. Erhitzen: Trockenes Erhitzen: ....
   Erhitzen mit H_2SO_4 konz: ....

6. Sonstiges: ....

II. Anionen:

1. Durchführung des Sodaauszuges: ....

2. Farbe des SA: .... Farbe des SAR: ....

3. Beobachtungen beim Ansäuern: ....

4. Gruppenreaktionen auf Anionen:
   HNO_3 + $AgNO_3$ ....
   H_2SO_4 + $KMnO_4$ ....
   $HCl + I_2$ + Stärke ....
   HCl + KI + Stärke ....
   CH_3COOH + $CaCl_2$ ....

5. Bemerkungen zu den Gruppenreaktionen: ....
   ....
   ....

6. Einzelnachweise aus AS: $CH_3COO^-/CO_3^{2-}/C_4H_4O_6^{2-}/NO_2^-/NO_3^-/$
   $PO_4^{3-}/BO_3^{3-}/S^{2-}/F^-/SiO_3^{2-}$
   aus SA: $SCN^-/I^-/Br^-/Cl^-/SO_4^{2-}/SO_3^{2-}/C_2O_4^{2-}/IO_3^-/BrO_3^-$
   (Nachweise in dieser Reihenfolge durchführen)

7. Anionennachweise einzeln:
   a) Verdacht auf: .... b) Verdacht auf: .... c) Verdacht auf: ....
   Nachweis als/mit: ...... Nachweis als/mit: ...... Nachweis als/mit: .....
   Ergebnis: .... Ergebnis: .... Ergebnis: ....
   d) Verdacht auf: .... e) Verdacht auf: .... f) Verdacht auf: ....
   Nachweis als/mit: ...... Nachweis als/mit: ...... Nachweis als/mit: .....
   Ergebnis: .... Ergebnis: .... Ergebnis: ....
   g) Verdacht auf: .... h) Verdacht auf: .... i) Verdacht auf: ....
   Nachweis als/mit: ...... Nachweis als/mit: ...... Nachweis als/mit: .....
   Ergebnis: .... Ergebnis: .... Ergebnis: ....

8. Sonstiges: ....

9. Gefundene Anionen: ....

   ....

III. Kationen:

1. Entstörung
   (bei: BrO_3^-/IO_3^-/NO_3^-/NO_2^-/$C_2O_4^{2-}$/$C_4H_4O_6^{2-}$/F^-/PO_4^{3-}/BO_3^{3-}/SiO_3^{3-}) S. 156
   Durchführung: ....

   ....

2. KTG: HCl-Gruppe: Niederschlag: .... Farbe: ....
   H_2S-Gruppe: Niederschlag: .... Farbe: ....
   Urotropin-Gruppe: Niederschlag: .... Farbe: ....
   $(NH_4)_2S$-Gruppe: Niederschlag: .... Farbe: ....
   $(NH_4)_2CO_3$-Gruppe: Niederschlag: .... Farbe: ....
   Sonstige Bemerkungen zum KTG: ....

   ....

3. Einzelnachweise:
   a) Verdacht auf: NH_4^+ .... b) Verdacht auf: .... c) Verdacht auf: ....
   Nachweis als/mit: Uhrglas .... Nachweis als/mit: .... Nachweis als/mit: ....
   Ergebnis: .... Ergebnis: .... Ergebnis: ....
   d) Verdacht auf: .... e) Verdacht auf: .... f) Verdacht auf: ....
   Nachweis als/mit: .... Nachweis als/mit: ... Nachweis als/mit: ....
   Ergebnis: .... Ergebnis: .... Ergebnis: ....
   g) Verdacht auf: .... h) Verdacht auf: .... i) Verdacht auf: ....
   Nachweis als/mit: .... Nachweis als/mit: ... Nachweis als/mit: ....
   Ergebnis: .... Ergebnis: .... Ergebnis: ....

4. Sonstiges: ....

5. Gefundene Kationen: ....

   ....

Vorproben ⚠

Vorproben sind Untersuchungen, die bei sämtlichen Analysen (Einzelstoffen und Gemischen) anhand einfacher Versuche *Hin*weise, aber keine *Be*weise auf die Zusammensetzung einer Substanz geben. Sie werden – wie der Name schon sagt – *vor* der eigentlichen Analyse durchgeführt, lassen sich aber auch an geeigneter Stelle während der Analyse einbauen (überlege dir 'mal selbst, wo es sinnvoll sein könnte!). Da man zu Beginn einer Analyse nicht weiß, welche giftigen/gefährlichen Stoffe man hat, sind Flammenprobe, Boraxperle, trockenes Erhitzen und Erhitzen mit H_2SO_4 konz. unter dem Abzug durchzuführen! Deine Gesundheit und deine Kommilitonen werden's dir danken.

Obwohl die Vorproben Hinweise auf die An- bzw. Abwesenheit einiger Kat- und Anionen zulassen, sind es eben nur Hinweise, die – da bei den Vorproben einige Störungen auftreten können – noch der Überprüfung durch Einzelreaktionen bedürfen. (Das ist nicht nur eine gutgemeinte Empfehlung zum Durchführen der Gruppenreaktionen auf Anionen bzw. des Trennungsganges, sondern ein sehr wichtiger Hinweis, dessen Nichtbeachtung mich selbst schon an den Rand einiger »A-Analysen« gebracht hat.)

Bevor ich zu den »klassischen« Vorproben komme – dazu zählt man die Flammenfärbung, die Boraxperle und das Erhitzen mit H_2SO_4 konz. –, möchte ich zu einer weiteren – meiner Meinung nach der wichtigsten – »Vorprobe« auffordern, der möglichst detaillierten Beschreibung eines Stoffes! Dabei sollte man Folgendes untersuchen:

Farbe ■ Am besten können das diejenigen von euch verstehen, die nur weiße Stoffe bzw. Gemische zum Analysieren bekommen! Mach' dich 'mal daran, die verschiedenen »Weißtöne« genau zu unterscheiden. Das geht von rein-weiß (z. B. NaCl) über »schmutzig weiß« (z. B. einige Pb-Verbindungen) bis »leicht gelbstichig-weiß« (z. B. KNO_2) und »grünstichig-weiß« (z. B. ZnS). Zur Beurteilung dieser Farben braucht man eine Vergleichsfarbe – ich empfehle eine *saubere* Stelle des weißen Laborkittels. Bei den Gemischen versucht man genau festzustellen, um wieviele (und wie gefärbte) Bestandteile es sich wahrscheinlich (!) handelt. Grundsätzlich muss zu den Farben gesagt werden, dass sie vom Kristallwassergehalt, dem Verwitterungsgrad und nicht zuletzt davon abhängen, ob man die Verbindung als Analysensubstanz erhält oder sie z. B. aus dem KTG ausfällt. Die in den Tabellen am Ende des Arbeitsbuches aufgeführten Stoffbeschreibungen beruhen z. T. auf den aus Büchern übernommenen Formulierungen, z. T. auf eigenen Beobachtungen und denen einiger Kommilitonen und dienen deshalb wirklich nur als Orientierungshilfe! (Der gleiche Stoff kann bei dir ganz anders aussehen. Das wurde mir z. B. oft von CaF_2 berichtet.) Ebenfalls nur eine Orientierungshilfe ist die

Kristallform ■ Natürlich gibt es Stoffe, die »eigentlich« in Kristallen bzw. als Pulver vorkommen, je nach Bearbeitung jedoch anders aussehen können. Beispiel aus dem Alltag: Würfelzucker kann man zu Streuzucker zerreiben und bei weiterem Zerkleinern Puderzucker daraus machen, trotzdem handelt es sich bei allen drei Formen um den gleichen Stoff, nämlich Zucker. Dieses Beispiel mag verdeutlichen, wie riskant es ist, einen Stoff mit dem eines anderen zu vergleichen und ihn aufgrund des »genau gleichen Aussehens« blindlings abzugeben. Beobachte auch mal, ob deine Substanz »staubt« oder »am Reagenzglasrand hängenbleibt«, wenn man sie aufschüttelt, oder ob sie sonstige Eigenschaften aufweist, wie z. B. verschiedene Teilchengröße. Je genauer du beobachtest, desto eher kannst du einigermaßen zuverlässig beurteilen, ob andere den gleichen Stoff haben.

Erwärmen/Abkühlen ■ Gibt man zu einigen Stoffen Wasser, so *erwärmen* diese das zugesetzte Wasser *stark* bzw. *kühlen* es *merklich ab*. Da dieses Verhalten nur bei ziemlich wenigen Stoffen charakteristisch ist, sollte man eine solche Beobachtung im Protokoll vermerken.

Löslichkeit ■ Ein ganz wichtiger Punkt bei der Stoffanalyse, bei dem jedoch viele Fehler gemacht werden! Um eine vernünftige Beurteilung treffen zu können, empfehle ich folgendes Vorgehen: Für jeden Lösungsversuch nehme man ein eigenes großes RG und ¼ Spatelspitze AS: Man füllt das RG mit dem jeweiligen LM bis etwa zur Hälfte auf. Löst sich die Substanz (eventuell unter Aufschütteln), so ist sie als »gut löslich« zu bezeichnen; wenn nicht, wird das RG ca. 30 Sekunden vorsichtig (sonst Siedeverzug!) über dem Bunsenbrenner erwärmt. Löst sie sich dabei vollständig, so ist ein »löst sich unter Erwärmen« im Protokoll zu vermerken.
Die Reihenfolge der LM ist: H_2O → HCl dil. → HCl konz. → HNO_3 dil. → HNO_3 konz. → KöWa → H_2SO_4 konz. → NH_3 dil. → NaOH.

Achte ferner genau auf eine eventuell auftretende Farbänderung bzw. Gasentwicklung (Farbe und Geruch der entstehenden Gase beachten!) bei Zugabe des jeweiligen LM und beim trockenen Erhitzen. Bei Gemischen können erfahrene Analytiker durch die Löslichkeit der verschiedenen Bestandteile in bestimmten Lösungsmitteln zahlreiche Schlussfolgerungen ziehen.

Zum Schluss eine ganz wichtige Bemerkung, die oft übersehen wird: Wenn man einen Stoff als »gelöst« bezeichnet, so darf dabei weder ein Bodensatz im RG bleiben noch darf die Lösung trübe sein. Dass die Lösung klar ist, lässt sich am besten dadurch feststellen, dass man das RG vor einen Ärmel des Laborkittels hält. Bei einer klaren Lösung muss man durch das RG hindurch die Textilstruktur des Kittels sehen!

FRAGE 6 ■ Warum erhält man keine HCl konz., wenn man auf HCl dil. HCl konz. gibt? (Dann wären ja sogar noch mehr H+- und Cl^--Ionen im RG, als wenn man nur HCl konz. in das RG kippt.)

pH-Wert ■ Bei einigen Stoffen kann man wichtige Hinweise gewinnen, wenn man den pH-Wert einer wässrigen Lösung misst (natürlich nicht, wenn sie in Säure bzw. Lauge – z. B. Sodaauszug – gelöst sind!). Das gilt selbst für einige in Wasser schwer lösliche Stoffe (wie z. B. $SnCl_2$), die in wässriger Lösung dennoch einen pH-Wert << 7 (bzw. >>7) aufweisen. Deshalb sollte man nach dem Lösen der AS in Wasser immer den pH-Wert messen und ihn auf dem Analysenprotokoll vermerken, auch, wenn sich eine Substanz nicht vollständig in H_2O löst. Wichtiger Hinweis: Vorher den pH-Wert des zum Lösen verwendeten demineralisierten Wassers messen (oft hat dieses selbst schon einen pH-Wert von ca. 6).

Flammenprobe ■ Da alle Elemente im atomaren gasförmigen Zustand bei hohen Temperaturen Licht bestimmter Farbe aussenden (dadurch bedingt, dass die Elektronen, die durch das Erhitzen auf ein höheres Energieniveau befördert wurden, wieder auf ihr ursprüngliches Energieniveau zurückfallen), lässt sich dieses Phänomen mit einem Spektroskop beobachten. Dazu geht man folgendermaßen vor: Auf eine Tüpfelplatte gibt man wenig AS und einige Tropfen HCl dil. Ein weiteres Feld wird mit reiner HCl dil. gefüllt. Nun hält man die Spitze eines Magnesiastäbchens in die heiße Bunsenbrennerflamme, taucht es dann in die reine HCl dil. und wieder in die Flamme. Dieser Vorgang wird solange wiederholt, bis das Magnesiastäbchen – wenn man es in die Flamme hält – nicht mehr merklich gelb brennt. (Tipp: Bei Verwendung eines Pt-Drahtes (für ca. 5,– €/Stück) kann man das lästige Ausglühen, das bei Magnesiastäbchen lange dauern kann, drastisch verkürzen und erhält bessere Ergebnisse. Zum Säubern ebenfalls in HCl dil. tauchen und in die Flamme halten.) Nun stellt man die Tüpfelplatte so, dass die Vertiefung mit AS und HCl dil. möglichst nahe am Gasrädchen steht. Taucht man das heiße Magnesiastäbchen nun in die AS, so bilden sich flüchtige Metallchloride, die am unteren Bunsenbrennerspalt in den Bunsenbrenner gesaugt werden und der Flamme unmittelbar danach eine charakteristische Färbung erteilen (bei Anwesenheit der entsprechenden Elemente). Falls man die Flamme durch das Spektroskop betrachten will, sollte man das ausgeglühte Magnesiastäbchen in die AS tauchen und es danach mit der Spitze schräg nach unten an den äußersten Rand der Oxidationsflamme halten (Bunsenbrennerskizze S. 27). Bei der Betrachtung der Flamme bzw. beim Blick durch das Spektroskop sollte man darauf achten, dass manche Farben erst nach einiger Zeit auftreten. Außerdem sollte man vor Beobachtung der Spektrallinien der Analysensubstanz durch das Spektroskop schauen, um festzustellen, welche Linien bereits vorher sichtbar sind (blaue Linie des bei der Verbrennung entstehenden CO-Gases und Linien, die aus der Raumbeleuchtung resultieren).

Bei Anwesenheit folgender Ionen ist die Flamme charakteristisch gefärbt:

Element	Rot	Orange	Gelb	Grün	Blau	Violett
Lithium	670,8	610,3			460,3	
Natrium			589,0			
Kalium	782,2					404,4
Calcium	616,2			553,3	422,7	
Strontium	650,0	604,8			460,7 430,5 421,5	
Barium				553,5 524,2	455,4	

Schöne Fotos einiger Flammenfärbungen sind auch bei http://de.wikipedia.org/wiki/flammenfarbe und bei youtube zu sehen.

Dabei ist zu sagen, dass Na^+, da es bereits in geringen Mengen deutlich gelb brennt und überall Spuren von Na^+ zu finden sind, mindestens drei Minuten (bei Einzelstoffen sogar noch länger) gleich hell und gelb brennen muss, um einigermaßen sicher sagen zu können, dass es in der Analyse zu finden ist. Bei Anwesenheit von Na^+ überdeckt dessen Flamme sämtliche anderen Flammenfarben, wobei die blaue Farbe des Bleis, die violette Flamme des Kaliums und die intensiv rote des Lithiums durch ein Kobaltglas trotzdem erkannt werden können; falls man die Farbe anderer Kationen erkennen will, muss man sie durch ein Spektroskop betrachten. Ist man sich über die Anwesenheit eines Kations nicht sicher, so nimmt man ein Salz des entsprechenden Kations und führt mit diesem ebenfalls die Flammenprobe durch. Intensivieren sich die Farbstreifen, die im Spektroskop zu sehen sind, so ist die Möglichkeit gegeben, dass das Kation in der Analyse zu finden ist; tauchen jedoch zusätzlich noch andere Spektrallinien auf, so war es wohl nicht in der Analyse. Beim Umgang mit dem Spektroskop sollte man immer zu zweit arbeiten: Einer hält das Magnesiastäbchen in die Flamme, der andere betrachtet die Spektrallinien.

Man hüte sich jedoch davor, einen Stoff nur aufgrund einer Flammenprobe anzugeben und ohne einen einzigen positiven Nachweis (Ausnahme: Li^+ und Na^+), da oft auch andere Kationen als die angegebenen eine Flammenfärbung hervorrufen, die jedoch nicht charakteristisch sind. So brennt Aluminium je nach Verbindung in verschiedenen Farben, ohne dass eine davon charakteristisch wäre; Mg-Salze z. B. können einen Funkenschlag verursachen, wie man ihn von Wunderkerzen kennt. Da in der Regel nur Metallhalogenide in der Flamme eine sichtbare Färbung ergeben, muss man schwerlösliche Verbindungen (z. B.

$BaSO_4/PbCO_3$ o. ä.) erst mittels geeigneter Maßnahmen (z. B. $(NH_4)_2CO_3$-Auszug, anschließend Lösen in HCl) in lösliche Verbindungen überführen.

FRAGE 7 ■ Wie kommt es, dass sich so gut wie überall Spuren von Na^+ finden lassen?

FRAGE 8 ■ Warum lassen sich z. B. Fe^{2+}, Mn^{2+}, Co^{2+}, Ni^{2+} nicht ebenfalls durch eine Flammenfärbung – oder zumindest im Spektroskop erkennen?

FRAGE 9 ■ Warum sollte man zum Aufschluss von $BaSO_4/PbCO_3$ o. ä. einen $(NH_4)_2CO_3$- (und keinen Soda)-Auszug durchführen?

Borax-/Phosphorperle ■ Schmilzt man Borax ($Na_2B_4O_7$) bzw. $NaNH_4HPO_4$ oder sonst ein wasserlösliches Phosphorsalz und gibt ein Schwermetallsalz hinzu, so können sehr charakteristische Färbungen durch die Bildung von Schwermetallboraten/-phosphaten auftreten. Da die Herstellung einer Borax-/Phosphorsalzperle oft Schwierigkeiten macht, hier eine genaue Beschreibung, wie man sie herstellt: In jeweils eine Vertiefung einer Tüpfelplatte gibt man etwas HCl dil., Na_2HPO_4/Borax o. ä. und wenig AS. Nun erhitzt man ein Magnesiastäbchen bzw. den Pt-Draht, taucht in HCl und nimmt wenig (!) Na_2HPO_4/Borax auf. Das Ganze wird nun an der heißesten Stelle (S. 27) erhitzt, bis das Na_2HPO_4/Borax zu einer klaren Masse geschmolzen ist. Dieser Vorgang wird so oft wiederholt, bis sich an der Spitze des Magnesiastäbchens/des Pt-Drahtes eine Perle gebildet hat. Die Kunst besteht darin, immer wieder wenig Feststoff aufzunehmen und ihn unter einer Drehbewegung des Stäbchens zu schmelzen, so dass sich am Schluss eine schöne Perle bildet. Diese taucht man dann erst in etwas HCl dil. und danach in die AS, wobei darauf zu achten ist, dass man nicht zuviel AS aufnimmt. Nun wird das Gemisch erneut in die Flamme gehalten und unter Drehbewegung des Magnesiastäbchens/Pt-Drahtes an der Perle angeschmolzen. Je nachdem, ob man die Substanz in der Oxidations- oder Reduktionsflamme (S. 27) schmilzt und ob man die Perlenfarbe in der Hitze oder in der Kälte betrachtet, können bei Anwesenheit der aufgeführten Kationen folgende Färbungen auftreten:

	Oxidationsflamme		Reduktionsflamme	
	heiß	kalt	heiß	kalt
Co^{2+}	tiefblau	tiefblau	tiefblau	tiefblau
Cr^{3+}	smaragdgrün	smaragdgrün	smaragdgrün	smaragdgrün
Cu^{2+}	gelb	blau	farblos	rotbraun
$Fe^{2+/3+}$	farblos-gelb	braun/schwarz	schwach grün	schwach grün
Mn^{2+}	violett	violett	farblos	farblos
Ni^{2+}	gelb-rubinrot	bräunlich	grau	grau

Hierbei ist anzumerken, dass $Fe^{2+/3+}$ nur in seltenen Fällen eine brauchbare Boraxperle ergibt (deren Farbe auch nicht den oben genannten entsprechen muss) und die einzigen einigermaßen zuverlässigen Perlen die von Co^{2+} bzw. Cr^{3+} sind. Liegen mehrere Kationen (z. B. im Gemisch) vor, so treten Mischfarben auf, die wenig brauchbare Hinweise liefern. So wie Na^{+} die Flammenfarbe aller anderen Kationen überdeckt, ist es bei den Boraxperlen die blaue Farbe von Co^{2+}, die am deutlichsten zu sehen ist.

Selbstverständlich gilt auch hier: ein Element nie allein aufgrund der Farbe der Boraxperle angeben bzw. ausschließen. (Es soll schon Leute gegeben haben, die hatten Co^{2+} in der Analyse, jedoch keine blaue Boraxperle!)

FRAGE 10 ■ Warum bringt bei der Herstellung einer Boraxperle die Verwendung des Pt-Drahtes statt eines Magnesiastäbchens keinen Vorteil (im Gegensatz zur Flammenprobe)?

Trockenes Erhitzen ■ Dies ist eine Vorprobe, die oft nicht gemacht wird, die jedoch auch gewisse Hinweise gibt. Erhitzt man etwas AS, die man auf eine Magnesiarinne gegeben hat, bis zur Rotglut, so kann man dabei folgende Beobachtungen machen:

Beobachtung	Hinweis
»Bruzzeln«:	Kristallwasser entweicht
Gasentwicklung (Substanz bläht sich auf):	$PO_4^{3-}/CO_3^{2-}/B_4O_7^{2-}$
Substanz sublimiert beim Erhitzen:	Oxalsäure/Oxalat/Hg-Verbindungen
Substanz wird schwarz und riecht nach »Maggi«:	Weinsäure/Tartrat
Substanz wird gelb:	Pb-/Bi-Verbindungen
Substanz wird grün:	Cr-Verbind. (außer Chromate (CrO_4^{2-}; gelb) und Dichromate ($Cr_2O_7^{2-}$; orange))
Substanz wird grau:	Ag- und Hg-Verbindungen (sublimieren leicht)
Substanz wird schwarz:	$KMnO_4/Sb_2O_3$/Schwermetallsalze
Substanz wird in der Hitze gelb, in der Kälte wieder weiß:	ZnO/TiO_2
Substanz wird in der Hitze rotbraun:	$S/SO_3^{2-}/S_2O_3^{2-}$ (nicht zuverlässig)
Substanz wird in der Hitze rotbraun, in der Kälte gelb:	PbO/Bi_2O_3 (nicht zuverlässig)
Substanz wird in der Hitze schwarz, in der Kälte rotbraun:	Fe_2O_3 (nicht zuverlässig)

Erhitzen mit H_2SO_4 konz. ■ Diese Vorprobe gibt vor allem Hinweise auf die An-/Abwesenheit von Anionen. Dabei gibt man etwas AS in ein großes RG und tropft etwas H_2SO_4 konz. hinzu. Danach wird das RG erhitzt und man beobachtet die Entwicklung von Dämpfen. Da mit H_2SO_4 konz. gearbeitet wird und

z. T. sehr giftige Gase entstehen, muss diese Vorprobe unbedingt unter dem Abzug durchgeführt werden!

Bei Anwesenheit der entsprechenden Anionen sind folgende Beobachtungen zu machen:

Anion	Bildung von	Beobachtung
Br^-/BrO_3^-	Br_2	braune Dämpfe, übelriechend (griech. βρωμοσ = Gestank)
CO_3^{2-}	CO_2	farb- und geruchloses Gas
F^-	HF	farbloses, stechend riechendes Gas
I^-	I_2	violette Dämpfe, deren Farbe alle anderen überdeckt
NO_2^-/NO_3^-	NO/NO_2	braune Dämpfe
S^{2-}	H_2S	farbloses Gas, Geruch nach faulen Eiern
SO_3^{2-}	SO_2	farbloses, stechend riechendes Gas
$S_2O_3^{2-}$	S und SO_2	farbloses, stechend riechendes Gas und eine Trübung der Lösung durch elementaren Schwefel

Bei Gasen unbedingt auf Farbe *und* Geruch achten. Falls der Verdacht auf Tartrat besteht, so modifiziere man diese Vorprobe leicht (S. 133).

FRAGE 11 ■ Warum ist die Beurteilung des Geruchs eines entstehenden Gases beim Erhitzen mit H_2SO_4 konz. wenig aussagekräftig?

Das weitere Vorgehen

Nachdem die Vorproben beendet sind, hast du gewisse Vermutungen, welche Kat- und Anionen in Frage kommen. Diese sind nun mit gezielten Nachweisen zu bestätigen; es kann aber durchaus sein, dass sich dein Verdacht als falsch herausstellt, da Vorproben eben nur Verdachtsmomente, aber keine »Beweise« sind. Begonnen wird bei den Anionen (Grund: sie stören den Nachweis bestimmter Kationen; S. 156).

Ich habe hierbei erst alles Wissenswerte zum SA zusammengetragen, und dann folgen in alphabetischer Reihenfolge die entsprechenden Elemente mit sämtlichen in Frage kommenden Anionen (z. B. Kohlenstoff: Acetat, Carbonat, Oxalat, Tartrat). Bisweilen beziehe ich mich auf den »roten Jander-Blasius«, den vielleicht einige von euch haben/verwenden. Ich habe wirklich nicht nur die Nachweise aus den (Lehr-)Büchern abgeschrieben, sondern gebe erst einen Überblick über allgemeine Eigenschaften (Ordnungszahl), rel. Atommasse (RAM), Schmelz- und Siedepunkte (Smp., Sdp.), Dichte bei 25 °C, Oxidationsstufe(n) (Oxst.), Atomradius (r) und – falls vorhanden – das Standardpotenzial (E^0). Die Zahlenangaben variieren hierbei je nach verwendeter Literatur beträchtlich, meine Angaben beziehen sich auf das »VCH-PSE« von 1992 (s. Literaturhinweise S. 239 f.).

Dem folgen die wichtigsten Mineralien, in denen das Element vorkommt, die Bedeutung des Elementes/seiner Verbindungen – falls möglich auch pharmazeutische Anwendung, und schließlich die chemischen und physikalischen Eigenschaften des Elementes/der Ionen. Nach diesem »Allgemeinen Teil« geht's zur Sache, es werden Nachweisreaktionen für die jeweiligen Ionen beschrieben, unterteilt in Durchführung (was muss ich genau machen, um was zu beobachten?), pH-Wert (bei dem die Reaktion stattfindet), Begründung (warum funktioniert dieser Nachweis genau so und nicht anders, welcher Reaktionsmechanismus liegt ihm zugrunde?) und Hinweis(e) (wie kann ich bei dieser Reaktion mögliche Fehler vermeiden?). Sämtliche Nachweise sind – falls nicht anders angegeben – in einem kleinen RG mit wenigen Tropfen Lösung durchzuführen.

Dem Anionenteil schließt sich der berühmt-berüchtigte KTG an, den ich zwar nicht neu erfunden, aber so gründlich überarbeitet habe, dass er eigentlich »narrensicher« sein müsste. Wenn du dich also wortwörtlich an die gegebenen Anweisungen hältst, kann eigentlich nichts mehr schief gehen. Dabei ist jeweils unterschieden zwischen einer detaillierten Durchführung auf der linken Seite (v. a. für Anfänger) und einer an bestimmten Stellen rechts danebengestellten Erklärung (theoretischer Hintergrund – für Anfänger und Profis). Da du bei mehrmaligem Durchführen des KTG die genauen Arbeitsanweisungen wohl nicht mehr brauchst, sind die einzelnen Schritte am Ende einer Gruppe zur Übersicht tabellarisch zusammengefasst. Anschließend sind die einzelnen Kationen mit Eigenschaften u. a. sowie ihre Nachweise in alphabetischer Reihenfolge aufgelistet. Im Unterschied zu den Anionen sind hier bei einigen Kationen noch Tabellen mit aufgeführt, die unterschiedliche Reaktionen verschiedenwertiger Kationen gegenüberstellen, weil dies oft in Prüfungen gefragt wird.

Da in vergangenen Jahren gefährliche Versuche oft aus Unwissenheit am Platz statt unter dem Abzug durchgeführt wurden, ist bei besonders gefährlichen Versuchen das Vorsichtszeichen ⚠ abgebildet. Dies entspricht nicht unbedingt der in der Gefahrstoffliste aufgeführten Bezeichnung, sondern stellt sozusagen meine »Privatkennzeichnung« dar, egal, ob ein Versuch nun krebserregend, hochgiftig, giftig, explosionsgefährlich o. ä. ist. Dieses Zeichen sollte dich dazu veranlassen, zumindest diese Versuche nur unter dem Abzug, mit Handschuhen und mit besonderer Sorgfalt, durchzuführen.

Der Nachweis von Anionen

Der Sodaauszug

Sinn und Zweck ■ Anionen können nur in gelöster Form nachgewiesen werden. Da einerseits einige Salze schlecht bzw. kaum wasserlöslich sind, d. h. ein zu geringer Anteil Anionen zum Nachweis in wässriger Lösung vorhanden ist, andererseits einige Kationen den Nachweis der Anionen massiv stören (und umgekehrt, S. 156), muss man ein Verfahren finden, um einerseits einen ausreichenden Anteil an Anionen in Lösung zu bekommen und andererseits die störenden Kationen auszufällen. Dafür ist Na_2CO_3 (= Soda) hervorragend geeignet: Da es in H_2O gemäß der Reaktion

$$Na_2CO_3 \rightleftharpoons 2\,Na^+ + CO_3^{2-} \quad \text{bzw.}$$
$$CO_3^{2-} + H_2O \rightleftharpoons HCO_3^- + OH^-$$

reagiert, schafft es ein alkalisches Milieu, in dem *ein* Teil der Kationen (diejenigen, die Carbonate bilden) als in Wasser schwerlösliche Carbonate ausgefällt wird und *der andere* Teil durch die in alkalischem Milieu existierenden OH^--Ionen als schwerlösliche Hydroxide ausfällt. Dadurch, dass die Kationen als Carbonate bzw. Hydroxide ausfallen, gehen die Anionen in Lösung (s. a. Löslichkeitsprodukt S. 56 ff.). So weit, so gut. Nur gibt es bekanntlich Kationen, die amphoter sind, also auch in alkalischer Lösung existieren (S. 58); von diesen stört besonders das Sn^{2+}-Ion. Dazu später mehr.

FRAGE 12 ■ Warum muss man einen Sodaauszug kochen und kann ihn nicht durch einen Ammoniumcarbonatauszug ersetzen?

Durchführung ■ In einen trockenen Erlenmeyerkolben gibt man ca. 1 g AS und die vier- bis fünffache Menge wasserfreies oder wasserhaltiges Soda. Beim ersten Mal sollte man dies vielleicht mit der Waage machen, um eine grobe Abschätzung für die Mengen zu bekommen, spätestens ab dem dritten oder vierten SA geht das Verhältnis nach Augenmaß. Man sollte keinesfalls zuviel AS zur Durchführung des SA verwenden, da es sonst zu Konzentrationsniederschlägen kommen kann, dann liefert die folgende Tabelle keine zuverlässigen Aussagen. Man sollte unbedingt darauf achten, nicht weniger Analysensubstanz und nicht mehr Wasser zu nehmen, da sonst die Konzentration der vorhandenen Anionen für einen Nachweis zu gering sein könnte. Zu diesem Gemisch gibt man nun ca. 1 bis 1½ volle große RG Aqua demin. Nun noch einen Siedestab in die Lösung und ab auf die Ceranplatte, unter der der Bunsenbrenner auf mittlerer Flamme brennt. Unter gelegentlichem Umrühren, v. a. um das wasserfreie Soda schneller zu lösen (es löst sich ebenso gut wie wasserhaltiges Soda, nur etwas langsamer), erhitzt man das Gemisch – je nach Löslichkeit der AS in Wasser – 10 bis 15 Minuten und lässt es danach abkühlen. Nach der Reaktionsgleichungen

$$MeA_2 + Na_2CO_3 \rightleftharpoons MeCO_3 \downarrow + 2\,Na^+ + 2\,A^- \quad \text{bzw.}$$
$$MeA_2 + 2\,OH^- \rightleftharpoons Me(OH)_2 + 2\,A^-$$

(Me = zweiwertiges Kation, A^- = einwertiges Anion; beliebige andere Kombinationen sind möglich) wird das Kation wie oben beschrieben ausgefällt. Durch den Überschuss an Soda und das Erhitzen verschiebt sich nach dem MWG das Gleichgewicht der Reaktion nach rechts (wie gewünscht), durch das zehnminütige Kochen stellt man sicher, dass die Umwandlung möglichst vollständig erfolgt, d. h. je schwieriger ein Stoff in Wasser löslich ist, desto länger muss man den SA kochen. Das beim Erhitzen verdampfende Wasser muss eigentlich nicht ersetzt werden, da meist noch genug zum Nachweis vorhanden ist (das hängt natürlich davon ab, wie stark und wie lange man erhitzt!). Am Schluss nimmt man den Erlenmeyerkolben vom Bunsenbrenner (Vorsicht: heiß!) und lässt das Ganze abkühlen, da manche Hydroxide in der Kälte besser ausfallen. Nach dem Abkühlen schüttelt man den NS auf und filtriert die Lösung in ein großes RG, das man am besten mit »Sodaauszug« beschriftet. Im Filterrückstand befinden sich nun die Kationen, die Anionen sind im Filtrat. Obwohl man jetzt eigentlich aus dem Rückstand die Kationen nachweisen könnte, empfehle ich dieses Verfahren nicht. Die Herstellung eines Sodaauszugs erübrigt sich nur in dem (selten vorkommenden) Fall, dass die AS vollständig wasserlöslich ist und sich mit Na_2CO_3 kein NS bildet.

FRAGE 13 ■ Warum wird der SA mit demineralisiertem Wasser und nicht mit Leitungswasser hergestellt?

FRAGE 14 ■ Warum ist es wenig sinnvoll, den SAR für eine Flammenprobe zu verwenden, um Hinweise auf eventuell vorhandene Kationen zu erhalten?

Untersuchung des SA ■ Das Filtrat muss klar sein! Klar muss nicht farblos heißen, bei Anwesenheit bestimmter Ionen ist die Lösung gefärbt, aber absolut klar. Falls die Lösung gelb ist, war CrO_4^{2-} in der Analyse, bei einer violetten Farbe war MnO_4^- vorhanden, die beide nach S. 156 entfernt werden müssen, da sie andere Nachweisreaktionen massiv stören können. Eine leicht blaue Farbe der Lösung deutet auf die Anwesenheit von Cu^{2+} hin, was durch Erhitzen mit NaOH als $Cu(OH)_2$ bzw. CuO ausgefällt werden kann. Obwohl für die Untersuchung der Anionen kein strikter »Trennungsgang« wie für die Kationen existiert, kann man anhand einiger »Gruppenreaktionen« Rückschlüsse auf die An- bzw. Abwesenheit einiger Anionen ziehen. Da diese Gruppenreaktionen in stark saurem Milieu stattfinden, durch den SA jedoch ein stark alkalischer pH-Wert herrscht, muss vor der Zugabe der Gruppenreagenzien mit Säuren (möglichst mit konzentrierten, jedoch nicht H_2SO_4 konz.) angesäuert werden.

FRAGE 15 ■ Unter welchen Bedingungen kann Cu^{2+} in das Filtrat des SA gelangen, es zählt doch nicht zu den amphoteren Elementen?

FRAGE 16 ■ Warum darf man nicht mit H_2SO_4 konz. ansäuern?

Die Auswahl der Säuren richtet sich nach dem jeweiligen Gruppenreagenz. Immer nur tropfenweise Säure zugeben und gründlich, aber vorsichtig schütteln (da starke CO_2-Entwicklung auftritt), bevor man den pH-Wert misst! Beim Ansäuern können folgende Veränderungen der Lösung stattfinden (genau auf Niederschlagsbildung und Farbänderungen achten!):

- Bildung eines NS während der Säurezugabe, der sich im Sauren aber wieder auflöst: amphotere Elemente: $Al^{3+}/As^{3+/5+}/Pb^{2+}/Sb^{3+/5+}/Sn^{2+}/Zn^{2+}$.
- Bildung eines weißen, gallertartigen NS, der sich nicht wieder auflöst: SiO_3^{2-}.
- Bildung einer weiß-gelblichen Trübung, die nicht wieder verschwindet: S^0 aus $S_2O_3^{2-}$ ($S_2O_3^{2-}$ zersetzt sich nach dem Ansäuern gemäß $S_2O_3^{2-} + 2H^+ \rightleftharpoons [H_2S_2O_3] \rightleftharpoons S^0 + SO_2 + H_2O$; auf SO_2-Geruch achten!).
- Bildung eines weißen NS (nur beim Ansäuern mit H_2SO_4!), der sich nicht wieder auflöst: Pb^{2+} fällt als $PbSO_4$ aus.
- Gelb-Braunfärbung der Lösung ohne Gasentwicklung: I^- wird zu I_2 (Nachweis mittels Stärkelösung).
- Gelb-Braunfärbung der Lösung mit Gasentwicklung: NO_2^- bzw. Kombination aus Cl^-, NO_3^- und H^+ (Bildung von Königswasser! S. 31).
- Gelb-Braunfärbung der Lösung nur mit HCl: BrO_3^- bzw. IO_3^- (wird zu Br_2 bzw. I_2).

Anmerkung: Findet man (nach dem Abkühlen) im SAR (!) weiße, glänzende Nadeln, so könnte dies ein Hinweis auf »Bleinadeln« sein, die während des Abkühlens entstehen, da das Löslichkeitsprodukt von $PbCl_2$ beim Abkühlen überschritten wird.

Gruppenreaktionen auf Anionen[1)]

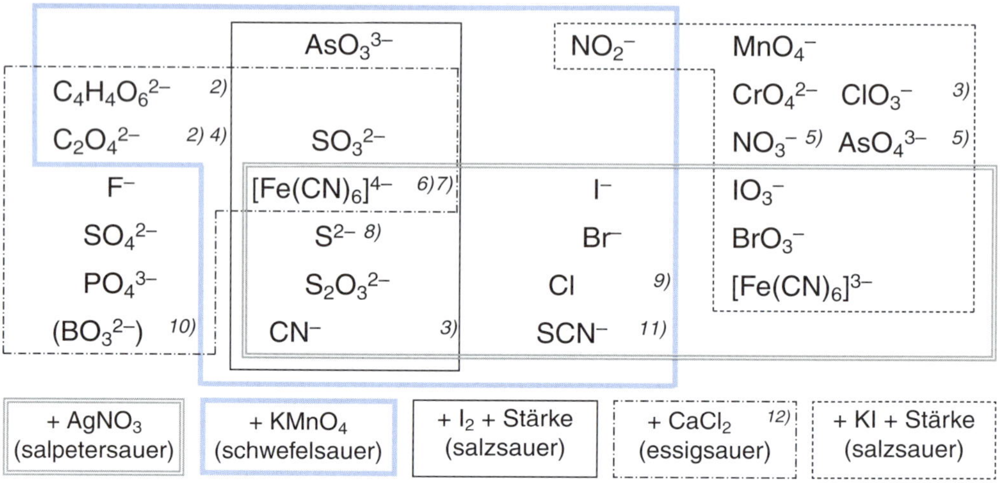

1) Unbrauchbar und daher im Diagramm nicht erwähnt, sind die Gruppenreaktionen für: SiO_3^{2-}, CO_3^{2-}, CH_3COO^-.

2) $C_2O_4^{2-}$ und $C_4H_4O_6^{2-}$ reagieren anfangs sehr langsam mit $KMnO_4^-$, daher ist zu erwärmen; es handelt sich um eine autokatalytische Reaktion, d. h. der Katalysator Mn^{2+} entsteht erst im Verlauf der Reaktion, weshalb diese erst nach einiger Zeit, wenn also genug Mn^{2+} gebildet wurde, schneller abläuft; das klingt auf den ersten Blick sehr kompliziert, aber im Lauf der Jahre wurde immer wieder bestätigt, wie schön das zu beobachten ist.

3) CN^- und ClO_3^- kommt an vielen Unis nicht vor (CN⁻ zu giftig, ClO_3^--Verbindungen explodieren leicht).

4) In der Praxis fällt oft auch $C_2O_4^{2-}$ mit $AgNO_3$ aus; das passierte selbst dann, wenn genug angesäuert wurde. Deshalb nochmal ganz eindringlich: bis pH = 0 ansäuern und aufkochen, um das CO_2 (entsteht aus $C_2O_4^{2-}$) quantitativ zu vertreiben; erst dann $AgNO_3$ zugeben! Außerdem lässt sich der Unterschied zwischen z. B. AgCl und $Ag_2C_2O_4$ sehen, wenn man sich den NS genau betrachtet: Bei AgCl entsteht ein »weißer, sich zusammenballender« NS (s. auch Identitätsreaktionen im DAB), $Ag_2C_2O_4$ ist ein fast kristalliner NS, der sich zudem in HNO_3 dil. auflöst (AgCl tut dies nicht!).

5) NO_3^- und AsO_4^{3-} reagieren nur in stark saurem Milieu mit KI-Lösung.

6) $[Fe(CN)_6]^{4-}$ reagiert nur unvollständig mit I_2-Lösung.

7) $[Fe(CN)_6]^{4-}$ reagiert nur bei Anwesenheit von NH_4^+ mit $CaCl_2$.

8) S^{2-} gelangt so gut wie nie in den SA (Grund: S. 60).

9) Cl^- reagiert nur bei Erwärmen und in stark saurem Milieu mit $KMnO_4$-Lösung (in der Praxis so gut wie nie).

10) BO_3^{2-} fällt mit Ca^{2+} nur bei einem pH-Wert ≥ 7 aus, unter den genannten Reaktionsbedingungen also nicht.

11) SCN^- reagiert erst nach Erhitzen und langer Zeit mit I_2-Lösung.

12) Die Gruppenreaktion mit $CaCl_2$ ist von den angegebenen fünf Reaktionen die, die am wenigsten zuverlässige Ergebnisse liefert: während F^- (sehr zuverlässig) und $H_4C_4O_6^{2-}$ (recht zuverlässig, spätestens mit etwas Reiben eines Glasstabes am inneren RG-Rand!) bei einem negativen Verlauf der Reaktion ziemlich sicher ausgeschlossen werden können, gilt dies für sämtliche anderen Anionen in dieser Gruppe nicht, d. h. trotz einer negativen Gruppenreaktion mit $CaCl_2$ kann das entsprechende Anion enthalten sein.

Ich möchte noch darauf hinweisen, dass N_2H_4 (Hydrazin) und NH_2OH (Hydroxylamin) ebenfalls I_2-Lösung + Stärke sowie $KMnO_4$ entfärben. Für's Praktikum zwar egal, für Prüfungen aber wissenswert. Dies ist kein Anionen»schema«, man sollte besser von »Gruppenreaktionen auf Anionen« sprechen!

Zur Eingrenzung der in Frage kommenden Anionen in der jeweiligen Analyse wird nun Folgendes gemacht: Aus dem RG mit dem filtrierten SA werden mit einer Pipette jeweils 0,5 ml (ca. 10 Tropfen) (das reicht wirklich!) in fünf kleine RG gegeben. Dann wird – wie oben angegeben – mit der entsprechenden Säure tropfenweise angesäuert und das RG aufgeschüttelt (heftige CO_2-Entwicklung!), bis keine Gasentwicklung mehr auftritt. Nun wird der pH-Wert gemessen (Milieu muss bei allen Gruppenreaktionen außer $CaCl_2$ stark sauer sein!). Dann erst werden die jeweiligen Gruppenreagenzien zugegeben. Dabei empfiehlt sich folgende Reihenfolge der Untersuchungen

RG 1 mit HNO_3 konz.	ansäuern bis pH $\approx$ 0	und 2 Tropfen $AgNO_3$-Lösung zugeben; Farben d. NS S. 225
RG 2 mit H_2SO_4 dil.	ansäuern bis pH $\approx$ 0	und 2 Tropfen $KMnO_4$-Lösung zugeben (Sn^{2+} stört!)
RG 3 mit HCl konz.	ansäuern bis pH $\approx$ 0	und 2 Tropfen I_2-Lösung und 2 Tropfen Stärke-Lösung zugeben
RG 4 mit HCl konz.	ansäuern bis pH $\approx$ 0	und 2 Tropfen KI-Lösung und 2 Tropfen Stärke-Lösung zugeben
RG 5 mit Eisessig	ansäuern bis pH $\approx$ 5	und 2 Tropfen $CaCl_2$-Lösung zugeben

FRAGE 17 ■ Warum sind die oben genannten Gruppenreaktionen für den NW von CO_3^{2-} ungeeignet?

FRAGE 18 ■ Warum kann man Reagenzglas 1 nicht mit einer anderen Säure ansäuern (HCl, H_2SO_4)?

FRAGE 19 ■ Warum stört Sn^{2+} und welche Reaktionen/Reagenzien?

FRAGE 20 ■ Warum darf man RG 5 nur mit Eisessig und nicht mit HCl/ HNO_3 oder H_2SO_4 ansäuern?

Auswertung der Gruppenreaktionen

$AgNO_3$ Bildet sich beim Eintropfen der $AgNO_3$-Lösung ein NS, so beobachte man genau dessen Farbe; Farbbeobachtungen nach einiger Zeit zählen nicht mehr, da sich durch Lichteinwirkung aus dem NS elementares Ag mit grauer Farbe abscheiden kann. Falls ein NS auftritt, so versetzt man die Lösung tropfenweise mit $AgNO_3$-Lösung und zentrifugiert, bis sich bei weiterer Reagenzzugabe kein NS mehr bildet (S. 125 »Fraktionierte Fällung der Silberhalogenide«). Aus der Farbe des NS und dessen Löslichkeit in verschiedenen Reagenzien (S. 227) lassen sich detaillierte Hinweise über die An-/Abwesenheit einzelner Anionen gewinnen, die aber noch der Überprüfung durch spezifische Reaktionen bedürfen! Da es sich hier um gewöhnliche Fällungsreaktionen handelt, erübrigen sich Reaktionsgleichungen. Eine Besonderheit ist die so genannte Sonnenuntergangsreaktion (NW auf Thiosulfat); diese ist auch eine Fällungsreaktion, bei der zwar anfangs das Thiosulfat mit Silberionen ausfällt, es bildet sich dabei aber über mehrere Zwischenstufen das schwarze Ag_2S.

$KMnO_4$ (Probe auf stark und schwach reduzierende Anionen). Wenn beim Eintropfen eines Tropfens $KMnO_4$-Lösung dieser sofort (oder nach einigem Erwärmen) entfärbt wird und dasselbe auch bei einigen weiteren Tropfen passiert, so ist von einer positiven Gruppenreaktion zu sprechen. Da es sich um Redoxreaktionen handelt, bei denen einige Anionen interessante Reaktionsprodukte aufweisen, sind die wichtigsten RGlen auf S. 77 f. zusammengefasst. Falls Sn^{2+} im SA ist, so fällt die Probe auch positiv aus.

I_2/Stärke (Probe nur auf stark reduzierende Anionen). Das Wichtigste vorweg: BrO_3^- (und ClO_3^-) stören diese Reaktion, da sie I_2 zu IO_3^- oxidieren und damit das zur Reaktion notwendige Reagenz I_2 zerstören. Nun zum eigentlichen Versuch: I_2 bildet mit Stärke eine so genannte Einschlussverbindung, d. h. I_2-Moleküle lagern sich in die Stärkespirale ein und rufen (für Profis: durch Bildung von Charge-Transfer-Komplexen) eine blaue Farbe hervor. Gibt man also Iod- und Stärke-Lösung zum salzsauren SA, so ist bei einer Blaufärbung der Lösung von einer negativen Gruppenreaktion zu sprechen (da das I_2 noch unverändert vorliegt, sonst könnte es keine blaue Farbe der Stärke-Lösung hervorrufen), bei einer Gelbfärbung bzw. wenn keine Blaufärbung auftritt, von einer positiven Gruppenreaktion. Diese Gruppenreaktion wird gerade am Anfang oft falsch interpretiert, weil man Färbung mit positiver Reaktion gleichsetzt, also aufpassen! (Ist mir auch passiert, hat aber fatale Folgen für die daraus gezogenen Schlussfolgerungen!). Es handelt sich wie bei der Reaktion mit $KMnO_4$ um Redoxreaktionen (einige RGlen S. 77 f.).

KI/Stärke ■ (Probe auf oxidierende Anionen). BrO_3^-/ClO_3^- können stören, da sie, wenn sie (im Vergleich zu I^-) im Überschuss vorhanden sind, dieses zu IO_3^- oxidieren! Gleiche Theorie wie bei I_2/Stärke, jedoch mit umgekehrter Schlussfolgerung: Wenn die Lösung nach Zugabe des Reagenz blau wird, so war die Gruppenreaktion positiv, da vorher ja nur Iodid-Ionen vorhanden waren, jetzt aber – wegen der Blaufärbung – Iod-Moleküle vorliegen müssen. Blaufärbungen nach mehr als einer Minute sind nicht aussagekräftig, da sie durch Luftoxidation entstanden sein können. Einige RGlen S. 77 f. Falls Cu^{2+} im SA vorhanden ist, so fällt die Reaktion auch positiv aus. Die KI-Lösung am Platz sollte man von Zeit zu Zeit mit Stärke-Lösung versetzen: falls dabei ein »Blaustich« zu erkennen ist, so ist die KI-Lösung neu herzustellen!!

FRAGE 21 ■ Warum fällt diese Reaktion bei Anwesenheit von Cu^{2+} positiv aus?

$CaCl_2$ ■ Hier liegt eine Fällungsreaktion vor, wobei ausnahmslos weiße NS entstehen. Es ist aber zu sagen, dass die Reaktion bei mir nur mit $C_2O_4^{2-}$ einigermaßen zuverlässig funktionierte, was zum einen an den Nachweisreaktionen für Ca^{2+} (S. 189) liegt und zum anderen daran gelegen haben könnte, dass die $CaCl_2$-Lösung zu verdünnt war. Als Schlussfolgerung ist daraus zu ziehen: Man arbeite beim Ansäuern mit Eisessig, nehme eine hochkonzentrierte Lösung von $CaCl_2$ (10 g $CaCl_2 \cdot 6H_2O$ in 30 ml H_2O) und reibe die Lösung eventuell mit einem Glasstab; falls danach noch kein NS zu erkennen ist, prüfe man dennoch einzeln auf $F^-/SO_4^{2-}/PO_4^{3-}$ und BO_3^{3-}. Ich weise ausdrücklich darauf hin, dass diese Fällung sehr unzuverlässig ist – tritt sie ein, so gibt sie einen Hinweis auf mindestens eines dieser Ionen, bleibt sie aus, darf aber nicht der Schluss gezogen werden, diese Ionen seien nicht in der AS zu finden.

Nachdem man nun die fünf Gruppenreaktionen durchgeführt hat, überlegt man sich, ob Widersprüche auftreten bzw. welche Ionen aufgrund der Beobachtungen in der Analyse sein können. Einige Beispiele dazu:

- Nur die Gruppenreaktionen mit $KMnO_4$ und mit $CaCl_2$ waren positiv: $C_4H_4O_6^{2-}$ oder $C_2O_4^{2-}$ kommen in Frage.
- Die Gruppenreaktion mit $KMnO_4$ und mit KI sind positiv ausgefallen: es muss NO_2^- sein.
- Die Gruppenreaktion mit $AgNO_3$ gab einen weißen, NH_3-unlöslichen Niederschlag, die Reaktion mit I_2-Lösung war positiv: Es muss sich um $[Fe(CN)_6]^{4-}$ handeln, da wegen der positiven I_2-Reaktion sowieso nur $[Fe(CN)_6]^{4-}/S^{2-}/S_2O_3^{2-}/CN^-$ in Frage kommen, S^{2-} mit Ag^+ jedoch einen schwarzen NS ergäbe und $Ag_2S_2O_3$ bzw. AgCN in NH_3 konz. löslich sind (S. 225); da die Gruppenreaktion mit $CaCl_2$ nicht positiv war, können auch keine NH_4^+-Ionen in der Analyse sein, da nur unter diesen Bedingungen $Ca(NH_4)_2[Fe(CN)_6]$ ausfällt.

- Die Gruppenreaktion mit $KMnO_4$ Lösung war negativ, die mit I_2-Stärke-Lösung jedoch positiv: Widerspruch! Dieser kann jedoch aufgeklärt werden, wenn man überlegt, dass bei einem Überschuss an BrO_3^- gegenüber I_2 die Reaktion folgendermaßen abläuft: $2\ BrO_3^- + I_2 \rightleftharpoons 2\ IO_3^- + Br_2$ (Redoxgleichung!; S. 78).

Die obengenannten Schlussfolgerungen sind natürlich nur bei Anwesenheit eines einzigen Anions zulässig (aber auch im Gemisch leisten die Gruppenreaktionen auf Anionen gute Dienste). Wenn bei der Untersuchung eines Gemisches bei RG 1 nach Zugabe von NH_3 dil. noch ein Rückstand bleibt, sollte man die überstehende Lösung dennoch abfiltrieren und weiter untersuchen.

FRAGE 22 ■ Warum das denn?

Nun sind die einzelnen Ionen, die in Frage kommen, selbstverständlich noch aus dem Rest des SA mit den auf den folgenden Seiten beschriebenen Einzelnachweisen zu prüfen. Folgende Ionen sollte bzw. muss man jedoch aus der AS und nicht aus dem SA nachweisen: Acetat, Borat, Carbonat, Fluorid, Nitrat, Nitrit, Phosphat, Silikat.

Anionenunvereinbarkeit ■ Da Kombinationen bestimmter Anionen mit anderen An- bzw. Kationen diese so verändern, dass man sie nicht mehr oder nur sehr schwer nachweisen kann, *sollten* sie nicht gemeinsam in einer Analyse vorkommen. Das »*sollte*« bedeutet: Berücksichtigt dein Praktikumsleiter dies, ist die Analyse für dich leichter herauszubekommen (im Zweifelsfall nachfragen). Das betrifft die folgenden Kombinationen:

Kombination			Grund
Ag^+	+	SCN^-	Aufschluss von AgSCN problematisch
$C_2O_4^{2-}/C_4H_4O_6^{2-}$	+	Oxidationsmittel*	Oxidation zu CO_2
F^-	+	BO_3^{2-}	Bildung von BF_3
F^-	+	SiO_3^{2-}	Probleme bei den Einzelnachweisen
$[Fe(CN)_6]^{3-/4-}$	+	$C_4H_4O_6^{2-}$	Probleme beim $C_4H_4O_6^{2-}$-Nachweis mit Ca^{2+}
NH_4^+	+	MnO_4^-	Oxidation zu NO_2^- bzw. NO_3^-
NO_2^-	+	Oxidationsmittel*	Oxidation zu NO_3^-
NO_2^-	+	Reduktionsmittel*	Freisetzung von NO/NO_2; Bildung von NO_3^-
NO_3^-	+	$Me^0/SnCl_2$	Reduktion zu NO_2^- und NH_3 (je nach pH-Wert)
S^{2-}	+	Oxidationsmittel*	Oxidation zu S^0/SO_3^{2-} oder SO_4^{2-}
SCN^-	+	Oxidationsmittel*	Zerstörung des SCN^-
SO_3^{2-}	+	Me^0	Oxidation zu SO_4^{2-} bzw. Reduktion zu S^{2-}
$SO_3^{2-}/S_2O_3^{2-}$	+	Oxidationsmittel*	Oxidation zu SO_4^{2-}
$S_2O_3^{2-}$	+	SM-Kationen	Zersetzung zu S^{2-}

* Beispiele für Oxidations- und Reduktionsmittel S. 67.

Anmerkung: Wenn der, der die Analysen verteilt, diese Tabelle nicht »gelernt« hat und im Gemisch »unvereinbare Anionenkombinationen« ausgibt, so kann dies zu massiven Schwierigkeiten bei der Analyse führen; daher aufpassen!

Bor (B)
Borat (BO_3^{3-})

Allgemeines

OZ :	5	Smp.:	2076 °C	Oxst.: +3
RAM :	10,81	Sdp.:	3927 °C	
Dichte :	2,46 g/cm³	$r(B^{3+})$:	20 pm	

Vorkommen Mineralien: Borax ($Na_2B_4O_7$)

Bedeutung
- Borax wird als Schmelz- und Flussmittel eingesetzt.
- Bor wird bei der Produktion von Leuchtraketen zum Erzielen einer grünen Flamme eingesetzt.
- Perborate (= Borate · $xH_2O_2 \cdot yH_2O$) sind in Waschmitteln als Bleichmittel enthalten.
- Bor ist wichtig für grüne Algen und höhere Pflanzen.
- Geringe Borgehalte in Stählen erhöhen ihre Härtbarkeit.
- **P** Bor ist wichtig für die Stoffwechselregulation von Calcium, Magnesium, Phosphor und Vitamin D (und damit für den Knochenstoffwechsel), außerdem hat es eine antientzündliche Wirkung. Bor ist an der Synthese von Steroid-Hormonen wie 17-β-Estradiol, Testosteron und dem Vitamin D beteiligt. Es ist wichtig für die Gehirnfunktion (Merkfähigkeit, Erinnerungsvermögen, Koordination). In Tierversuchen reduziert Bor die Tumorgröße und das Fortschreiten bei Prostatakrebs (Bor ist ein sog. PSA-Inhibitor). Augentropfen wurden früher oft mit Borsäure konserviert.

Eigenschaften
- Bor weist aufgrund seiner Stellung im PSE in seinem chemischen Verhalten große Ähnlicheit mit Si auf: so genannte Schrägbeziehung, die sich beim Si-Nachweis mit HF bemerkbar macht (BF_3 stört, da es die Bildung von SiF_4 verhindert).
- Borsäure ist eine schwache, einwertige Säure (Lewis-Säure) und sollte daher besser $B(OH)_3$ geschrieben werden und nicht H_3BO_3.
- Nur die Alkaliborate sind leicht wasserlöslich, die restlichen Borate sind säurelöslich.
- Man findet häufig verschiedene Schreibweisen für Borat: $BO_3^{3-}/B_4O_7^{2-}$.
- Borate fällen z. B. die Erdalkalimetalle bereits in der Ammoniumsulfid-Gruppe bei einem $pH \geq 7$.

Nachweise für BO_3^{3-}

Nachweis als $B(OCH_3)_3$ (Borsäuretrimethylester):

Durchführung Gibt man zu 1 Spatelspitze AS in einem großen RG erst 1 cm hoch Methanol (CH_3OH) und danach 5 Tropfen H_2SO_4 konz., brennt die Flamme mit grüner Farbe. (RG erwärmen, dann Bunsenbrenner in die aufsteigenden Dämpfe halten!)

Milieu H_2SO_4 konz.-sauer.

Begründung Es erfolgt eine ***Veresterung*** gemäß folgender RGl:

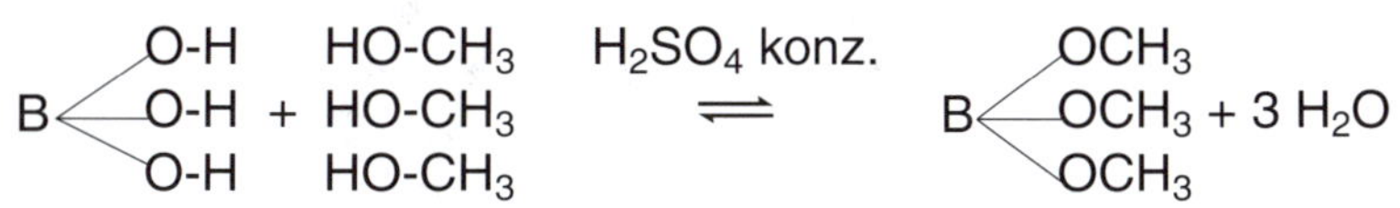

Borsäure Methanol Borsäure-trimethylester Wasser

Der entstandene Borsäuretrimethylester ist leicht flüchtig und brennt grün, die zugesetzte H_2SO_4 konz. entfernt durch ihre hygroskopische Eigenschaft das entstehende Wasser und verschiebt dadurch das Gleichgewicht nach rechts.

Hinweise Da Methanol leicht brennbar ist, ist besondere Vorsicht bei der Durchführung dieses farbschönen, zuverlässigen Nachweises geboten. Man sollte unbedingt genügend Methanol (nicht Ethanol) nehmen, weil sonst nicht genug des flüchtigen Esters entsteht und weil die grüne Farbe der Flamme bei Verwendung von Ethanol nicht so gut sichtbar ist. NW im RG ausführen, da bei Durchführung in der Porzellanschale die Gefahr besteht, dass die Grünfärbung der Flamme durch Cu^{2+} entsteht.

FRAGE 23 ■ Warum besteht die Verwechslungsgefahr mit Cu^{2+} bei der Durchführung in einem Reagenzglas nicht?

FRAGE 24 ■ Welche vier Eigenschaften hat H_2SO_4 konz.?

FRAGE 25 ■ Welches (sehr geringe) Risiko geht man stattdessen ein (s. Eigenschaften)?

Brom (Br)
Bromat (BrO_3^-)
Bromid (Br^-)

Allgemeines ■ OZ : 35 Smp. : –7,3 °C Oxst.: –1, +1, +5, +7
RAM : 79,90 Sdp. : 58,8 °C
Dichte : 3,14 g/cm³ r (Br^-) : 195 pm
E^0 ($Br_2 + 2\,e^- \rightleftharpoons 2\,Br^-$): 1,065 V

Vorkommen ■
- Bromid ist ständiger Begleiter von Chloriden und in Spuren im Meerwasser enthalten.
- Brom ist ein essenzielles Spurenelement für Rotalgen und möglicherweise auch für Säugetiere.

Bedeutung ■
- *Ag*Br dient in der Fotografie als lichtempfindliche Substanz, *K*Br als Entwicklerzusatz.
- **P** Ältere Sedativa und Hypnotika (Nervenberuhigungs- und Schlafmittel) enthalten oft organisch gebundenes Brom.
- **P** Eosin (eine organische Bromverbindung) wird in der medizinischen Diagnostik oft als Mikroskopierfarbstoff eingesetzt.
- Einige Farbindikatoren bei Säure/Base-Titrationen enthalten Br-Atome im Molekül (für Profis: wegen der bathochromen Verschiebung der freien e^--Paare des Br).

Nachweise für BrO_3^-

Nachweis als AgBr (Silberbromid):

Durchführung ■ Gibt man zu einer sauren Probelösung (SA + HNO_3) Na_2SO_3, so fällt nach Zugabe von $AgNO_3$-Lösung ein gelblicher NS von AgBr aus.

Milieu ■ HNO_3-sauer.

Begründung ■ **Redoxreaktion:** Das Reduktionsmittel Na_2SO_3 reduziert BrO_3^- gemäß u.g. RGl zu Br^-.

$$2\,BrO_3^- + 5\,SO_3^{2-} + 2\,H^+ \rightleftharpoons Br_2 + 5\,SO_4^{2-} + H_2O \text{ und}$$
$$Br_2 + SO_3^{2-} + H_2O \rightleftharpoons 2\,Br^- + SO_4^{2-} + 2\,H^+;$$

Dieses kann dann als AgBr nachgewiesen werden.

Hinweise ■ Bromid, Chlorid und Iodid stören selbstverständlich die Reaktion. Beim Verdacht auf BrO_3^- ist beim Erhitzen mit H_2SO_4 konz. relativ bald eine braune Gasentwicklung zu beobachten, während dies bei IO_3^- länger dauert und die entstandenen Dämpfe violett sind.

Nachweis mit fuchsinschwefeliger Säure:

Durchführung ■ Gibt man zu einer Fuchsinlösung (S. 82), die mit H_2SO_4 angesäuert wird und solange mit Na_2SO_3 versetzt wird, bis sie farblos ist, einige Tropfen SA, so tritt sofort eine blauviolette Färbung auf.

Milieu ■ H_2SO_4-sauer.

Begründung ■ Bildung eines bromhaltigen Farbstoffes.

Hinweise ■ Versuch unbedingt auch mit ausstehendem BrO_3^- ($NaBrO_3$ oder $KBrO_3$) durchführen! Sonst könnte man die blauviolette mit einer rotvioletten Farbe verwechseln, die bei der Reaktion anderer Stoffe entstehen kann.

Nachweise für Br^-

Nachweis als AgBr (Silberbromid):

Durchführung ■ Gibt man zum HNO_3-sauren SA einige Tropfen $AgNO_3$-Lösung, bildet sich ein käsiger NS von AgBr, der sich (nach Abzentrifugieren und Dekantieren) in NH_3 konz. wieder auflöst.

Milieu ■ HNO_3-sauer.

Begründung ■ **Fällungsreaktion:** $Ag + Br^- \rightleftharpoons AgBr \downarrow$ bzw.
Komplexbildung: $AgBr + 2\ NH_3 \rightleftharpoons [Ag(NH_3)_2]^+ + Br^-$.

Hinweise ■ Im Prinzip die gleiche Reaktion wie für Chlorid, jedoch mit dem Unterschied, dass sich der Chlorid-NS schon in konz. $(NH_4)_2CO_3$ bzw. *verdünntes* Ammoniak löst, während man hier bereits *konzentriertes* Ammoniak braucht.

FRAGE 33 ■ Was ist eine konzentrierte $(NH_4)_2CO_3$-Lösung und wozu dient diese (Ag^+ bildet doch mit NH_3 Komplexe und nicht mit NH_4^+)?!

Nachweis als Br_2 (Brom):

Durchführung ■ HANDSCHUHE! ABZUG! Man gibt etwas AS in ein Reagenzglas und versetzt mit H_2SO_4 konz. Nun wird die Lösung unter dem Abzug (!) erhitzt. Bei Anwesenheit von Br^- bilden sich braune, übel riechende Br_2-Dämpfe.

Milieu ■ H_2SO_4 konz.-sauer.

Begründung ■ **Redoxreaktion:** $SO_3 + 2\ Br^- + 2\ H^+ \rightleftharpoons SO_2 + Br_2 + H_2O$.
Das in heißer H_2SO_4 konz. enthaltene SO_3 oxidiert Br^- zu Br_2.

Hinweise ■ Die Reaktion funktioniert zwar gut, ist aber eigentlich nur eine Vorprobe, da andere Anionen stören. Dieser Versuch funktioniert bei AgBr und $HgBr_2$ nicht gut.

Fraktionierte Fällung der Silberhalogenide/Nachweis mit Chloramin T:
S. 125.

Chlor (Cl), Chlorid (Cl–)

Allgemeines OZ : 17 | Smp. : –101,5 °C | Oxst.: –1, +1, +3, +4, +5, +7
RAM : 35,45 | Sdp. : – 34 °C
Dichte : 2,95 g/L | r (Cl^-) : 181 pm
E^0 ($Cl_2 + 2\,e^- \rightleftharpoons 2\,Cl^-$): 1,36 V

Vorkommen Als NaCl (Kochsalz), KCl (Sylvin), $MgCl_2$.

Bedeutung
- Cl^- ist Bestandteil aller Körperflüssigkeiten.
- KCl und NH_4Cl sind wichtige Bestandteile von Düngemitteln.
- Cl_2 wird zur Herstellung von Bleichmitteln benötigt.
- Chloride sind häufig als Verunreinigungen anderer Salze zu finden.
- Organische Chlorverbindungen haben viele Anwendungen: angefangen von Pflanzenschutzmitteln (z. B. Chlorsulfuron, Dichlorphenoxyessigsäure) über Polymere (z. B. PVC) bis hin zu Medikamenten (z. B. Chloramphenicol als Antibiotikum).
- HCl ist eine Basischemikalie in der Chemischen Industrie.
- **P** Cl^- ist wichtig für die Reizleitung am Herzen.
- **P** Im Magen werden pro Tag ca. 1 bis 1,5 Liter 0,1 M HCl erzeugt (macht sich z. B. beim Sodbrennen bemerkbar).
- **P** Cl_2 wird als starkes Desinfektionsmittel eingesetzt (z. B. im Schwimmbad, aber auch um Wasser zweifelhafter Qualität zu Trinkwasser zu machen).
- **P** Viele Arzneistoffe werden als Hydrochloride eingesetzt, weil sie dann viel besser wasserlöslich sind.
- **P** $KClO_4$ hemmt die I^--Aufnahme in die Schilddrüse und findet deshalb – heute nur noch sehr selten – Einsatz bei Hyperthyreose (Schilddrüsenüberfunktion).

Eigenschaften
- Cl_2 ist bei Raumtemperatur sehr reaktionsfähig und wirkt wegen seiner oxidierenden Eigenschaften stark toxisch; es reizt die Schleimhäute.
- Die Löslichkeit von HCl ist stark temperaturabhängig.
- Dioxine (bestimmte organische aromatische Chlorverbindungen) fallen in der Chlorchemie bei der Herstellung von Pflanzenschutzmitteln als Nebenprodukte an; einige davon sind für den Menschen wegen ihrer stark mutagenen Eigenschaften hoch toxisch!

Gibt man zu folgenden Stoffen konz. HCl, so entsteht Cl_2: PbO_2, MnO_2, $KMnO_4$, $K_2Cr_2O_7$.

FRAGE 26 ■ Warum kann man »gechlortes Wasser« (z. B. im Schwimmbad) zur Desinfektion verwenden?

Nachweise für Cl^-

»Nachweis« als HCl (Chlorwasserstoff):

Durchführung ■ Gibt man zu einer wässrigen Lösung bzw. einem (natürlich nicht mit HCl!) neutralisierten SA H_2SO_4 konz. oder $HClO_4$ und erwärmt etwas, so bilden die aufsteigenden Dämpfe, wenn man eine offene NH_3-Flasche an die Öffnung des RGs hält, weiße Nebel.

Milieu ■ H_2SO_4 konz.-sauer oder $HClO_4$-sauer.

Begründung ■ **Säure-Base-Reaktion:** $Cl^- + H_2SO_4 \rightleftharpoons HCl\uparrow + HSO_4^-$. Die schwächere Säure (HCl) wird von der stärkeren Säure (H_2SO_4/$HClO_4$) freigesetzt; an der RG-Öffnung Bildung von NH_4Cl gemäß:
$HCl\,(g) + NH_3\,(g) \rightleftharpoons NH_4Cl\,(s)$.

Hinweise ■ Man muss eventuell etwas erwärmen, damit sich die HCl-Dämpfe bilden können. Sonst ziemlich zuverlässiger NW (zweiten NW trotzdem durchführen!). Das HCl kann nicht aus dem $HClO_4$ stammen. Dieser Versuch wird übrigens im Labor jeden Tag unfreiwillig durchgeführt, sobald eine HCl-Flasche und eine NH_3-Flasche offen im Labor stehen. Das Reaktionsprodukt schlägt sich dann auf Glasscheiben u. ä. nieder, v. a. aber auf den Säure-Glasflaschen und der Schutzbrille, die alle nicht aus Milchglas bestehen, sondern nach Abreiben mit einem Lappen wunderschön blank glänzen!
Im strengen Sinn ist dieser Versuch kein »Nachweis«, sondern nur eine Herstellungsmöglichkeit von HCl!

FRAGE 27 ■ Warum kann das HCl nicht aus der $HClO_4$ stammen?

Nachweis als AgCl (Silberchlorid):

Durchführung ■ Gibt man zum HNO_3-sauren SA $AgNO_3$-Lösung, so entsteht ein weißer, sich zusammenballender NS, der sich nach Zugabe einer konz. $(NH_4)_2CO_3$-Lösung oder NH_3 dil. wieder löst.

DAC 3 AB

Milieu ■ HNO_3-sauer.

Begründung ■ **Fällungsreaktion:** $Ag^+ + Cl^- \rightleftharpoons AgCl\downarrow$ bzw.
Komplexbildung: $AgCl + 2\,NH_3 \rightleftharpoons [Ag(NH_3)_2]^+ + Cl^-$

Hinweise ■ Die Lösung muss stark HNO_3-sauer sein, da sonst auch andere Ionen mit Ag^+ ausfallen; BrO_3^-, IO_3^- und SCN^- rufen dieselbe Reaktion hervor, deswegen Vorsicht!

Nachweis als CrO_2Cl_2 (Chromylchlorid):

Durchführung HANDSCHUHE! ABZUG! Man gibt etwas AS und die gleiche Menge $K_2Cr_2O_7$ in ein Rollrandgläschen und einige Tropfen H_2SO_4 konz. dazu. Man deckt mit einem OT ab, an dessen Unterseite ein Tropfen NaOH hängt. Erwärmt man diese Versuchsanordnung, so lässt sich Cl^- indirekt nachweisen, wenn man den NaOH-Tropfen mit 1 Tropfen Diphenylcarbazid versetzt und sich daraufhin eine Violettfärbung zeigt.

AB

Milieu H_2SO_4-sauer.

Begründung **Redoxreaktion:**

I. $Cr_2O_7^{2-} + 4\,Cl^- + 6\,H^+ \rightleftharpoons 2\,CrO_2Cl_2 \uparrow + 3\,H_2O$

II. $CrO_2Cl_2 + 4\,OH^- \rightleftharpoons 2\,Cl^- + CrO_4^{2-} + 2\,H_2O.$

Das gemäß RGl I. entstandene CrO_2Cl_2 (Chromylchlorid) steigt auf und reagiert am OT gemäß RGl II. zu CrO_4^{2-}, welches dann das Diphenylcarbaz*id* zum Diphenylcarbaz*on oxidiert* (RGl s. J.B.) und damit die Farbänderung hervorruft.

Hinweise Dieser Versuch ist sehr gefährlich, da Kaliumdichromat kanzerogen, das entstehende Chromylchlorid extrem giftig ist und der Versuch durch viele Faktoren gestört werden kann (funktioniert nicht bei Hg_2Cl_2 u. ä., F^- gibt die gleiche Reaktion (Entstehung von CrO_2F_2), andere oxidierbare Substanzen stören). Daher rate ich von der *Durchführung* dieses Versuchs ab. Da er aber ein Arzneibuchnachweis ist, empfehle ich dringend, sich mit der *Theorie* des Versuchs vertraut zu machen!

Fluor (F), Fluorid (F–)

Allgemeines ■ OZ : 9 Smp.: –219,6 °C Oxst.: –1
RAM : 19,00 Sdp. : –188,1 °C
Dichte : 1,58 g/l r (F^-) : 136 pm
E^0 ($F_2 + 2\,e^- \rightleftharpoons 2\,F^-$): 2,87 V

Vorkommen ■ CaF_2 (Flussspat), $Na_3[AlF_6]$ (Kryolith)

Bedeutung ■

- F_2 wird zur Fluorierung organischer Verbindungen verwendet, z. B. Frigene früher als Treibmittel in Spraydosen, Feuerlöschsubstanzen und Kühlmitteln.
- Durch Polymerisation von C_2F_4 entsteht das sehr hitzebeständige Teflon; andere Polymerisate organischer Fluorverbindungen sind z. B. hitzebeständige Folien.
- HF (= »Flusssäure«) verwendet man zum Ätzen von Glas.
- Fluoride wirken toxisch und werden als Holz- und Lederkonservierungsmittel eingesetzt.
- Bestimmte perfluorierte organische Verbindungen (z. B. Perfluortributylamin) haben die Eigenschaft, dass sie sehr gut Sauerstoffgas lösen können.
- **P** Im menschlichen Körper ist Fluorid in der Schilddrüse und in den Zähnen sowie in den Knochen zu finden. Während Fluorid in der Vorbeugung der Osteoporose eine gewisse Bedeutung haben mag, ist von Fluorid zur Behandlung der Osteoporose eher abzuraten. Grund dafür ist, dass das Fluorid die Knochen zwar (wie gewünscht) härtet, aber die Knochen eben auch hart und absolut unflexibel macht. Die so behandelten Knochen kann man vielleicht mit Porzellan vergleichen, das zwar auch hart ist, aber dennoch bricht, wenn es auf den Boden fällt. Fluoridhaltige Zahnpasta mit einem F^--Gehalt von 1,25 % dient dazu, durch die Bildung von schwerlöslichem CaF_2 die Mineralisation des Zahnschmelzes zu erhöhen (z. B. elmex® Gelee: diese Spezial-Zahnpasta ist 1x pro Woche anzuwenden, und zwar am besten abends nach dem „normalen" Zähneputzen. Nach dem Putzen mit elmex® Gelee ist der entstandene Schaum im Mund noch 2 bis 3 Minuten durch die Zähne zu ziehen, anschließend auszuspucken und danach ist nichts (!), d. h. auch kein Wasser, mehr in den Mund zu nehmen, damit sich das Fluorid über Nacht weiter auf die Härtung der Zähne auswirken kann. Eine Diskussion, die spätestens mit der Geburt eigener Kinder auftritt, ist die Art und Weise der Fluoridgabe zur Vorbeugung von Karies bei Säuglingen und (Klein-)

Kindern. Es bestehen dabei grundsätzlich mehrere Möglichkeiten: fluoriertes Trinkwasser oder Speisesalz, Fluor-Tabletten oder fluorhaltige Zahnpasta. Meine persönliche Meinung dazu: Dass Trinkwasser an einigen Stellen in Deutschland nennenswerte Mengen an Fluorid aufweist, dürfte eher selten sein, auch die breite Verwendung von fluoriertem Speisesalz ist wohl kaum die Regel. Nun bleibt aber immer noch der von Kinderärzten und Zahnärzten erbittert geführte Streit, welche Form der Prophylaxe nun besser ist. Die Kinderärzte plädieren für die orale Gabe von Fluoridtabletten (Menge je nach F^--Konzentration im Trinkwasser), während die Zahnärzte der fluorierten Zahnpasta den Vorzug geben. Die Gabe von Fluoridtabletten (winzig kleine Tabletten, die mit etwas Wasser aufgelöst und verabreicht werden), z. T. schon lange bevor der erste Zahn durchbricht, hat den Vorteil, dass die Aufnahme des Fluorids ziemlich gut sicherzustellen ist, dafür muss das Fluorid erst über den »Umweg« des ganzen Körpers dorthin kommen, wo es hin soll (nämlich in die Zähne). Dafür ist die Fluoridgabe »direkt an den Ort des Geschehens« per Zähneputzen mit gewissen »Hochs und Tiefs« verbunden, da gerade die Kleinkinder diese Aktion mit mal mehr, mal weniger Widerwillen/Freude über sich ergehen lassen (das ist umgekehrt auch die Argumentation der Kinderärzte), so dass das »sichere Verabreichen« beim Zähneputzen nicht so gut gewährleistet sein könnte. Wir haben uns bei allen Kindern für die Fluorid-Gabe per Zähneputzen entschieden, auch wenn dies manchmal etwas nervenaufreibend ist ... Da sich das fast unlösliche CaF_2 ja erst auf den Zähnen bilden soll und die F^--Ionen nicht bereits davor als CaF_2 ausfallen dürfen, ist darauf zu achten, dass Ca^{2+}-haltige Lebensmittel (Milch, Milchprodukte) in gewissem Abstand zur Fluoridgabe aufgenommen werden.

Eigenschaften ■

- F_2 ist ein stark ätzendes, giftiges Gas.
- HF ist eine mittelstarke, sehr giftige Säure. (HF-Verätzungen stören durch Ausfall von schwerlöslichem CaF_2 im Blut massiv den Ca^{2+}-Haushalt im Körper und können zum Tode führen, da Ca^{2+} für die Muskelkontraktion wichtig ist.)
- F^- bildet mit sämtlichen SM-Kationen stabile Komplexe (Störung im KTG).

FRAGE 28 ■ Warum kann F^- immer nur in der Oxidationsstufe –1 vorkommen (Tipp: siehe »Allgemeines«!)?

- Vorsicht bei allen Nachweisen, bei denen HF entsteht (auch Silikatnachweis): HF verursacht selbst in kleinsten Mengen Hautverätzungen, die lebenslange Narben nach sich ziehen.
- F^- hat im Gegensatz zu den anderen Halogeniden immer die Oxidationsstufe –1!

Nachweise für F^-

Nachweis mittels Bleitiegelprobe:

Durchführung ■ Man gibt in einen Bleitiegel etwas AS und ca. das Vierfache dieser Menge an SiO_2 dazu. Nun wird das Ganze mit dem Spatel verrührt und mit einigen ml H_2SO_4 konz. versetzt. Dann legt man einen OT (muss den Tiegel völlig abschließen), auf dem etwas angefeuchtetes schwarzes Filterpapier befestigt ist, als Deckel auf den Tiegel. Den so präparierten Tiegel erwärmt man einige Minuten auf dem *Wasserbad,* d. h. in einer mit H_2O gefüllten Porzellanschale. Dabei ist zu beachten, dass das Papier feucht bleibt (evtl. mit *einem* Tropfen H_2O wieder anfeuchten, nicht mehr). Nach dieser Zeit nimmt man das schwarze Papier ab. Hat sich dort ein weißer Fleck gebildet, war Fluorid in der Analyse.

Milieu ■ H_2SO_4 konz.-sauer.

Begründung ■ **Säure-Base-Reaktion:**

$CaF_2 + H_2SO_4 \rightleftharpoons 2\,HF + CaSO_4$ (unten im Tiegel).

$4\,HF + SiO_2 \rightleftharpoons SiF_4\uparrow + 2\,H_2O$ (unten im Tiegel).

$SiF_4 + 2\,H_2O \rightleftharpoons 4\,HF + SiO_2$ (oben am Deckel).

Die H_2SO_4 konz. setzt sich mit dem CaF_2 unter Bildung von HF und $CaSO_4$ um. Das entstehende HF reagiert mit dem SiO_2 zu flüchtigem SiF_4 und H_2O. Das im Bleitiegel aufsteigende SiF_4 reagiert oben mit dem H_2O aus dem angefeuchteten Papier wieder zu SiO_2 und HF, wobei sich das SiO_2 als weißer Fleck auf dem schwarzen Filterpapier absetzt.

Hinweise ■ Etwas schwieriger NW, der mindestens zwei- bis dreimal durchgeführt werden sollte, bevor man von einem negativen Ergebnis sprechen kann; trotzdem gibt es keinen besseren. Besonders wichtig ist die Einhaltung folgender Punkte:

- Richtige Mischung von SiO_2 und CaF_2 ($\geq$ 4:1), da sonst nicht das flüchtige SiF_4, sondern der lösliche $[SiF_6]^{2-}$-Komplex entsteht und der NW versagt.

- B stört wegen der Schrägbeziehung zu Si (Bildung von BF_3, das zwar aufsteigt, oben aber nicht mehr mit dem Wasser reagiert).
- Dicht schließender Bleitiegel (»Objektträgerdeckel« muss das Gefäß verschließen).
- Das schwarze Filterpapier muss ständig feucht sein (s. RGl), aber nicht zu nass, da sonst kein Silikatfleck entsteht. Es muss ein *weißer Fleck* entstehen, also eine weiße, deutlich sichtbare, exakt abgegrenzte kreisrunde Fläche (das klingt vielleicht etwas komisch, aber da vieles als »Silikatfleck« interpretiert wird, weiß ich, warum ich das so genau beschreibe).
- Bei einigen Silikaten (wie z. B. $MgSiO_3$) kann es sein, dass der Ansatz unten im Tiegel zwar »brodelt«, aber das entstehende SiF_4 wegen der »zähflüssigen Suppe« unten im Tiegel nicht aufsteigen kann (bei Verwendung des Objektträgers gut zu beobachten). In diesem Fall wird in der Lösung mit einem Spatel solange »herumgerührt«, bis das entstehende Gas unbehindert aufsteigen kann.
  Es ist erstaunlich, welche Freude ein nur wenige mm^2 großer Fleck hervorrufen kann.

FRAGE 2 ■ Warum sollte man nie HCl bzw. HNO_3 in den Bleitiegel geben?

Nachweis mittels Wassertropfenprobe:

Durchführung ■ Versuchsaufbau wie Bleitiegelprobe, nur mit Rollrandgläschen und zum Abdecken ein Objektträger, der komplett mit Tesafilm beklebt ist und an dem unten (zum Rollrandgläschen gewandt) ein Wassertropfen hängt; wird dieser gallertartig, so war F^- in der Analyse.

Milieu ■ H_2SO_4 konz. sauer.

Begründung ■ S. o.

Hinweise ■ Das richtige »Platzieren« des Wassertropfens bereitet oft Schwierigkeiten; dieser Versuch kann bei schwacher Flamme auch direkt auf der Ceranplatte durchgeführt werden, d. h. eine Porzellanschale mit H_2O ist nicht erforderlich. Obwohl das Prinzip dasselbe ist wie bei der Bleitiegelprobe, lässt sich der Versuch nicht als NW auf Silikat durchführen.

FRAGE 29 ■ Warum lässt sich der Versuch nicht als NW auf Silikat durchführen?

FRAGE 30 ■ Warum lässt sich der Versuch auch ohne Porzellanschale mit H_2O durchführen?

Nachweis durch Entfärbung von Zirkonium-Alizarin-Papier:

Durchführung ■ AB Gleicher Versuchsaufbau wie Wassertropfenprobe (siehe oben), wobei man an den Tropfen ein Stückchen Zirkonium-Alizarin-Papier (S. 82) hält, das vorher mit Essigsäure angesäuert wurde und sich bei Anwesenheit von F^- zitronengelb färbt.

Milieu ■ HAc-sauer.

Begründung ■ **Komplexbildung:** Bildung eines $[ZrF_6]^{2-}$-Komplexes (farblos) und Freisetzung des gelben Alizarin-S.

Ätzprobe:

Durchführung ■ Man gibt H_2SO_4 konz., die zuvor *sehr vorsichtig* erhitzt wurde, in ein RG mit etwas AS. Dabei bilden sich bei Anwesenheit von F^- Blasen, die vom RG-Boden aus an den Wänden emporkriechen. Das RG wird weiter erhitzt. Nach 1 bis 2 Minuten schüttelt man die Flüssigkeit an der RG-Wand auf. Wenn sich dabei ölige Schlieren bilden, war F^- in der AS.

Milieu ■ H_2SO_4 konz.-sauer.

Begründung ■ Die entstehenden HF-Dämpfe haben die RG-Wand verätzt.

Hinweise ■ Falls der NW positiv war, ist das RG für weitere Versuche unbrauchbar und daher wegzuwerfen! Vergleichsprobe mit ausstehendem CaF_2 sinnvoll.

Da HF selbst in kleinsten Mengen Hautverätzungen verursacht, die lebenslang Narben nach sich ziehen, muss man bei der Durchführung dieses Versuchs besonders vorsichtig sein!

Nachweis als Calciumfluorid:

Durchführung ■ DAC 3 Die Lösung wird mit Calciumchlorid-Lösung versetzt. Es bildet sich ein weißer Niederschlag, der sich nach Zusatz von (viel) Eisen(III)-Chlorid-Lösung unter Gelbfärbung auflöst.

Milieu ■ neutral

Iod (I), Iodat (IO3–) Iodid (I–)

Allgemeines

OZ : 53	Smp. :	113,7 °C		Oxst.: –1, +1, +5, +7
RAM : 126,90	Sdp. :	184,3 °C		
Dichte : 4,94 g/cm³	$r(I^-)$:	216 pm		

E^0 ($I_2 + 2\,e^- \rightleftharpoons 2\,I^-$): 0,535 V

Vorkommen

– $NaIO_3$ ist im Chilesalpeter enthalten.
– Geringe I^--Mengen sind im Meerwasser zu finden.
– I_2 wird im Meerestang und über die Nahrungskette dann in Seefischen angereichert.

Bedeutung

– **P** Iod ist im Organismus in der Schilddrüse zu finden. Die konsequente Einnahme von Iodid-Tabletten (ca. 200 µg/Tag) könnte in Deutschland die Entstehung von vielen Kröpfen verhindern und damit Millionen Euro sparen, die zu deren Behandlung notwendig sind. Ein Kropf ist eine vergrößerte Schilddrüse, da dieses Organ unter der Annahme »es gibt nur ganz wenig Iod« an Volumen zunimmt, um das geringe Angebot an Iod möglichst optimal zu verwerten. In der Schilddrüse werden durch Iodierung aus der Vorstufe (= Aminosäure Tyrosin) über weitere Reaktionen die Schilddrüsenhormone T_3 (Triiodthyronin) und T_4 (Tetraiodthyronin) gebildet. Dabei ist T_4 ca. 7-mal so stabil wie T_3, dafür ist T_3 etwa 5-mal so wirksam wie T_4. T_4 wird mit Hilfe des Spurenelements Selen in T_3 umgewandelt. Da die Ackerböden in Deutschland in den letzten Jahrzehnten einen immer geringeren Gehalt an Selen aufweisen, könnte es gut sein, dass die Zunahme von Schilddrüsenerkrankungen nicht nur an einem Iod-Mangel liegt (dies lässt sich z. B. durch den Verzehr von Seefisch (so gut sie schmecken mag, die »Schwarzwald-Forelle« taugt zu diesem Zweck nicht, da ihr das Iod aus dem Meerwasser fehlt), sondern auch bzw. vor allem an einem Mangel an Selen, das in seiner Bedeutung als entgiftendes Spurenelement und exzellenter Radikalfänger unterschätzt wird (Radikalfänger werden überall dort gebraucht, wo man mit aggressiven Verbindungen zu tun hat: Zigarettenrauch, aber auch Chemikalien im Labor ...). Iod ist auch an der Wärmeregulation des Körpers beteiligt. Bestimmte Stoffe im Kohlgemüse und im Zigarettenrauch sowie NO_3^- und ClO_4^- hemmen die Iod-Aufnahme in die Schilddrüse. Ein

Vitamin-A-, ein Fe^{2+}- sowie ein Se^{2+}-Mangel verringern die Iod-Verwertung und die Antwort der Schilddrüse auf eine Iod-Zufuhr. Organische Iodverbindungen werden als Röntgenkontrastmittel, alkoholische Iodlösungen, als antiseptische und blutstillende Mittel eingesetzt. Iod hat aber z. B. beim Vorliegen von Eiter einen so genannten Eiweiß-Fehler, d. h. der Eiter »frisst« das Iod auf, so dass es nicht mehr zum Desinfizieren zur Verfügung steht. Da man in der Apotheke nie so genau weiß, wer welche Wunden genau desinfizieren möchte, ist mein Favorit bei den Wund-Desinfektionsmitteln das Octenisept®. Dabei handelt es sich um eine wässrige, farblose und nicht brennende Flüssigkeit zum Aufsprühen, die selbst auf frischen OP-Wunden nicht brennt (im Gegensatz zu den iodhaltigen Desinfektionsmitteln, die Kleidung o. ä. überdies noch kräftig braun färben). Radioaktive Iod-Isotope dienen zur Behandlung der Hyperthyreose (Schilddrüsen-Überfunktion).
- AgI wird in der Fotografie verwendet.

Eigenschaften
- I_2 ist das einzige bei Raumtemperatur als Feststoff vorliegende Halogen (F_2 und Cl_2 sind gasförmig, Br_2 flüssig) und hat metallisches Aussehen.
- I_2 ist schlecht wasserlöslich (besser in H_2O, das KI gelöst enthält → so genannte KI_3-Lösung).
- Die meisten Iodide sind wasserlöslich (Ausnahmen: AgI, Hg_2I_2, PbI_2).

> ***Anmerkung:* Iod hat als chemisches Zeichen I (und nicht J); [ich habe diesen Fehler 4 Jahre lang gemacht!!!]**

Nachweise für IO_3^-

Nachweis als AgI (Silberiodid): s. ersten Bromatnachweis (S. 112)

»Nachweis« als I_2:

Durchführung Gibt man zum SA eine Spatelspitze KI und säuert an, so färbt sich die Lösung nach Zusatz von etwas Stärkelösung blau.

Milieu H_2SO_4-sauer.

Begründung Komproportionierung von IO_3^- und I^- zu I_2 (beim Ansäuern, RGI S. 78), das dann mittels Iod-Stärke-Reaktion nachgewiesen wird.

FRAGE 31 ■ Warum ist von der Durchführung dieses »Nachweises« dringend abzuraten?

Nachweise für I^-

Nachweis als I_2 (Iod): S. 113 Unterschied: I_2 gibt violette Dämpfe.

Nachweis als AgI (Silberiodid): S. 113 Unterschied: AgI ist in NH_3 konz. kaum löslich, aber in KCN-Lösung; man kann auch mit Zn^0 das Ag elementar abscheiden und das Iodid in Lösung bringen.

DAC 3 AB

Nachweis als I_2 (Iod):

Durchführung ■ Wird der SA nach Ansäuern und Versetzen mit $KMnO_4$-Lösung nicht ganz farblos, sondern leicht gelblich, so besteht der Verdacht auf I^-, das durch $KMnO_4$ zu I_2 oxidiert wurde. Gibt man ein paar Tropfen Stärke-Lösung dazu und die Lösung wird tiefblau, war I^- im SA.

AB

Milieu ■ H_2SO_4-sauer.

Begründung ■ **Redoxreaktion** gemäß:

$$2\ MnO_4^- + 10\ I^- + 16\ H^+ \rightleftharpoons 2\ Mn^{2+} + 5\ I_2 + 8\ H_2O$$

bzw. Bildung einer Einschlussverbindung (charge-transfer-Komplex): I_x^- lagert sich in die spiralartig gebaute Amylose (Amylose + Amylopektin = Stärke) ein und ruft eine Blaufärbung hervor.

Hinweise ■ Bei einer »Schwarzfärbung«, die durch einen sehr hohen I^--Gehalt der Analyse entstehen kann, sollte man den Ansatz mit etwas Wasser verdünnen, damit man die dunkelbraune Farbe besser sieht.

Fraktionierte Fällung der Silberhalogenide

Hat man möglicherweise ein Gemisch der Halogenide vorliegen, so verfährt man folgendermaßen: Man gibt etwas SA in ein Zentrifugenglas und säuert bis zur stark sauren Reaktion mit HNO_3 an. Nun erfolgt der Zusatz von $AgNO_3$-Lösung tropfenweise, d. h. immer nach einigen Tropfen $AgNO_3$-Lösung zentrifugiert man. Dieser Vorgang wird solange wiederholt, bis das zugegebene $AgNO_3$ keinen weiteren NS mehr hervorruft. Da AgI das kleinste Lp. hat, fällt erst AgI, dann AgBr und als letztes AgCl aus der Lösung aus (S. 65 f.). Nun kippt man die überstehende Lösung weg und wäscht dreimal mit wenig Wasser aus. Um zu prüfen, ob der NS AgCl enthält, versetzt man den ausgewaschenen NS mit wenig einer konz. $(NH_4)_2CO_3$-Lösung (bzw. NH_3 dil.) und schüttelt kräftig auf, da der NS durch das Zentrifugieren zusammenklumpt und nur schwer löslich ist. Dann filtriert man die überstehende Lösung in ein RG und prüft dort durch Zusatz von HNO_3 auf Cl^-. Den verbleibenden NS wäscht man erneut mit wenig H_2O aus und wiederholt den oben beschriebenen Vorgang mit NH_3 konz., um etwa vorhandenes AgBr zu lösen. Man gibt zum Filtrat wieder HNO_3; entsteht ein NS, so war Br^- in der Analyse. Falls danach immer noch ein NS besteht, so handelt es sich wahrscheinlich um AgI. Um dies zu prüfen, wäscht man den NS wieder sauber aus und versetzt ihn mit Zn^0 und HCl konz. Dadurch wird das Ag^+ zu Ag^0 reduziert und das I^- geht in Lösung. Nach Filtrieren der Lösung lässt sich das Filtrat auf I^- prüfen.

FRAGE 32 ■ Das AgCl bzw. AgBr fällt wieder aus dem $[Ag(NH_3)_2]^+$-Komplex aus: Was passiert dabei, wenn man HNO_3 zugibt?

FRAGE 33 ■ Was ist eine konzentrierte $(NH_4)_2CO_3$-Lösung und wozu dient diese (Ag^+ bildet doch mit NH_3 Komplexe und nicht mit NH_4^+)?!

Nachweis von Br^- und I^- mittels Chloramin T

Man säuert den SA mit HCl bis zur stark sauren Reaktion an und versetzt die Lösung mit etwas n-Hexan oder einem anderen organischen LM. Nun gibt man tropfenweise wässrige Chloramin-Lösung zu (aber immer nur wenig) und schüttelt nach jeder Zugabe kräftig. Liegt nur I^- vor, so färbt sich die organische Phase violett (Farbe ist in sauerstofffreien LMen wie CH_2Cl_2 violett und in sauerstoffhaltigen LMen wie Ether braun und wird im Überschuss von Chloramin T farblos). Liegt nur Br^- vor, so tritt eine gelb-braune Färbung auf (Farbe genau beobachten, da sie meist nicht genau zu sehen ist). Nimmt man als Extraktionsmittel Heptan, so wird das gelöste Brom bei Lichteinwirkung innerhalb weniger Minuten radikalisch an das Heptan substituiert, so dass eine Entfärbung der Lösung und eine Geruchsbelästigung durch HBr auftritt! Bei Chloroform tritt dieses Problem nicht auf. Bei einem Gemisch der beiden Halogenide erfolgt zuerst eine Violettfärbung, daraufhin ein Umschlag über Braun nach Gelb.
Nach soviel Farben nun die Theorie zum Versuch: Chloramin T hydrolysiert in wässriger Lösung, wobei Hypochlorit entsteht (OCl^-), in dem Cl in der Oxidationsstufe +1 vorliegt. Unter Einwirkung von Cl^- und H^+ findet eine Synproportionierung gemäß

$$OCl^- + 2\,HCl \rightleftharpoons Cl_2 + H_2O + Cl^-$$

statt. Entsprechend der Spannungsreihe vermag eine Verbindung alle Ionen mit geringerem Redoxpotenzial aus dem Ionenzustand zu verdrängen (z. B. $Cl_2 + 2\,I^- \rightleftharpoons 2\,Cl^- + I_2$). So oxidiert das entstehende Cl_2 erst I^- zu I_2 (I.) und dann Br^- zu Br_2 (IV.). Das zugesetzte organische LM sorgt dafür, dass man die Farbe des entstehenden I_2 bzw. Br_2 besser erkennt. Bei einem Gemisch der beiden Halogenide entsteht zuerst das violette I_2 (I.), bei der Zugabe weiterer Chloramin-T-Lösung das farblose IO_3^- (II.) oder das ebenfalls farblose ICl_3 (III.), dann das braune Br_2 (IV.) und schließlich das in n-Hexan weingelb gefärbte BrCl (V.).
Zu beachten ist bei diesem sehr zuverlässigen Versuch, dass man nach und nach *wenig* Chloramin T zugeben muss, da man sonst unter Umständen die schwach erscheinenden Farben nicht sieht. Außerdem muss genug HCl zugegeben werden, da sich sonst das benötigte Cl_2 gar nicht erst bilden kann. Dringend zu beachten ist der Ratschlag, eine verdünnte (ca.

zehnprozentige) Chloramin-T-Lösung zu verwenden und nicht Chloramin-T-Festsubstanz.

Hier die entsprechenden RGlen:

$$\begin{array}{llll}
\text{I.} & 2\,I^- + Cl_2 & \rightleftharpoons & I_2 \text{ (violett)} + 2\,Cl^- \\
\text{II.} & I_2 + 5\,Cl_2 + 18\,H_2O & \rightleftharpoons & 2\,IO_3^- \text{ (farblos)} + 10\,Cl^- + 12\,H_3O^+ \\
\text{III.} & I_2 + 3\,Cl_2 & \rightleftharpoons & 2\,ICl_3 \text{ (farblos)} \\
\text{IV.} & 2\,Br^- + Cl_2 & \rightleftharpoons & Br_2 \text{ (braun)} + 2\,Cl^- \\
\text{V.} & Br_2 + Cl_2 & \rightleftharpoons & 2\,BrCl \text{ (weingelb)}
\end{array}$$

Kohlenstoff (C)
Acetat (CH3COO–)
Carbonat (CO32–)
Oxalat (C2O42–)
Tartrat (C4H4O62–)

Allgemeines ■

OZ	6	Smp. (Diam.):	3527 °C	Oxst.:	–4, –2, +2, +4
RAM	12,01	Smp. (Graf.):	4027 °C		
Dichte:	2,27 g/cm³ (Grafit)			$r(C^{4+})$:	15 pm
	3,5 g/cm³ (Diamant)				

Vorkommen ■

- Magnesit ($MgCO_3$), Dolomit ($MgCO_3 \cdot CaCO_3$), Kalk, Marmor ($CaCO_3$), andere Carbonate und Diamant!

C
- In Kohle und Erdöllagerstätten.
- C-Verbindungen sind Bestandteil aller lebenden Organismen.
- Reiner Kohlenstoff tritt auf in Form von Diamant, Grafit, Ruß (amorpher Kohlenstoff); außerdem sind seit einiger Zeit auch Modifikationen von höhermolekularen Kohlenstoffagglomeraten bekannt (etwa C_{60}, C_{70}, C_{72} etc.), die so genannten Fullerene.

CO_2
- Im CO_2 des Meerwassers und in der Atmosphäre; der CO_2-Gehalt der Ausatmungsluft beträgt nur etwa 4 Prozent (in der »Frischluft« < 1 %); sonst würde die Mund-zu-Mund/Mund-zu-Nase-Beatmung nicht funktionieren.

$H_2C_2O_4$
- Oxalsäure ist eine weitverbreitete Pflanzensäure (in Sauerklee, Rhabarber, Spinat und Sellerieknollen zu finden); führt bei vielen Leuten zu einem »rauhen« Gefühl auf den Zähnen.

$H_4C_4O_6$
- Weinsäure ist Bestandteil vieler Früchte.

FRAGE 34 ■ Wie kommt es, dass Grafit und Diamant, die ja beide nur aus Kohlenstoffatomen bestehen, so unterschiedliche Eigenschaften aufweisen?

Bedeutung ■

C
- Kohle, Erdöl und Erdgas sind fossile Energieträger, Grafit ist ein hitzebeständiges Schmiermittel und dient in Kernreaktoren als Moderator; Diamant ist Bestandteil in Bohrkronen und mechanisch stark beanspruchten Werkzeugen.
- Einsatz von Ruß (= elementarer C) für Tinte und Schuhcreme.

CO_2 – CO_2 findet als Kohlensäure in der Getränkeindustrie, im Stoffwechsel, als Kühlmittel (in Form von Trockeneis z. B. zum Frischhalten von Lebensmitteln) sowie auch in Feuerlöschern (in flüssigem Zustand) Verwendung.
– Grüne Pflanzen assimilieren CO_2 mit Wasser und Sonnenlicht zu Kohlenhydraten und O_2 (Photosynthese).

CH_3COOH – CH_3COOH wird für Speiseessig, Arzneimittel (essigsaure Tonerde) gebraucht sowie zum Aufweichen von Hühneraugen (z. B. Solco-Derman®) und ist ein gutes LM für organische Substanzen; sie ist eine Basischemikalie in der chemischen Industrie.

$H_2C_2O_4$ – $H_2C_2O_4$ findet Verwendung als Beizmittel in der Färberei, zur Herstellung von Teerfarbstoffen und zur Entfernung von Rostflecken.

$H_4C_4O_6$ – Kaliumhydrogentartrat (= Weinstein) dient in der Färberei als Beizmittel, in der Getränkeindustrie als Säuerungsmittel und ist Bestandteil von Backpulver.

Eigenschaften

C – die Mannigfaltigkeit an C-Verbindungen äußert sich in der Zahl von mehreren Millionen Verbindungen mit steigender Tendenz, da sich C mit sich selbst und vielen anderen Elementen nahezu unendlich verbinden kann.

CO_2 – CO_2 löst sich nur wenig in H_2O, weshalb H_2CO_3 nur eine schwache Säure ist.
– Nur die Alkalicarbonate und $(NH_4)_2CO_3$ sind gut wasserlöslich, die restlichen Carbonate sind säurelöslich.

CH_3COOH – wasserfreie Essigsäure ist ein wichtiges LM für Titrationen im wasserfreien Milieu.
– Acetate sind bis auf Ag^+ und Hg_2^{2+} gut wasserlöslich, NW mittels Geruchsprobe.

$H_2C_2O_4$ – $H_2C_2O_4$ ist eine zweiwertige Säure (1. Schritt: mittelstarke, 2. Schritt: schwache Säure).
– Nur Alkalioxalate sind gut wasserlöslich; Oxalate sind Komplexbildner (→ Störung im KTG).
– Größere Mengen Oxalat im Körper sind schädlich, da Ca^{2+}-Ionen ausgefällt werden, was sich in Form von Nieren- bzw. Gallensteinen »niederschlägt«.

$H_4C_4O_6$ – Weinsäure ist eine mittelstarke, zweiwertige Säure.
– Tartrate sind i. a. leicht wasserlöslich, eine Ausnahme ist Kaliumantimonyltartrat (so genannter Brechweinstein), der früher als Emetikum verwendet wurde; Tartrate wirken bei vielen SM-Kationen als Chelatkomplexbildner (z. B. Cu^{2+}).

Nachweise für CH_3COO^-

1. Nachweis als CH_3COOH (Essigsäure):

Durchführung ■ DAC 3 AB Man gibt etwa eine Spatelspitze AS und 3 bis 4 Spatelspitzen $KHSO_4$ oder Oxalsäure in einen Mörser und verreibt kräftig. Beim Geruch nach Essigsäure war Acetat in der Analyse.

Milieu ■ $KHSO_4$-sauer (obwohl im Trockenen durchgeführt!).

Begründung ■ **Säure-Base-Reaktion:** Die stärkere Säure (HSO_4^-) setzt die schwächere (CH_3COOH) aus ihrem Salz in Freiheit:

$CH_3COO^- + HSO_4^- \rightleftharpoons CH_3COOH + SO_4^{2-}$ bzw.

$CH_3COO^- + H_2C_2O_4 \rightleftharpoons CH_3COOH + HC_2O_4^-$.

Hinweise ■ Da bei dieser Reaktion auch z. B. SO_3^{2-} als SO_2 bzw. NO_2^- als NO/NO_2 entweichen kann, sollte man die Nase nicht direkt in die Reibschale halten. Dies ist auch nicht nötig, denn der Geruch von Essigsäure ist bei den zu erwartenden Mengen so stark (und so charakteristisch), dass man ihn schon aus einiger Entfernung deutlich wahrnehmen kann. Außerdem hält er sich angeblich länger als der von SO_2 und anderen Gasen, die auch entstehen können.

2. Nachweis als $CH_3COOC_2H_5$ (Essigsäureethylester):

Durchführung ■ AB Man gibt in eine Porzellanschale/ein Rollrandgläschen etwas AS, einige Tropfen Ethanol und wenig H_2SO_4 konz. Nun deckt man die Anordnung mit einem Uhrglas/OT ab und lässt sie 5 bis 10 Minuten stehen. Nimmt man dieses/diesen ab, sollte bei Anwesenheit von CH_3COO^- ein Geruch nach Alleskleber (z. B. Uhu®) wahrzunehmen sein.

Milieu ■ H_2SO_4 konz.-sauer.

Begründung ■ **Veresterung** gemäß

$CH_3COOH + C_2H_5OH \rightleftharpoons CH_3COOC_2H_5$ (= Ethylacetat) + H_2O, wobei die konz. H_2SO_4 zunächst CH_3COO^- in CH_3COOH umwandelt und dann das entstehende Wasser bindet.

Hinweise ■ Vorsicht – auch Ethanol hat einen Geruch! Vergleichen, ob der Geruch wirklich vom Ester stammt oder ob es genauso riecht wie das Ethanol in der Flasche (wie EtOH riecht, dürfte bekannt sein). Verwendet man Ethanol zur Veresterung, so entsteht das in Klebstoffen oft als Lösungsmittel verwendete Ethylacetat, nimmt man höhere Alkohole dazu, so entstehen eher fruchtig riechende Stoffe.

3. Nachweis mit $La(NO_3)_3$ (Lanthannitrat): Siehe Identitätsprüfungen im Ph.Eur.

AB

Nachweise für CO_3^{2-}

1. Nachweis als $BaCO_3$ (Bariumcarbonat):

Durchführung AB Man füllt ein Gärröhrchen etwa bis zur Hälfte mit $Ba(OH)_2$ (= Barytwasser). Dann gibt man 2 Spatelspitzen AS in ein großes RG (oder ZG) und versetzt mit H_2SO_4 *dil.* (auf keinen Fall *konz.* nehmen). Sofort nach der Säurezugabe setzt man das entsprechend vorbereitete Gärröhrchen auf das RG und erwärmt diese Anordnung im Wasserbad. Hat sich nach 8 Minuten ein weißer NS im Gärröhrchen gebildet, so war CO_3^{2-} in der Analyse.

DAC 3 Andere Versuchsanordnung: Die zu prüfende Substanz wird auf ein Uhrglas gelegt und mit wenigen Tropfen HCl dil. versetzt. Über die Gasentwicklung wird ein Glasstab gehalten, der zuvor in Barytwasser eingetaucht wurde. Wenn man den Glasstab vorher mit schwarzer Lackfarbe behandelt hat, ist der $BaCO_3$-Niederschlag noch besser zu erkennen.

Milieu H_2SO_4 dil.-sauer.

Begründung Durch das Versetzen mit Säure entsteht gemäß

$$CO_3^{2-} + 2\,H^+ \rightleftharpoons H_2O + CO_2\uparrow$$

Kohlen(stoff)dioxid, das aufsteigt; oben im Gärröhrchen entsteht in der Umkehrreaktion

$$H_2O + CO_2 \rightleftharpoons CO_3^{2-} + 2\,H^+$$

Carbonat; die H^+-Ionen werden durch die OH^--Ionen der $Ba(OH)_2$-Lösung neutralisiert und das Ba^{2+}-Ion fällt mit CO_3^{2-} in einem weißen NS aus

$$Ba^{2+} + CO_3^{2-} + 2\,H^+ + 2\,OH^- \rightleftharpoons BaCO_3\downarrow + 2\,H_2O.$$

Hinweise

- AS nur mit verdünnter Säure versetzen.
- Gegebenenfalls kann man (v. a. bei schwerlösl. Carbonaten wie $Bi_2(CO_3)_3$) den Versuch auch zwischen zwei Uhrgläsern durchführen: Dazu gibt man etwas AS in das untere Uhrglas, legt das obere – mit der Wölbung nach unten – darüber, so dass zwischen den beiden Uhrgläsern kein Zwischenraum mehr bleibt und gibt dann in den schmalen Spalt am Rand einige Tropfen CH_3COOH dil. dazu. So sieht man sich bildende Gasbläschen besser.
- Die $Ba(OH)_2$-Lösung muss absolut klar sein, notfalls filtrieren; meist tritt schon beim Versetzen der AS mit Säure starke Gasentwicklung ein. Das Erwärmen auf dem Wasserbad dient dazu, auch schwerlösliche Carbonate zu erfassen. Da das $Ba(OH)_2$ auch aus der Luft CO_2 ziehen kann, empfehle ich dringend, die Versuchsanordnung während der 8 Minuten (diese Zeit sollte eingehalten werden)

genau zu beobachten, um zu beurteilen, ob die Trübung durch $BaCO_3$ »von der richtigen Seite her« kommt; wer ganz sicher gehen will, steckt ein Stück mit $Ba(OH)_2$ getränktes Filterpapier in das Gärröhrchen, so dass das CO_2 aus der Luft absorbiert wird und nicht stören kann.

– Da SO_3^{2-} die gleiche Reaktion gibt, sollte man überprüfen, ob es sich beim NS um $BaCO_3$ oder $BaSO_3$ handelt: Man gibt zur $Ba(OH)_2$-Lösung einige Tropfen H_2O_2-Lösung hinzu, die ggf. SO_3^{2-} zu SO_4^{2-} oxidieren, welche dann mit Ba^{2+}-Ionen als schwerlösliches $BaSO_4$ ausfällt. Danach versucht man, den NS des Gärröhrchens in HCl zu lösen und beobachtet. Löst sich alles, so hat nur Carbonat vorgelegen, löst sich nur ein Teil, so haben wahrscheinlich beide vorgelegen, löst sich nichts, so hat nur Sulfit vorgelegen. Wenn man diese Unterscheidung nicht treffen will und gleich sicher sein möchte, so gibt man das Oxidationsmittel in das RG, so dass gleich dort SO_3^{2-} zu SO_4^{2-} oxidiert wird.

FRAGE 35 ■ Warum ist ein ZG eventuell besser geeignet als ein großes RG?

FRAGE 36 ■ Warum darf man bei der Versuchsdurchführung die $Ba(OH)_2$-Lösung nicht durch $BaCl_2$, warum nicht durch $Sr(OH)_2$ oder $Ca(OH)_2$ ersetzen?

FRAGE 37 ■ Warum darf nicht mit H_2SO_4 konz. angesäuert werden?

FRAGE 38 ■ Warum fällt dieser Nachweis negativ aus, wenn nur SO_3^{2-} vorhanden ist und man gleich im RG das Oxidationsmittel zugibt (oben im Gärröhrchen macht man doch auch nichts anderes)?

FRAGE 39 ■ Warum kann der Versuch nicht durch das CO_2 aus der Luft gestört werden? Im ZG/RG befindet sich doch zwischen Lösung »unten« und $Ba(OH)_2$ »oben« Luft, die CO_2 enthält und sich beim Erwärmen ausdehnt, so dass das »Luft-CO_2« in die $Ba(OH)_2$-Vorlage gelangt?

Nachweise für $C_2O_4^{2-}$

Nachweis als CaC_2O_4 (Calciumoxalat):

Durchführung ■ Säuert man einige ml SA mit CH_3COOH bis ca. pH 3 bis 5 an (Eisessig nehmen) und gibt eine konz. $CaCl_2$-Lösung hinzu (möglichst viel $CaCl_2$ in wenig H_2O lösen), beobachtet man eine Trübung der Lösung, die nach Zugabe von HCl wieder verschwindet.

AB

Milieu ■ HAc-sauer.

Begründung ■ **Fällungsreaktion:** $Ca^{2+} + C_2O_4^{2-} \rightleftharpoons CaC_2O_4 \downarrow$.

Hinweise ■ Zuverlässiger NW auf $C_2O_4^{2-}$ ($C_4H_4O_6^{2-}$ reagiert natürlich genauso!); der NS sollte in H_2SO_4 dil. gelöst und dann mit $KMnO_4$ versetzt werden (s. Gruppenreaktionen auf Anionen).

FRAGE 40 ■ Warum verschwindet die Trübung nach HCl-Zugabe wieder?

Nachweise für $C_4H_4O_6^{2-}$

Nachweis mittels »Maggi®-Probe«:

Durchführung ■ Gibt man zu etwas AS in einem großen RG etwas H_2SO_4 konz., so ist – wenn $C_4H_4O_6^{2-}$ vorliegt – nach starkem Erhitzen des RGes eine Schwarzfärbung und ein »Maggi®-Geruch« feststellbar.

Milieu ■ –

Begründung ■ Zersetzung zu CO_2, C (Schwarzfärbung) und verschiedenen Kohlenwasserstoffen (Maggi®-Geruch)

Hinweise ■ Ist $C_2O_4^{2-}$ (und kein $C_4H_4O_6^{2-}$) vorhanden, verdampft die AS (Zersetzung nur zu CO_2), ohne schwarze Spuren zu hinterlassen. Die Durchführung in einem großen RG statt auf der Mg-Rinne hat den Vorteil, dass man den Geruch, der im Gegensatz zur schwarz-braunen Färbung spezifisch ist, besser wahrnimmt.

Phosphor (P)
Phosphat (PO_4^{3-})

Allgemeines

OZ : 15	Smp. (weiß) : 44,2 °C	Oxst.: –3, –2, +1, +3, +4, +5
RAM : 30,97	Sdp. : 277 °C	
Dichte : 1,82 g/cm³	r (P^{5+}) : 34 pm	

Vorkommen Apatit [$Ca_5(PO_4)_3F$], Hydroxylapatit [$Ca_5(PO_4)_3OH$] (in den Knochen).

Bedeutung
- Weißer/roter Phosphor dient wegen seiner raschen Entflammbarkeit als Zusatz in Streichholzköpfen.
- Phosphate werden häufig als Düngemittel eingesetzt.
- Phosphate dienten früher als Komplexbildner in Waschmitteln (um Ca^{2+} und Mg^{2+} auszufällen, so dass diese Ionen nicht mit den für das Waschen notwendigen Tensiden ausfallen).
- P_2O_5 (= Phosphorpentoxid) ist hygroskopisch und ein starkes Oxidationsmittel.
- **P** Um den Blut-pH-Wert in sehr engen Grenzen (7,35–7,45) konstant zu halten, ist der $H_2PO_4^-$/ HPO_4^{2-}-Puffer zusammen mit dem H_2CO_3/HCO_3^--Puffer und dem Hämoglobin, das ebenfalls als Puffer dient, von entscheidender Bedeutung. Weicht der Blut-pH-Wert z. B. mehr als 0,1 Einheit davon ab, so ist dies lebensgefährlich. Phosphate sind in zahlreichen Körperbestandteilen (DNA, RNA, ATP) von essenzieller Bedeutung und sind an sehr vielen Stoffwechselprozessen beteiligt (sog. Phosphorylierungen von Molekülen, d. h. Überführen von inaktiven in stoffwechselaktive Verbindungen durch Übertragung von Phosphatresten). Phosphor ist in Form von PO_4^{3-} als Ca-Hydroxyl-Apatitkristall wichtig für die Knochenmineralisation, wobei Ca und PO_4^{3-} erst am »Ort des Geschehens«, also im Knochen, zusammenkommen dürfen. Daher sind PO_4^{3-}-haltige Softdrinks wie Cola für den Körper Ca^{2+} und Zn^{2+}-Räuber, da sie dem Körper wegen der Schwerlöslichkeit von $Ca_3(PO_4)_2$ bzw. $Zn_3(PO_4)_2$ diese Ionen auf Dauer entziehen und damit für »poröse Knochen« sorgen. So erklärt sich auch die – wie ich finde sehr treffende – Aussage: »Osteoporose ist eine Kinderkrankheit, die jedoch erst im Alter ausbricht«.

Eigenschaften
- P tritt in den drei Modifikationen weiß, rot und schwarz auf; diese sind ineinander umwandelbar.

- Die weiße Modifikation ist hoch toxisch und sehr reaktiv (an der Luft selbstentzündlich!).
- Die schwarze Modifikation ist metallisch; aufgrund eines gewissen Anteils an weißem Phosphor, der dann langsam zu P_2O_5 (liegt als P_4O_{10}-Molekül vor) oxidiert wird, zeigt Phosphor im Dunkeln Chemolumineszenz (keine wirkliche *Phosphor*eszenz!).
- Es gibt folgende phosphorhaltige Säuren (Formeln S. 72 ff.):

H_3PO_2	(Phosphinsäure,	einprotonig)
H_3PO_3	(Phosphorige Säure,	zweiprotonig)
H_3PO_4	(Phosphorsäure,	dreiprotonig).

Nachweise für PO_4^{3-}

Nachweis als Ag_3PO_4 (Silberphosphat):

Durchführung ■ Gibt man zu einer neutralen Probelösung $AgNO_3$, so bildet sich ein gelber NS von Ag_3PO_4.

AB

Milieu ■ Neutral.

Begründung ■ **Fällungsreaktion:** $3\ Ag^+ + PO_4^{3-} \rightleftharpoons Ag_3PO_4 \downarrow$

Hinweise ■ pH-Wert genau einhalten; falls ein schwerlösliches Phosphat vorliegt, gibt es Probleme bei diesem NW. Unspezifischer NW, daher wenig empfehlenswert.

Nachweis als $MgNH_4PO_4$: (Siehe Mg 1.), S. 210.

Nachweis als $[(NH_4)_3P(Mo_3O_{10})_4]$ (Ammoniummolybdophosphat):

Durchführung ■ Gibt man zu einem mit AS und konz. HNO_3 gefüllten RG, das man kurz erwärmt hat, einige Tropfen Ammoniummolybdatlösung, die kurz vor Gebrauch tropfenweise mit HNO_3 angesäuert wurde, bis sich der gebildete NS gerade wieder gelöst hat, bildet sich ein voluminöser, kräftig gelb gefärbter $[(NH_4)_3P(Mo_3O_{10})_4]$ *NS*.

AB

Milieu ■ HNO_3 konz. (!).

Begründung ■ **Fällungsreaktion:** $H_2PO_4^- + 12\ MoO_4^{2-} + 3\ NH_4^+ + 22\ H^+ \rightleftharpoons (NH_4)_3[P(Mo_3O_{10})_4] \cdot 6\ H_2O \downarrow + 6\ H_2O$

Hinweise ■ Der NS muss bleiben (kurzzeitige Trübung beim Eintropfen reicht nicht aus) und »Post-gelb« gefärbt sein; entsteht ein amorpher, weißlich-gelber NS, so wurde wahrscheinlich nicht genug angesäuert. Da einige Phosphate nicht im SA zu finden sind, erfolgt die Durchführung mit der AS. Die Reaktionslösung füllt man am besten in ein kleines Reagenzglas, wo man sie bis zur stark sauren Reaktion mit HNO_3 ansäuert; ein häufig gemachter Fehler ist nämlich die Zugabe von zuviel einer ammoniakalischen Lösung an Molybdat, wie sie meist aussteht. Man erhält dann einen amorphen NS von Molybdänsäure. Noch besser funktioniert der NW, wenn Reagenz- und Analysenlösung vorher kurz erhitzt werden. Unter Beachtung dieser Hinweise sehr zuverlässiger und farbschöner NW.

Phosphate und Arsenate reagieren chemisch sehr ähnlich, S. 177!

Der Nachweis von Phosphationen ist auch mit Magnesiamixtur (vgl. S. 81) möglich.

Schwefel (S), Sulfat (SO_4^{2-}), Sulfid (S^{2-}) Sulfit (SO_3^{2-}), Thiocyanat (SCN^-) Thiosulfat ($S_2O_3^{2-}$)

Allgemeines

OZ : 16	Smp. : 115,2 °C	Oxst.: –2, +2, +4, +5, +6
RAM : 32,07	Sdp. : 444,7 °C	
Dichte : 1,96 g/cm³	$r(S^{2-})$: 184 pm	

E^0 ($S + 2e^- \rightleftharpoons S^{2-}$): –0,48 V

Vorkommen

- Elementar sowie als Sulfid in Form von Blenden, Glänzen und Kiesen (ZnS = Zinkblende, PbS = Bleiglanz, FeS = Eisenkies), auch in Schwefelquellen und als Sulfat ($CaSO_4$ = Anhydrit, $CaSO_4 \cdot 2\,H_2O$ = Gips, $BaSO_4$ = Schwerspat).
- Schwefel ist Bestandteil tierischer und pflanzlicher Eiweißstoffe und daher in Erdöl und Kohle enthalten.

Bedeutung

S^0 – Ausgangsstoff für die Zinnober (HgS)- und Ultramarin- sowie Schwarzpulverherstellung; S^0 wird in Feuerwerkskörpern, Zündhölzern, beim Vulkanisieren, zur Schädlingsbekämpfung sowie früher in Schwefelsalben gegen Hautkrankheiten verwendet. Den schwefelhaltigen Aminosäuren Methionin und Cystein kommt durch ihre Fähigkeit, intramolekulare und intermolekulare S-S-Brücken ausbilden zu können, eine essenzielle Rolle bei der räumlichen Anordnung von Eiweißen zu.

S^{2-} – Na_2S dient in der Lederindustrie zum Weichmachen und Enthaaren; H_2S ersetzt bei manchen Bakterien H_2O bei der Photosynthese.

SCN^- – Ist im Speichel zu finden, wo es keimtötend und verdauungsfördernd wirkt; wurde als Thyreostatikum eingesetzt (Arzneimittel gegen Schilddrüsenüberfunktion).

SO_3^{2-} – Na_2SO_3 ist ein gutes Bleichmittel für Wolle, Seide und in der Papierindustrie; SO_2 zur Desinfektion von Weinfässern und zum »Schwefeln« von Lebensmitteln (Konservierung).

SO_4^{2-} – Sulfonamide ($R\text{-}SO_2\text{-}NH_2$) stellen eine wichtige Antibiotika-Klasse dar. H_2SO_4 dient zur Herstellung von Düngemitteln, H_2SO_4 konz. ist wegen ihrer hygroskopischen Wirkung ein Trockenmittel und Basischemikalie in der chemischen Industrie.

$S_2O_3^{2-}$ – $Na_2S_2O_3$ ist in der Fotografie als Fixiersalz im Einsatz und in der Notfallmedizin als Gegenmittel bei CN^--Vergiftungen ($S_2O_3^{2-} + CN^- \rightleftharpoons SCN^- + SO_3^{2-}$).

Eigenschaften

S^0 – Schwefel kommt in allen Aggregatzuständen in mehreren Modifikationen vor; diese sind stark temperaturabhängig. Es verbindet sich beim Erhitzen leicht mit Metallen zu Metallsulfiden.

S^{2-} – H_2S ist ein stark toxisches (Toxizität von Blausäure!), nach faulen Eiern stinkendes Gas (Abzug!). Viele (Schwer-)Metall-Sulfide sind schwer wasserlöslich.

SCN^- – Die meisten Thiocyanate (auch Rhodanide genannt) sind wasserlöslich; SCN^- ist ein Pseudohalogenid, d. h. es gehört chemisch gesehen nicht zu den Halogeniden, ähnelt aber dieser Hauptgruppe in seinen Reaktionen sehr (z. B. Löslichkeit des Silberniederschlages).

SO_3^{2-} – SO_2 (= Schwefeldioxid) ist ein farbloses, stechend riechendes Gas; SO_3^{2-} (= Sulfit) lässt sich als Oxidations- und als Reduktionsmittel verwenden.

SO_4^{2-} – H_2SO_4 konz. ist in heißem Zustand ein starkes Oxidationsmittel; fast alle Sulfate sind wasserlöslich.

$S_2O_3^{2-}$ – Zerfällt beim Ansäuern in S^0 und SO_2.

$$S_2O_3^{2-} + 2\,H^+ \rightleftharpoons [H_2S_2O_3] \rightleftharpoons SO_2 + S^0 + H_2O$$

$$I_2 + 2\,S_2O_3^{2-} \rightleftharpoons 2\,I^- + S_4O_6^{2-}$$ (Tetrathionat),

wichtig für quantitative Analyse, Iodometrie).

$S_2O_3^{2-}$ kann als Komplexbildner wirken (z. B.: für Ag^+ S. 225).

FRAGE 41 ■ Worauf beruht die Toxizität von HCN und H_2S?

Wichtige Schwefelverbindungen (Strukturformeln S. 73)

SO	Schwefelmonoxid	$H_2S_2O_8$	Peroxodischwefelsäure
SO_2	Schwefeldioxid	$S_2O_3^{2-}$	Thiosulfat
SO_3	Schwefeltrioxid	$S_2O_4^{2-}$	Dithionit
H_2SO_3	Schweflige Säure	$S_4O_6^{2-}$	Tetrathionat
H_2SO_4	Schwefelsäure		

Iod-Azid-Reaktion

Schwefel in der Oxidationsstufe –2 (also S^{2-}, SCN^- und $S_2O_3^{2-}$) ist in der Lage, ein Gemisch einer I_2- und N_3^--Lösung katalytisch zu zersetzen:
($S^{2-} + I_2 \rightleftharpoons S^0 + 2\,I^-$; $S^0 + 2\,N_3^- \rightleftharpoons S^{2-} + 3\,N_2$).
Der dabei entweichende Stickstoff dient als Beweis für die Anwesenheit von Schwefel in der Oxidationsstufe –2. Zur Durchführung des Nachweises ist zu sagen, dass man etwas AS in ein Gemisch aus I_2- und NaN_3-Lösung gibt. Nach einiger Zeit steigen bei genauem Hinsehen (RG ins Licht halten) langsam Gasblasen auf. Da S^{2-} nur als Katalysator wirkt, kann man auch äußerst schwer lösliche Sulfide wie HgS nehmen. Diese Reaktion verläuft bei schwerlöslichen Sulfiden zwar langsamer, aber grundsätzlich ist auch dort – bei genauem Hinsehen – eine Gasentwicklung gut zu beobachten, die dann jedoch nicht mehr »stürmisch« ist, wie bei Jander/Blasius beschrieben, sondern eher »bescheiden« ausfällt.

FRAGE 42 ■ Wo ist der Unterschied bzw. was bleibt gleich, wenn man diese Reaktion mit einem leicht löslichen Sulfid (z. B. Na_2S) oder mit einem schwerlöslichen Sulfid (z. B. HgS) durchführt?

Nachweise für SO_4^{2-}

Nachweis als $BaSO_4$ (Bariumsulfat):

Durchführung ■ Man säuert etwas SA mit verd. HCl bis pH = 0 bis 1 an. Gibt man einige Tropfen $BaCl_2$-Lösung hinzu, so fällt ein weißer, milchiger NS von $BaSO_4$ aus.

DAC 3 AB

Milieu ■ HCl dil.-sauer.

Begründung ■ **Fällungsreaktion:** $Ba^{2+} + SO_4^{2-} \rightleftharpoons BaSO_4 \downarrow$

Hinweise ■ Da die Reaktion unter den angegebenen Bedingungen sehr spezifisch ist, absolut zuverlässiger Nachweis (wichtig: SA stark ansäuern); beim Ansäuern mit HCl ist darauf zu achten, dass es einen Konzentrationsniederschlag an $BaCl_2$ geben könnte, der aber bei Zugabe von etwas H_2O und Erwärmen wieder in Lösung geht; da der NW sehr empfindlich ist, reichen die geringen Mengen SO_4^{2-} im SA, die bei schwerlöslichen Verbindungen wie $BaSO_4$, $PbSO_4$ u. a. in den SA gelangen (s. auch S. 60). Nach dem Arzneibuch muss der NS weiter untersucht werden, um andere Ionen wie Sulfit, Dithionit und Iodat auszuschließen.

Nachweise für S^{2-}

Nachweis als H_2S (Schwefelwasserstoff): ⚠

Durchführung ■ HANDSCHUHE! ABZUG! Versetzt man einige Körnchen AS im RG mit etwas HCl konz. bzw. H_2SO_4 dil., so riecht es – evtl. nach Erwärmen – nach faulen Eiern.

Milieu ■ HCl konz.- bzw. H_2SO_4 dil.-sauer.

Begründung ■ **Säure-Base-Reaktion:** $2\ H^+ + S^{2-} \rightleftharpoons H_2S \uparrow$. Die starke Säure (HCl) setzt die schwache (H_2S) aus ihren Salzen frei.

Hinweise ■ Da H_2S sehr giftig ist, Versuch unbedingt unter dem Abzug durchführen! Einige Sulfide sind so schwer löslich, dass die Durchführung etwas geändert werden muss: Nach Zugabe von HCl gibt man noch etwas Zn^0 hinzu, damit der entstehende naszierende Wasserstoff die Kationen (z. B. Hg^{2+} aus HgS) zum elementaren Metall reduziert und damit die Bildung von H_2S ermöglicht wird. Bei dieser modifizierten Probe ist jedoch darauf zu achten, dass SO_3^{2-}, $S_2O_3^{2-}$, SCN^- und sogar SO_4^{2-} (!) ebenfalls einen H_2S-Geruch hervorrufen. Falls man sich ganz sicher sein will, dass man S^{2-} hat, wählt man nicht die »Geruchsprobe« als NW-Reaktion, sondern hält ein mit Pb-Ac_2-Lösung angefeuchtetes Filterpapier über das RG, das dann durch die Bildung von PbS braun-schwarz wird.

Nachweis als Iod-Azid-Reaktion: S. o.

Da S^{2-}-haltige Substanzen mit dem Luftsauerstoff reagieren können, muss das Analysengefäß immer gründlich verschlossen sein, sonst lässt sich S^{2-}- nicht mehr nachweisen, dafür aber andere Schwefel-Verbindungen, die gar nicht in der Analyse zu finden sein dürften.

Nachweise für SO_3^{2-}

Nachweis durch Entfärbung einer Fuchsin- bzw. Malachitgrünlösung: ⚠

Durchführung ■ HANDSCHUHE! Gibt man zu einer Mischung von *einem* Tropfen Fuchsin (S. 82) und *drei* Tropfen Malachitgrünlösung (S. 83) etwas SA (pH = 8), so verschwindet die Farbe des Gemischs.

Milieu ■ Schwach alkalisch.

Begründung Zerstörung einer bestimmten (der so genannten parachinoiden) Struktur, die für Farbstoffe nötig ist (wer's genauer wissen will: J./B. S. 613).

Hinweise pH-Wert durch Zugabe von Eisessig und NH_3 dil. einstellen; zuverlässiger Nachweis. Malachitgrün steht im Verdacht, krebserregend zu sein, daher Handschuhe anziehen!

Nachweis als $BaSO_4$ (Bariumsulfat):

Durchführung HANDSCHUHE! Gibt man zur HCl-sauren AS etwas H_2O_2 oder $KMnO_4$, wird SO_3^{2-} zu SO_4^{2-} oxidiert und kann damit nach Zugabe von einigen Tropfen $BaCl_2$-Lösung als $BaSO_4$ nachgewiesen werden.

Milieu HCl dil.-sauer.

Begründung **Redoxreaktion:** $SO_3^{2-} + H_2O_2 \rightleftharpoons SO_4^{2-} + H_2O$
Fällungsreaktion: $Ba^{2+} + SO_4^{2-} \rightleftharpoons BaSO_4 \downarrow$

Hinweise SO_4^{2-} stört selbstverständlich den Nachweis! Bei Anwesenheit von Sulfat modifiziert man den Nachweis in folgender Weise: Aus HCl-saurem Milieu fällt man zunächst das Sulfat mit Ba^{2+} vollständig (!!) aus, zentrifugiert und dekantiert sehr sorgfältig. Zu dieser klaren Lösung gibt man dann ein Oxidationsmittel wie $KMnO_4$ und ggf. noch etwas Ba^{2+}. Fällt dann wieder ein weißer NS aus, so ist SO_3^{2-} neben SO_4^{2-} nachgewiesen.

Durchführung (DAC 3, AB) Die Probelösung wird mit Iodlösung (0,05 mol/l) versetzt. Die Lösung ist fast farblos. Nach Zusatz von verd. HCl und BaCl-Lösung entsteht ein weißer Niederschlag von $BaSO_4$.

Milieu neutral – HCl dil.-sauer

Begründung **Redoxreaktion:** $SO_3^{2-} + J_2 + H_2O \rightleftharpoons SO_4^{2-} + 2\,J^- + 2\,H^*$
Fällungsreaktion: $Ba^{2+} + SO_4^{2-} \rightleftharpoons BaSO_4 \downarrow$

Hinweise Sulfit reduziert Iod zum Iodid, was an der Entfärbung erkennbar ist. Sulfit wird zum Sulfat oxidiert und als $BaSO_4$ nachgewiesen.

Nachweise für SCN^-

Nachweis als AgSCN (Silberrhodanid):

Durchführung ■ Gibt man zum mit H_2SO_4 dil. angesäuerten SA etwas $AgNO_3$-Lösung und erwärmt, so bildet sich ein weißer, fast kristalliner NS von AgSCN, der sich jedoch in 2 molarer HNO_3 löst.

Milieu ■ H_2SO_4 dil.-sauer.

Begründung ■ **Fällungseaktion:** $Ag^+ + SCN^- \rightleftharpoons AgSCN \downarrow$.

Hinweise ■ SCN^- und Cl^- werden bei diesem Versuch oft verwechselt, obwohl sich die beiden Anionen sowohl in der Art und der Löslichkeit der gebildeten Niederschläge deutlich unterscheiden.

Nachweis als $Co(SCN)_2$ (Cobaltrhodanid):

Durchführung ■ HANDSCHUHE! S. 195: SA nehmen, mit HCl ansäuern und $Co(NO_3)_2$-Lösung zugeben; Blaufärbung (meist schwer zu erkennen). Dann erst mit etwas Ethanol versetzen, der dann blau wird, und schließlich *wenig* Ether zum Ausschütteln dieser Farbe in die Etherphase nehmen! Darauf achten, dass sich zwei Phasen bilden; ist das Verhältnis von EtOH/Ether höher als 1:25, so bilden sich keine zwei Phasen. Essigsäureethylester ist als Extraktionsmittel ebenfalls geeignet.

FRAGE 43 ■ Warum sollte man nur wenig Ethanol/Ether zum Ausschütteln nehmen?

Nachweis als $Fe(SCN)_3$ (Eisenrhodanid):

Durchführung ■ AB Gibt man zu einer SCN^--haltigen, salzsauren Lösung ein Körnchen $FeCl_3$, wird die Lösung blutrot.

Milieu ■ HCl dil.-sauer.

Begründung ■ **Komplexbildung:** $Fe^{3+} + 3\ SCN^- \rightleftharpoons Fe(SCN)_3$. Fe^{3+} bildet mit SCN^- einen dunkelroten $Fe(SCN)_3$-Komplex.

Hinweise ■ Da Eisen in anderen Stoffen oft als Verunreinigung zu finden ist und dieses dunkelrote $Fe(SCN)_3$ sehr kräftig ist, muss der NW, um eindeutig positiv auszufallen, eine kräftige Farbe hervorrufen; eine leichte Rotfärbung reicht keinesfalls aus!

Nachweis als Iod-Azid-Reaktion: S. o.

Nachweise für $S_2O_3^{2-}$

Nachweis als Ag_2S (Silbersulfid):

Durchführung ■ Säuert man den SA mit HNO_3 dil. an und gibt dann $AgNO_3$-Lösung hinzu, so beobachtet man – evtl. nach Erwärmen – eine Verfärbung der Lösung von weiß über gelb, orange und braun nach schwarz (»Sonnenuntergangsreaktion«).

Milieu ■ HNO_3 dil.-sauer.

Begründung ■ **Fällungsreaktion:** Gebildetes $Ag_2S_2O_3$ zerfällt in mehreren Schritten zu Ag_2S.

Hinweise ■ Gibt man zu wenig $AgNO_3$ dazu, so kann sich der anfangs gebildete NS unter Komplexbildung wieder lösen; beim Ansäuern könnte auch eine Zersetzung des Thiosulfates zu S^0, SO_2 und H_2O stattfinden. Sonst farblich schöner, zuverlässiger NW.

Nachweis als Iod-Azid-Reaktion: S. o.

Nachweis als $Fe(SCN)_3$ (Eisenrhodanid):

Durchführung ■ HANDSCHUHE! ABZUG! Gibt man zum neutralen SA etwas KCN-Lösung und erwärmt, so bildet sich nach Zugabe einer $FeCl_3$-Lösung eine dunkelrot gefärbte Lösung.

Milieu ■ Neutral.

Begründung ■ **Redoxreaktion:** $CN^- + S_2O_3^{2-} \rightleftharpoons SCN^- + SO_3^{2-}$ bzw.
Komplexbildung: $Fe^{3+} + 3\ SCN^- \rightleftharpoons Fe(SCN)_3$ (dunkelrot).

Hinweise ■ SCN^- stört den Versuch natürlich! Milieu unbedingt einhalten! Da KCN eventuell HCN freisetzen kann (= Blausäure; Geruch nach Bittermandel), ist dieser Versuch unter dem Abzug durchzuführen! (am besten gar nicht; bei mir zumindest klappte er auch nicht); das Prinzip wird aber in der Notfallmedizin bei Zyankalivergiftungen angewandt (s. Eigenschaften).

Nachweis als elementarer Schwefel

Durchführung ■ Säuert man den SA mit HCl dil. an, beobachtet man langsam einen stechenden Geruch von SO_2, danach scheidet sich allmählich gelblicher, elementarer Schwefel ab.

Milieu ■ HCl dil.-sauer.

Begründung ■ $Na_2S_2O_3 + 2\ HCl \rightarrow 2\ NaCl + SO_2 \uparrow + S \downarrow + H_2O$

Silicium (Si)
Silikat (SiO_3^{2-})

Allgemeines

OZ : 14	Smp. : 1414 °C	Oxst.: –4, +2, +4
RAM : 28,09	Sdp. : 2900 °C	
Dichte : 2,33 g/cm³	$r(Si^{4+})$: 41 pm	

Vorkommen
- Zweithäufigstes Element in der Erdkruste (diverse Silikate).

Bedeutung
- Silikate sind in Gläsern, Porzellan, keramischen Erzeugnissen, feuerfesten Materialien und Halbleitern enthalten.
- Quarzglas ist sehr hitzebeständig und zerspringt nicht bei plötzlichem Abkühlen, weshalb es für u. a. Heizplatten und Tauchsieder eingesetzt wird.
- SiO_2 (Silikagel) ist ein gutes Trocknungsmittel für Gase.
- Wasserglas (= wasserlösliche Alkalisilikate) wird als Flammenschutzmittel (z. B. Adventskranz!) und zur Klebstoffbereitung genutzt.
- **P** Da Silikate pharmakologisch unwirksam und sehr reaktionsträge sind, eignen sie sich als Träger für Arzneistoffe (so genannte Füllmittel bei der Tablettenherstellung). Hochdisperses (= sehr fein verteiltes) SiO_2 dient in der Tablettenindustrie als Fließmittel. Im Knochen ist Silicium an der Biosynthese und Reifung von Knochen- und Knorpelmatrix beteiligt und hat Bedeutung für die Elastizität und Stabilität der Arterienwände.

Eigenschaften
- Außer den Barium- und Alkalisilikaten sind alle Silikate schwer löslich.
- Schrägbeziehung zum Bor (S. 110).
- Silikate sind in Laugen löslich, also NaOH, KOH, …, nur in Plastikflaschen aufbewahren.
- Im Jander/Blasius sind die verschiedenen Modifikationen und Strukturen der Silikate aufgezeigt.

Anmerkung Häufig verschiedene Schreibweisen für Silikate: SiO_3^{2-}, SiO_4^{4-}, SiO_2.

Nachweise für SiO_3^{2-}

Nachweis als SiO_2 mit Bleitiegel:

Durchführung Man gibt in einen Bleitiegel etwas AS und ca. ein Viertel dieser Menge an CaF_2 dazu. Weiter s. F^--Nachweis S. 119 f. Hat sich ein weißer Fleck gebildet, war Silikat in der Analyse.

AB

Milieu s. Fluorid-Nachweis S. 119 f.

Begründung s. Fluorid-Nachweis S. 119 f.

Hinweise s. Fluorid-Nachweis S. 119 f.

Kommentar s. Fluorid-Nachweis S. 119 f.

Stickstoff (N)
Nitrit (NO_2^-), Nitrat (NO_3^-)

Allgemeines

OZ : 7	Smp. : −210,1 °C	Oxst.: −3, −2, −1,
RAM : 14,01	Sdp. : −195,8 °C	+1, +2, +3,
Dichte: 1,17 g/L	r(N^{3-}): 132 pm	+4, +5

Vorkommen
- Hauptsächlich elementar in der Luft (78 % [V/V]), in geringem Ausmaß in Nitraten.
- $NaNO_3$ (Chilesalpeter).

Bedeutung
- Stickstoff ist für die NH_3- und HNO_3-Synthese wichtig.
- Sämtliche Eiweiße und Nukleinsäuren enthalten Stickstoff.
- Bleiazid dient als Initialzündmittel bei Sprengstoffen.

NO_2^-
- $NaNO_2$ wird in der Chemie zum Diazotieren gebraucht und ist zu 0,5 Prozent im Pökelsalz enthalten.

NO_3^-
- HNO_3 braucht man zur Herstellung von Düngemitteln; KNO_3 ist Schwarzpulverbestandteil.
- **P** Der Körper ist in der Lage, NO aus der Aminosäure Arginin selbst herzustellen und reguliert damit die Gefäßspannung. So ist die Wirkweise von Viagra® auf die NO-Freisetzung im Schwellkörper und die damit verbundene Muskelentspannung zurückzuführen, die das Einströmen von Blut und damit die Erektion ermöglicht. Die Reduktion von NO_3^- zu NO_2^- durch Bakterien wird bei Harn-Teststreifen als Farbreaktion zum Nachweis von Bakterien im Urin genutzt. Nitroglycerin wird auch als Koronartherapeutikum eingesetzt, also als Mittel zur Behandlung der Verengung von Herzkranzgefäßen. Die Herzkranzgefäße versorgen den Herzmuskel mit Sauerstoff, damit das Herz ordnungsgemäß schlagen kann.
- NH_4NO_3 hat durch die gewaltige Explosion bei der BASF in Ludwigshafen im Jahr 1921 als hochexplosiver Stoff traurige Berühmtheit erlangt.
- Nitroglycerin (= Glycerintrisalpetersäureester) dient auch als Sprengstoff.

Eigenschaften

N
- Bei Raumtemperatur ist N_2 ein träges Gas.

NO_2^-
- HNO_2 (= salpetrige Säure) ist in reinem Zustand unbekannt, da sie in NO und NO_2 zerfällt (daher muss der NW auf NO_2^- aus der AS gemacht werden).
- Nitrite oxidieren im Blutfarbstoff Hämoglobin Fe^{2+} zu Fe^{3+} (so genannte Methämoglobinbildner), was zur Folge hat, dass der lebenswichtige O_2 kaum noch durch den Kreislauf transportiert werden kann, und sind daher stark toxisch.

NO_3^-
- HNO_3 ist ein starkes Oxidationsmittel, sämtliche Nitrate (außer $Bi(NO_3)_3$) sind wasserlöslich.
- HNO_3 auf der Haut verursacht Gelbfärbung (Xanthoproteinreaktion) durch die Nitrierung von phenolischen Aminosäuren der Haut.
- Beim Erhitzen zerfallen (Erd-)Alkalinitrate zu Nitriten.

Wichtige Stickstoffverbindungen (Strukturformeln S. 71)

NH_3	Ammoniak	entsteht als Fäulnisprodukt von Eiweißen; Ammoniumsalze = Düngemittel
N_2H_4	Hydrazin	starkes Reduktionsmittel; zum Korrosionsschutz eingesetzt
N_2O	Lachgas	als Treibgas (z. B. in Flüssigsahne) verwendet; gemischt mit 20 % O_2 als Lachgas zur Narkose
NO	Stickstoffmonoxid	Bestandteil der »Stickoxide« von Abgasen (Autos, Industrie)
NO_2	Stickstoffdioxid	Bestandteil der »Stickoxide« von Abgasen (Autos, Industrie); starkes Oxidationsmittel
N_2O_3	Distickstsofftrioxid	Anhydrid der salpetrigen Säure ($2\ HNO_2 \rightleftharpoons H_2O + N_2O_3$)
N_2O_5	Distickstoffpentoxid	Anhydrid der Salpetersäure ($2\ HNO_3 \rightleftharpoons H_2O + N_2O_5$)
HNO_2	salpetrige Säure	starkes Oxidationsmittel
HNO_3	Salpetersäure	starkes Oxidationsmittel
X-NH_2	Amide	X = 1,2,3-wertiges Metall
X-NH	Imide	X = 1,2,3-wertiges Metall
X-N	Nitride	X = 1,2,3-wertiges Metall

FRAGE 44 ■ Warum ist Pökelfleisch vor allem für Kleinkinder nicht unbedenklich?

Nachweise für NO_2^-

Nachweis durch Reaktion mit $KMnO_4$ und KI (S. 104 f.):

Hinweise ■ Dieser NW ist nur bei den Einzelstoffen beweisend, denn in Gemischen könnte ja ein Anion sein, das Permanganatlösung entfärbt und eines, das mit KI-Lösung reagiert.

Nachweis mit Phenazon:

Durchführung ■ Versetzt man eine NO_2^--haltige Lösung mit 60 mg Phenazon (in 5 ml Wasser gelöst) und gibt 0,5 ml verd. H_2SO_4 dazu, so entsteht eine intensive Grünfärbung.

DAC 3

Milieu ■ H_2SO_4 dil. sauer

Nachweis mit Lunges Reagenz:

Durchführung ■ S.u. Unterschied: *ohne* Zugabe von Zinkstaub.

Milieu ■ S.u.

Begründung ■ S.u.

Hinweise ■ S.u.; falls die Nitrit-Lösung zu hoch konzentriert ist, wird der rote Azofarbstoff wieder zerstört (→ Gelb-Braun-Färbung der Lösung). Dies ist bei konzentrierten Lösungen recht häufig der Fall, deshalb sollte man diese vor Versuchsdurchführung erst verdünnen.

FRAGE 45 ■ Warum muss man Nitrat hier nicht entstören?

Nachweise für NO_3^-

Nachweis mit Lunges Reagenz:

Durchführung ■ HANDSCHUHE! ABZUG! Gibt man einige Körnchen AS auf eine Tüpfelplatte, versetzt das Ganze mit wenig Zinkstaub und säuert mit etwas verdünnter Essigsäure an, muss nach Zusatz von je 2 Tropfen Sulfanilsäure (S. 83) und 1-Naphthylamin (S. 83) (in dieser Reihenfolge!) eine deutliche Rotfärbung dieser Lösung zu erkennen sein (evtl. etwas »umrühren« und *kurz* stehen lassen).

Milieu ■ CH_3COOH-sauer.

Begründung ■ **Diazotierungsreaktion:** Bildung eines roten Azofarbstoffes (Mechanismus J./B. S. 614).

Hinweise ■
- Da die verwendeten Reagenzien kanzerogen sind, mit Handschuhen arbeiten und die Reaktionsprodukte am besten gleich entsorgen (Sondermüll).
- Die auftretende Rotfärbung muss eindeutig sein (Vergleichsprobe!), da ein leichter Rotstich schon durch das NO/NO_2 aus der Laborluft zustande kommen könnte.
- Kann NO_2^- und NO_3^- vorhanden sein, so muss das NO_2^- vorher durch Zugabe einiger Körnchen Amidoschwefelsäure (NH_2HSO_3) zerstört werden:
  $HNO_2 + NH_2HSO_3 \rightleftharpoons H_2SO_4 + N_2 + H_2O$.
- Zuverlässiger NW; bei ordnungsgemäßem Arbeiten auch gesundheitlich unbedenklich.
- Von Wolfgang Proske stammt ein Verbesserungsvorschlag zur Durchführung dieses Versuchs: er entwickelte ein so genanntes Nitrit-Nachweisreagenz (Mischung aus 100 g NaCl,

1,5 g Sulfanilsäure und 0,3 g Naphthylethylendiammonium-dihydrochlorid (S. 83)), das als Feststoff unbegrenzt haltbar und durch Vermeiden des Naphthylamins auch nicht mehr so gesundheitsschädlich ist. Diese Mischung wird vor jedem Versuch frisch in Wasser aufgelöst. Probier' doch mal aus, ob's damit auch funktioniert, wenn du die entsprechenden Reagenzien an der Uni hast, und berichte mir von Deinen Erfahrungen mit dieser Versuchsdurchführung.

FRAGE 46 ■ Warum muss Nitrit entstört werden?

Nachweis mittels »Ringprobe«:

Durchführung ■ DAC 3 Zu einigen ml der gelösten AS gibt man einige Tropfen einer mit H_2SO_4 dil. angesäuerten $FeSO_4$-Lösung. Nun hält man das RG schräg und lässt am Rand *langsam* einige ml H_2SO_4 konz. herablaufen. Hält man, nachdem die H_2SO_4 konz. *ganz* herabgelaufen ist, das RG wieder senkrecht nach oben, so beobachtet man an der Grenzfläche zwischen H_2SO_4 konz. und wässriger Lösung einen deutlich braunen bis amethystfarbenen Ring (zum besseren Erkennen RG vor weißen Kittel halten).

Milieu ■ H_2SO_4 konz.-sauer.

Begründung ■ **Redoxreaktion:**

$$2\,HNO_3 + 6\,FeSO_4 + 3\,H_2SO_4 \rightleftharpoons 3\,Fe_2(SO_4)_3 + 2\,NO + 4\,H_2O$$

$$NO + [Fe(H_2O)_6]^{2+} \rightleftharpoons [Fe(H_2O)_5NO]^{2+} + H_2O.$$

Hinweise ■

- Dieser NW wird ebenso wie der oben von NO_2^- gestört. Entstörung s.o.
- I^-, das durch die H_2SO_4 konz. zu gelbem I_2 oxidiert wird, kann NO_3^-/NO_2^- vortäuschen.

Der Nachweis von Kationen

Aufschlüsse

■ *1. Sinn und Zweck von Aufschlüssen*

Im Zusammenhang mit den Anionennachweisen hatte ich den Sodaauszug erläutert (S. 101 ff.). Dieser dient – wie im entsprechenden Kapitel beschrieben – der Überführung unlöslicher Verbindungen in lösliche, wobei die Anionen in löslicher Form vorliegen sollten, um so aus einer Lösung nachgewiesen werden zu können.

Auch Aufschlüsse dienen der Überführung von unlöslichen Verbindungen in lösliche, nur mit dem Unterschied, dass hier nicht die *An*ionen, sondern die *Kat*ionen in löslicher Form vorliegen müssen, damit man sie nachweisen kann. Dabei muss man mit wesentlich »härteren« Mitteln arbeiten. So werden alle Aufschlüsse in der Schmelze, also bei sehr hohen Temperaturen, ausgeführt. In vielen Fällen sind Aufschlüsse von Redoxvorgängen begleitet. Je nach Substanz erreichst du dieses Ziel mit unterschiedlichen Mitteln (vgl. die Tabelle über schwerlösliche Stoffe und Aufschlüsse auf S. 274). So gibt es in der analytischen Chemie eine ganze Fülle von Aufschlussverfahren für bestimmte Verbindungsgruppen oder Stoffe, die aber jeweils auf relativ wenige Verbindungen beschränkt sind. Für dieses Praktikum sind nur wenige Aufschlüsse von Bedeutung, nämlich der Soda-Pottasche-Aufschluss, der saure Aufschluss, die Oxidationsschmelze (auch diese zählt zu den Aufschlüssen) sowie der »Freiberger Aufschluss«. Ich stelle diese Aufschlüsse nun vor und zeige ihre Anwendungsbereiche sowie die zu Grunde liegenden Reaktionen.

Anmerkung: Sämtliche hier beschriebenen Aufschlüsse können auch mit dem Pt-Draht (2 bis 3 Perlen) durchgeführt werden, was eine enorme Zeitersparnis bedeutet, da das »Durchglühen« beim Pt-Draht viel schneller geht als bei der Verwendung eines Tiegels.

■ *2. Der Soda-Pottasche-Aufschluss*

Er ist der am häufigsten vorkommende Aufschluss. Anwendung findet er bei:
1. schwerlöslichen Erdalkalisulfaten (z. B. Bariumsulfat),
2. bei sauren Oxiden (z. B. Aluminiumoxid),
3. Silikaten,
4. Silberhalogeniden.

Der Soda-Pottasche-Aufschluss wird, wie der Name verrät, mit einem 1:1-Gemisch aus wasserfreiem Na_2CO_3 (= Soda) und K_2CO_3 (= Pottasche) durchgeführt.

FRAGE 47 ■ Warum nimmt man beim Soda-Pottasche-Aufschluss ein Gemisch aus Na_2CO_3 und K_2CO_3 und nicht wie beim SA nur Soda?

■ *2.1 Soda-Pottasche-Aufschluss bei schwerlöslichen Erdalkalisulfaten*

Hier bilden sich in der Schmelze Na_2SO_4, K_2SO_4 und Erdalkalicarbonate; die Reaktion ist im Prinzip dieselbe, die auch beim Sodaauszug abläuft:

$$Na_2CO_3/K_2CO_3 + BaSO_4 \rightleftharpoons Na_2SO_4/K_2SO_4 + BaCO_3.$$

Na_2SO_4 und K_2SO_4 sind – im Gegensatz zu den Erdalkalicarbonaten – wasserlöslich und werden mehrmals mit H_2O ausgewaschen. Danach werden die Erdalkalicarbonate in Essigsäure gelöst, so dass die entsprechenden Nachweisreaktionen stattfinden können.

FRAGE 48 ■ Warum darf man nicht die gesamte Schmelze in Essigsäure lösen?

Noch einige Worte zur effektiven Durchführung dieses Aufschlusses: Man nimmt am besten je zwei gehäufte Spatel voll Na_2CO_3 (wasserfrei) und K_2CO_3. Diese vermischt man gut in einer kleinen Porzellanschale (sehr wichtig, da man keine richtige Schmelze bekommt, wenn nicht homogen verrührt worden ist), und mischt anschließend einen Spatel Analysensubstanz unter (wobei man darauf achten muss, dass diese vorher gut verrieben ist); auch hier ist wieder darauf zu achten, dass das Ganze homogen verrührt wird. Schließlich füllt man von dieser Mischung ca. einen Spatel in einen Nickel- oder Platintiegel (bzw. nimmt etwas davon auf einen Pt-Draht auf) und erhitzt solange über der Brennerflamme, bis eine rotglühende Schmelze entstanden ist. Dann hält man die Temperatur noch etwa zwei bis drei Minuten lang und lässt auskühlen.

Falls mit einem Tiegel gearbeitet wurde, wird dieser mit einem Spatel leergekratzt; anschließend wird die Schmelze pulverisiert, mit Wasser ausgelaugt, zentrifugiert und mit warmem Sodawasser mehrmals ausgewaschen. Anschließend wird der Rückstand – soweit möglich – in Essigsäure gelöst. Diese Lösung enthält die Erdalkaliionen, die dann nachgewiesen werden können.

Hinweise:
- Keine Angst, wenn sich nicht alles in Essigsäure löst, vor allem bei Gemischen können auch noch andere Rückstände vorhanden sein, die sich nicht in Essigsäure lösen.
- Nicht in den noch heißen Tiegel Wasser einfüllen, da dieser sonst zerspringen kann!

■ 2.2 Soda-Pottasche-Aufschluss bei schwerlöslichen sauren Oxiden

Hier entstehen lösliche Verbindungen des Kations sowie CO_2 gemäß folgender Gleichung (am Beispiel Al_2O_3):

$$Al_2O_3 + Na_2CO_3 \rightleftharpoons 2\ NaAlO_2 + CO_2.$$

Das entstehende Natriumaluminat ist wasserlöslich; aus dieser Lösung können die Nachweise durchgeführt werden. Wie oben beschrieben, stellt man sich auch hier wieder ein homogenes Pulvergemisch aus Na_2CO_3 und K_2CO_3 her, unter welches die Analysensubstanz gemischt wird. Anschließend wird ebenfalls eine Schmelze erzeugt, nur sollte man hier keinen Porzellantiegel nehmen (weil der Grundstoff des Porzellans, das Kaolin [$Al_4(OH)_8Si_4O_{10}$], in diesem Aufschluss Al freisetzen kann und somit Al im Gemisch vorgetäuscht wird), sondern eine Magnesia-Rinne. Allerdings muss man dabei die Temperatur mindestens zehn Minuten lang halten. Deswegen ist es wichtig, dass man erstens einen ausreichenden Überschuss des Carbonatgemisches nimmt und zweitens die Analysensubstanz sehr gut untermischt. Nach dem Abkühlen kann die erkaltete Schmelze in H_2O gelöst werden, ein vorheriges Auswaschen ist hier nicht nötig. Aus dem nun in Lösung vorliegenden *Hydroxoaluminat* kann man durch Zugabe von Ammoniumsalzen das Al als $Al(OH)_3$ ausfällen. Bezüglich der nicht löslichen Bestandteile dieser Schmelze gilt dasselbe wie oben. Wurde genau in der angegebenen Weise gearbeitet, so löst sich hier bestimmt alles, was sich lösen muss.

■ 2.3 Soda-Pottasche-Aufschluss bei schwerlöslichen Silikaten

Wie bei den schwerlöslichen sauren Oxiden wird auch hier eine Verbindung des an SiO_3^{2-} gebundenen Kations gebildet, die sich in HCl dil. löst. Dem liegt folgende Reaktionsgleichung zu Grunde:

$$CaAl_2Si_2O_8 + 3\ Na_2CO_3 \rightleftharpoons 2\ Na_2SiO_3 + CaCO_3 + 2\ NaAlO_2 + 2\ CO_2.$$

Wie an dieser Reaktionsgleichung deutlich wird, kann gerade bei Silikataufschlüssen ein erheblicher Überschuss an Alkalicarbonat nötig sein, damit die Reaktion vollständig abläuft. Da man bei der oben beschriebenen Herstellung der Schmelze einen vierfachen Überschuss an Alkalicarbonaten hat, aber in vorliegendem Beispiel rein stöchiometrisch schon einen dreifachen Überschuss benötigt (in der Praxis sogar noch mehr), empfehle ich, bei Silikat in der Analyse (welches man ja als Anion nachgewiesen hat), *je* drei Spatel voll Na_2CO_3 und K_2CO_3 zu nehmen und zu dem entstandenen und homogen verrührten Pulvergemisch einen Spatel Analysensubstanz zu geben. Der nun sechsfache Überschuss ist für eine vollständige Reaktion in jedem Fall ausreichend.

Man löst anschließend in H_2O, dampft mit HCl konz. ein, um das Silikat in SiO_2 umzuwandeln, und löst den eingedampften Rückstand in HCl dil., in welcher sich SiO_2 nicht löst und filtriert. Die entstandene Verbindung und das Carbonat sind in HCl dil. löslich. Aus dieser Lösung kann man nun die Kationen nachweisen.

2.4 Soda-Pottasche-Aufschluss bei schwerlöslichen Silberhalogeniden

Bei diesem Aufschluss werden Silberhalogenide zu Silbercarbonat umgewandelt, welches dann zu Ag^0 reduziert wird, wobei noch CO_2 und O_2 entstehen. Ich rate jedem ausdrücklich davon ab, diesen Aufschluss auszuführen, da er viel Zeit beansprucht (man muss das entstehende Ag^0 in HNO_3 konz. lösen und kann erst anschließend die Nachweise durchführen). Außerdem kann man Silberhalogenide leichter in Lösung bekommen, indem man mit NH_3 arbeitet ($AgCl$ löst sich unter Komplexbildung schon in NH_3 dil., $AgBr$ löst sich erst in NH_3 konz.), oder, wenn dies nicht reichen sollte, mit einer $Na_2S_2O_3$-Lösung oder einer KCN-Lösung Ag^+ komplexiert und so in Lösung bringt (geht auch bei AgI!). Aus diesen Gründen beschreibe ich nicht die Versuchsdurchführung, sondern beschränke mich auf die Theorie. Der Reaktion liegen folgende Gleichungen zu Grunde:

$$2\,AgBr + Na_2CO_3 \rightleftharpoons Ag_2CO_3 + 2\,NaBr$$
$$2\,Ag_2CO_3 \rightleftharpoons 4\,Ag^0 + 2\,CO_2 + O_2.$$

Wie bereits erwähnt, kann man nun das entstandene Ag^0 in HNO_3 konz. lösen, eindampfen, mit H_2O aufnehmen und aus dieser Lösung das Ag^+ (S. 226 f.) nachweisen.

3. Der saure Aufschluss

Dieser dient dazu, basische Oxide (z. B. Fe_2O_3, MgO, TiO_2) in lösliche Verbindungen zu überführen. Mit dem sauren Aufschluss lassen sich auch amphotere Oxide wie etwa Al_2O_3 aufschließen, jedoch wird z. B. Al_2O_3 nur unvollständig in eine lösliche Form überführt, so dass ich bei Verdacht auf Al_2O_3 empfehle, entweder den Soda-Pottasche-Aufschluss anzuwenden oder die modifizierte Form der Morinprobe (S. 171).

Als Aufschlussreagenz dient hier $KHSO_4$, wobei unerheblich ist, dass dieses aufgrund seiner Hygroskopie etwas wasserhaltig ist. Folgende Reaktion findet bei diesem Aufschluss statt (Beispiel Fe_2O_3):

$$Fe_2O_3 + 6\,KHSO_4 \rightleftharpoons Fe_2(SO_4)_3 + 3\,K_2SO_4 + 3\,H_2O.$$

Die entstehenden Sulfate sind wasserlöslich, aus dieser Lösung können dann die Kationen nachgewiesen werden. Wie man obiger Gleichung entnehmen kann, reagiert ein Teil Fe_2O_3 mit sechs Teilen $KHSO_4$, so dass man mindestens einen sechsfachen Überschuss hiervon braucht. Mehr zu nehmen ist nicht zweckmäßig, da sonst wegen des hohen Pulvervolumens die Kationenkonzentration zu gering wird (man kann nicht das gesamte Pulver lösen). Um so wichtiger ist es, dass man das Pulver entsprechend homogen verrührt. Man mischt also einen Spatel Analysensubstanz mit sechs Spateln $KHSO_4$ und schmilzt das Ganze auf der Magnesia-Rinne. Die Brennerflamme sollte hierbei nicht zu heiß sein – man erhitzt auf mäßige Rotglut und erwärmt weiter, bis die Schmelze klar ist –, lässt auskühlen und löst den Rückstand.

■ *4. Die Oxidationsschmelze HANDSCHUHE! / ABZUG!*

Mit ihr kann man oxidierbare schwerlösliche Verbindungen wie Cr_2O_3 oder MnO_2 aufschließen. Einige bekannte Nachweisreaktionen, wie z. B. der Nachweis auf Mn^{2+} (S. 213) werden ebenfalls mit der Oxidationsschmelze durchgeführt, wobei hauptsächlich die Farbe als Nachweis dient. Eigentlich geht es dabei aber nicht um eine charakteristische Farbreaktion, sondern darum, eine lösliche Verbindung herzustellen. Dennoch wird sich der Nachweis meist in der Farbreaktion erschöpfen. Liegt etwa Cr_2O_3 (grün) vor, welches mit der Oxidationsschmelze aufgeschlossen werden soll, so ist bereits die gelbe Farbe des entstehenden CrO_4^{2-} Nachweis auf Chrom. Das entstehende Na_2CrO_4 ist wasserlöslich. Die Reaktion läuft gemäß folgender Gleichung ab:

$$Cr_2O_3 + 3\ NO_3^- + 2\ CO_3^{2-} \rightleftharpoons 2\ CrO_4^{2-} + 3\ NO_2^- + 2\ CO_2.$$

CrO_4^{2-} ist krebserregend.

Durchgeführt wird dieser Aufschluss mit wenig Substanz auf der Magnesia-Rinne oder im Porzellantiegel, wobei man darauf achten muss, dass man einen leichten Überschuss an $NaNO_3$ und Na_2CO_3 hat. Diese Stoffe nimmt man im Verhältnis 3 : 2 (s. stöchiometrisches Verhältnis in der Reaktionsgleichung!). Man muss ca. zehn Minuten erhitzen.

■ *5. Der Freiberger Aufschluss*

Er dient dazu, schwerlösliche Oxide, die wasserlösliche Thiosalze bilden, in solche zu überführen. Im Praktikum kommt er praktisch nur für Sn (in Form von SnO_2) in Frage. Auch von der Durchführung des Freiberger Aufschlusses rate ich ab, da man Sn-Verbindungen (auch in Form von SnO_2) mittels Leuchtprobe nachweisen kann und dieser Nachweis spezifisch für Sn ist. Dem Freiberger Aufschluss liegt folgende (Redox)-Reaktion zu Grunde:

$$2\ SnO_2 + 2\ Na_2CO_3 + 9\ S \rightleftharpoons 2\ Na_2SnS_3 + 3\ SO_2 + 2\ CO_2.$$

Man nimmt ein 1 : 1 Gemisch aus fein verteiltem Schwefel und wasserfreiem Na_2CO_3, das wieder homogen durchmischt sein muss, nimmt hiervon drei Spatel und gibt einen Spatel Analysensubstanz dazu, durchmischt und schmilzt das Ganze im Porzellantiegel ca. 10 Minuten lang.

Der Kationentrennungsgang

Bei den Analysen gibt es etwa 25 mögliche Kationen, die zu untersuchen sind. Bei Einzelstoffanalysen ist jeweils ein Kation zu finden, was der Suche nach der berühmten Nadel im Heuhaufen gleichkommt, bei Gemischen kommen meist nur bestimmte Gruppen von Kationen in Frage, es können – je nach Praktikum – aber auch alle Kationen sein. Ein kluger Mann namens Fresenius hat sich 1840 Gedanken gemacht, wie man bei dieser Suche systematisch vorgehen kann, und als Ergebnis seiner Überlegungen ist der so genannte Kationentrennungsgang (KTG) herausgekommen. Das Prinzip des KTG ist, bestimmte Gruppen von Kationen aufgrund bestimmter chemischer Eigenschaften in einer bestimmten Reihenfolge voneinander abzutrennen. Vor Beginn des Trennungsganges prüft man auf NH_4^+!

Danach beginnt der KTG, bei dem sich folgende Einteilung treffen lässt:

HCl-Gruppe [Hg_2Cl_2, AgCl, $PbCl_2$]
Alle Verbindungen, die in salzsaurem Milieu schwerlösliche Chloride bilden, sowie die in konz. HCl unlöslichen Rückstände.

H_2S-Gruppe [HgS, PbS, Bi_2S_3, CdS, CuS, As_2S_3, Sb_2S_3, SnS, As_2S_5, Sb_2S_5, SnS_2]
Alle Verbindungen, die schon in stark saurem Milieu (pH = 0 bis 2) schwerlösliche Sulfide bilden. Da die Gruppe sehr groß ist, empfiehlt sich die weitere Aufteilung in die so genannte *Cu-Gruppe* (HgS, PbS, Bi_2S_3, CdS, CuS) und die *As/Sb/Sn-Gruppe* (restliche Sulfide). Näheres dazu S. 158/159.

Urotropin-Gruppe [$Fe(OH)_3$, $Al(OH)_3$, $Cr(OH)_3$]
Alle Verbindungen, die erst bei pH = 5 bis 6 schwerlösliche Hydroxide bilden.

$(NH_4)_2S$-Gruppe [CoS, NiS, MnS, ZnS]
Alle Verbindungen, die erst bei pH = 8 bis 9 schwerlösliche Sulfide bilden.

$(NH_4)_2CO_3$-Gruppe [$BaCO_3$, $SrCO_3$, $CaCO_3$]
Alle Verbindungen, die bei pH = 8 bis 10 schwerlösliche Carbonate bilden.

Lösliche Gruppe [Mg^{2+}, Na^+, K^+, Li^+]
Alle Verbindungen, für die es kein *gemeinsames* Fällungsreagenz gibt.

FRAGE 49 ■ Warum kann man die Reihenfolge der H_2S- und der $(NH_4)_2S$-Gruppe nicht umkehren?

Wie aus dieser Aufzählung klar hervorgeht, ist es sehr wichtig, die einzelnen Ionen genau an der Stelle auszufällen, wo sie nach dem KTG ausfallen sollen, d. h. sie weder in weiter unten stehende Gruppen zu »verschleppen«, noch sie in einer vorhergehenden Gruppe bereits »mitzufällen«. Dies erfordert gerade im KTG ein besonders sorgfältiges Auswaschen der Niederschläge. Der KTG wird von vielen (Anfängern) abgelehnt, da sie der Ansicht sind, dass er viel zu schwierig ist und zu lange dauert; sie arbeiten lieber mit so genannten »Schnellnachweisen aus der Ursubstanz«, die an verschiedenen Instituten kursieren. Mein Kommentar dazu: Wer den KTG noch nie »gekocht« hat, kann auch nicht beurteilen, ob er funktioniert oder nicht. Was die so genannten »Schnellnachweise« angeht, so bin ich der Meinung, dass es ganz schön lange dauern kann, bis man das/die gesuchte(n) Kation(en) gefunden hat, da man diese Nachweise in willkürlicher Reihenfolge ausführt. Bei Gemischen ist man sich zudem noch nicht einmal sicher, dass es überhaupt alle Kationen sind, die man gefunden hat. Das Problem dieser »Schnellnachweise« ist, dass sie ziemlich störanfällig sind, also oft falsch positive oder falsch negative Ergebnisse liefern. Resümee: Das Einzige, was an den »Schnellnachweisen« schnell geht, ist, dass man eine völlig neue Analyse bekommt. Nach übereinstimmender Meinung der letzten Jahre braucht man für die Durchführung des KTG als blutiger Anfänger ca. zwei Tage, im Laufe der Zeit aber höchstens noch einen.

Alle bereits von früheren Laboraufenthalten »KTG-Geschädigten« lade ich herzlich ein, trotzdem mal »meinen« KTG auszuprobieren. Ich differenziere dabei ganz bewusst zwischen der Urotropin-Gruppe und der $(NH_4)_2S$-Gruppe, da sich diese Unterteilung in der Praxis als vorteilhaft erwiesen hat. Mir ist jedoch bewusst, dass diese Unterscheidung nicht an allen Unis durchgeführt wird. Mein Kommentar: Probier' beide Varianten mal aus und schreib' mir, was besser funktioniert hat.

Falls der KTG nicht klappen sollte, kannst du ja immer noch nach deinem eigenen Schema kochen. Außerdem geben Assistenten den Leuten, die den KTG kochen, viel lieber Tipps, und in vielen Instituten wird er sowieso verlangt. Also auf geht's! Bei mir hat der KTG immer funktioniert, und mit der Zeit kriegt man so viel Übung, dass er auch sehr schnell durchführbar ist. Eine gute Zusammenfassung des KTGs befindet sich auch im Jander-Blasius als Poster.

Dass der KTG und die Einzelnachweise für Kationen in diesem Arbeitsbuch hinter dem Kapitel der Anionennachweise stehen, hat den Grund, dass zahlreiche Anionen die Kationennachweise in verschiedener Weise stören (indem sie eben Kationen nicht ausfallen lassen, obwohl sie eigentlich sollten und umgekehrt). Im Folgenden sind sämtliche störenden Anionen aufgelistet, die Art der Störung und die Entstörungsmöglichkeit:

Ion(en)	Art der Störung	Entstörung
MnO_4^-/CrO_4^{2-} BrO_3^-/IO_3^- NO_3^-/NO_2^- ClO_3^-	zerstören durch ihre oxidierende Wirkung viele Nachweise/Fällungsreagenzien (z. B. S^{2-}) (s. Anionennachweise)	5 Minuten kochen mit HCl konz. (Abzug); falls CrO_4^{2-} vorhanden ist, HCl konz. + Methanol zum Kochen nehmen
$C_2O_4^{2-}$	verhindern durch Komplexbildung mit zahlreichen Kationen deren Nachweis/Fällung (z. B. Sn^{4+}, Fe^{3+}, Al^{3+}) (s. Anionennachweise)	5 Minuten kochen mit Königswasser
$C_4H_4O_6^{2-}$		5 Minuten kochen mit Königswasser
F^-		Abrauchen mit H_2SO_4 konz. (Bildung schwerlöslicher Sulfate wie $PbSO_4$, $BaSO_4$ möglich)
PO_4^{3-}	fällen Kationen früher als im KTG vorgesehen (s. Anionennachweise) (z. B. Ca^{2+}/Sr^{2+}/Ba^{2+})	Fällung mit Fe^{3+} bei Urotropin-Gruppe
F^-		Abrauchen mit H_2SO_4 konz.
$C_4H_4O_6^{2-}$		5 Minuten kochen mit HCl konz. + 3 % H_2O_2
BO_3^{3-}		Ionenaustausch
$[Fe(CN)_6]^{3-/4-}$		Abrauchen mit H_2SO_4 konz.
NH_4^+	große Mengen verhindern die Ausfällung von Ca^{2+} in der $(NH_4)_2CO_3$-Gruppe	s. KTG
SiO_2, Silikat bzw. gelöste Kieselsäure	täuscht in der Urotropin-Gruppe $Al(OH)_3$ vor	s. KTG

Abschließende Bemerkung: Wenn du am Ende des Tages nicht ganz mit dem KTG fertig geworden bist, so empfehle ich folgendes Vorgehen: Saure Lösungen lassen sich – mit einem Stopfen versehen – über Nacht aufbewahren, alkalische Lösungen solltest du jedoch erst mit HCl dil. ansäuern; am nächsten Tag dann mit $(NH_4)_2CO_3$ wieder auf den gewünschten pH-Wert bringen.

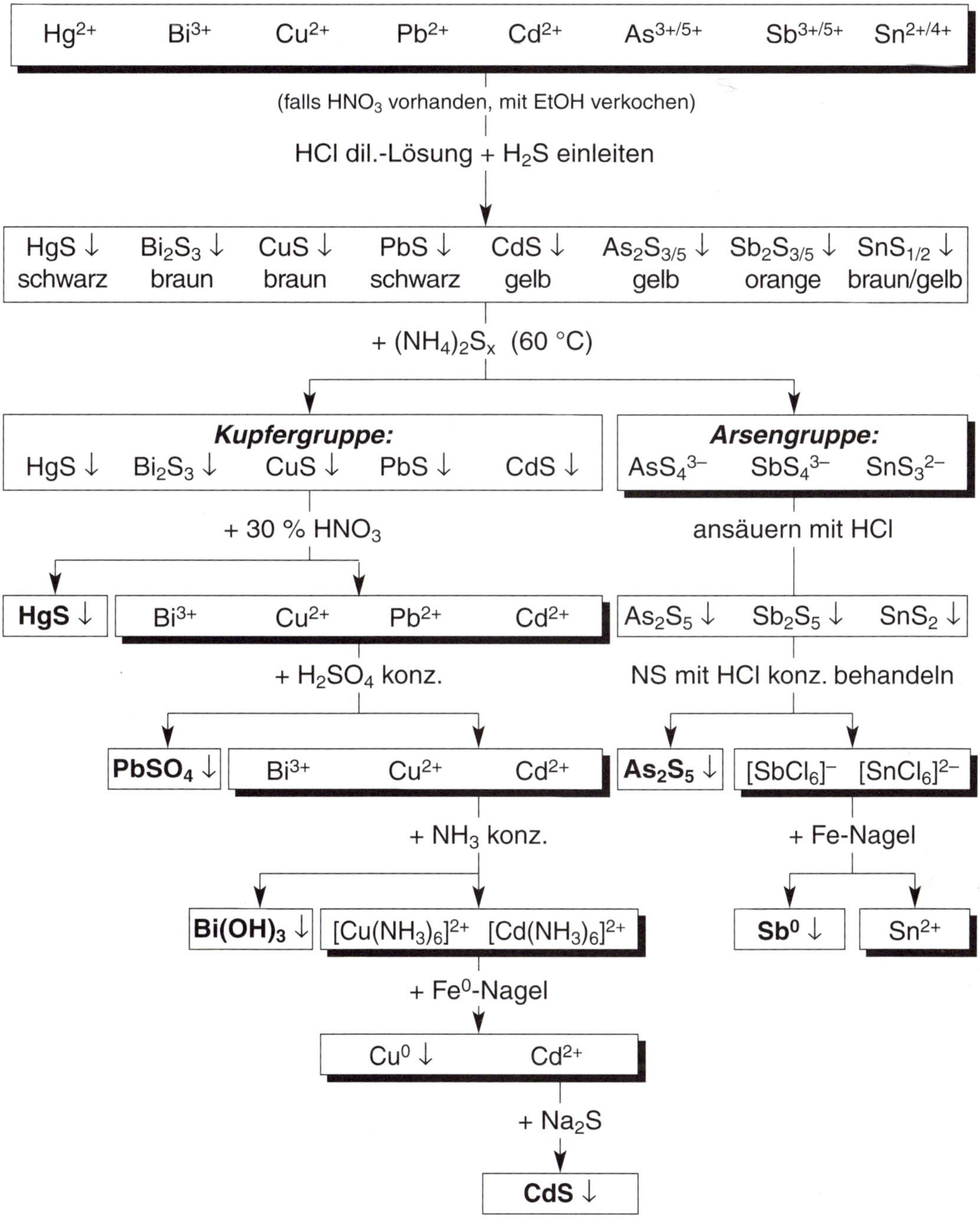
Hg^{2+} Bi^{3+} Cu^{2+} Pb^{2+} Cd^{2+} $As^{3+/5+}$ $Sb^{3+/5+}$ $Sn^{2+/4+}$
(falls HNO_3 vorhanden, mit EtOH verkochen)
HCl dil.-Lösung + H_2S einleiten
$HgS\downarrow$ schwarz
$Bi_2S_3\downarrow$ braun
$CuS\downarrow$ braun
$PbS\downarrow$ schwarz
$CdS\downarrow$ gelb
$As_2S_{3/5}\downarrow$ gelb
$Sb_2S_{3/5}\downarrow$ orange
$SnS_{1/2}\downarrow$ braun/gelb
+ $(NH_4)_2S_x$ (60 °C)
Kupfergruppe:
$HgS\downarrow$ $Bi_2S_3\downarrow$ $CuS\downarrow$ $PbS\downarrow$ $CdS\downarrow$
Arsengruppe:
AsS_4^{3-} SbS_4^{3-} SnS_3^{2-}
+ 30 % HNO_3
ansäuern mit HCl
HgS $\downarrow$
Bi^{3+} Cu^{2+} Pb^{2+} Cd^{2+}
$As_2S_5\downarrow$ $Sb_2S_5\downarrow$ $SnS_2\downarrow$
+ H_2SO_4 konz.
NS mit HCl konz. behandeln
$PbSO_4$ $\downarrow$
Bi^{3+} Cu^{2+} Cd^{2+}
As_2S_5 $\downarrow$
$[SbCl_6]^-$ $[SnCl_6]^{2-}$
+ NH_3 konz.
+ Fe-Nagel
$Bi(OH)_3$ $\downarrow$
$[Cu(NH_3)_6]^{2+}$ $[Cd(NH_3)_6]^{2+}$
Sb^0 $\downarrow$
Sn^{2+}
+ Fe^0-Nagel
$Cu^0\downarrow$ Cd^{2+}
+ Na_2S
CdS $\downarrow$

weiße Nebel (= SO_2; Abzug!) entstehen. Währenddessen widmen wir uns kurz dem schwarzen Filterrückstand, der aus HgS besteht. Um ihn zu lösen, hält man den Filter über ein kleines RG und gibt einige ml eines Gemisches aus HCl konz. und H_2O_2 30 % im Verhältnis 1:1 dazu. Das Filtrat enthält jetzt nur noch Hg^{2+}, der Filter enthält elementaren Schwefel in weißer oder gelber Form. Da für sämtliche Hg^{2+}-Nachweise jedoch das H_2O_2 stört, muss dies durch Kochen mit HCl konz. vorher entfernt werden. Danach weiter auf S. 161. Nun wieder zur Porzellanschale: Man gibt die Flüssigkeit in ein RG, lässt diese abkühlen und verdünnt sie mit H_2SO_4 dil. etwa auf das dreifache Volumen. Bildet sich nun ein weißer NS, so handelt es sich um Bleisulfat, das – wie auf S. 185 beschrieben – nachzuweisen ist. Im Zentrifugat sind noch Cu^{2+}, Cd^{2+} und Bi^{3+} zu finden. Man dampft auf ein Drittel des Volumens ein, lässt abkühlen und macht mit NH_3 konz. alkalisch (pH-Wert prüfen!). Wird die Lösung blau, so war Cu^{2+} vorhanden (S. 205, Cu^{2+} erster NW). Das Bismut sollte als $Bi(OH)_3$ in der Hitze gallertartig ausfallen, deshalb empfiehlt es sich, die Lösung ca. 5 Minuten im Wasserbad zu lassen und danach zu zentrifugieren. Auf jeden Fall noch den dritten Nachweis auf Bi^{3+} (S. 183) durchführen. Nun muss nur noch das RG »As-Gruppe« untersucht werden: Da die Lösung noch Cu^{2+} enthalten kann, kann es sein, dass diese blau ist, was aber keinen Einfluss auf die weitere Vorgehensweise hat. Man fällt zuerst den Schwefel und die Sulfide mit HCl dil. wieder aus, zentrifugiert und nimmt den Rückstand mit HCl konz. auf.

Schwarzer RS heißt nicht automatisch HgS. Es kann auch sein, dass nur nicht der ganze NS in halbkonz. HNO_3 löslich war – dringend Hg^{2+}-Nachweise durchführen (S. 222 f.)! Außerdem kann es sich um elementaren Schwefel handeln, der Metallsulfide mit einschließt.

Verdünnt man mit H_2O, so riskiert man einen Ausfall von basischen Bismutsalzen (BiOX), gäbe man H_2SO_4 konz. dazu, so würde $PbSO_4$ als Komplex in Lösung bleiben.

Bi^{3+} aus dem KTG nachzuweisen ist sehr schwierig, da oft das Bi_2S_3 nicht gelöst wird und sich deshalb beim Quecksilber wiederfindet; daher unbedingt Thioharnstoff-Nachweis (S. 183) durchführen (klappt eigentlich immer)!

Dabei bleibt evtl. vorhandenes As als Rückstand (As_2S_5). $Sb^{3+/5+}$ bzw. $Sn^{2+/4+}$ gehen als Thiosalze (RG S. 78) in Lösung. Antimon wird nun am besten mit dem ersten Versuch (S. 175) nachgewiesen, Zinn mit dem zweiten Versuch (S. 236), wobei darauf zu achten ist, dass für den Zinn-NW eine verdünnt salzsaure Lösung vorliegen sollte. Die beiden Elemente stören einander nicht beim NW, so dass sie nebeneinander nachgewiesen werden können. Für Zinn empfehle ich dringend noch den ersten Versuch (S. 236), da dieser m. E. zuverlässiger ist.

Man muss mit HCl konz. aufnehmen, damit Antimon und Zinn als $[SnCl_6]^{2-}$ bzw. $[SbCl_6]^-$ für die Nachweise vorliegen (geht mit HCl dil. nicht).

2. H_2S-Gruppe

Durchführung

Die Lösung aus dem mit »zur H_2S-Gruppe« beschrifteten RG dampft man nun auf ca. ein Drittel ein und füllt wieder bis zur ursprünglichen Höhe mit H_2O auf (pH < 2!). Falls beim Verdünnen ein weißer NS entsteht (durch Bi^{3+}- bzw. Sb^{5+}-Salze), löst man ihn durch Zugabe von HCl unter leichtem Erwärmen wieder auf. Nun füllt man diese Lösung in ein ZG und leitet mit einer Pipette langsam 10 bis 20 Sekunden lang H_2S-Gas ein und beobachtet die Farbe des NS. Falls sich kein NS zeigen sollte, gibt man noch etwas H_2O dazu und wiederholt den Vorgang. Danach wird das ZG zentrifugiert (Gewichtsausgleich in der Zentrifuge beachten!), im Anschluss wieder einige Zeit H_2S-Gas eingeleitet und erneut zentrifugiert. Dieser Vorgang wird so lange wiederholt, bis bei erneutem H_2S-Gas-Einleiten sich kein NS mehr bildet. Die Lösung wird nun in ein mit »zur Urotropin-Gruppe« beschriftetes RG dekantiert und der RS mindestens zweimal mit einigen ml warmem H_2S-Wasser (RG mit warmen H_2O, in das H_2S-Gas eingeleitet wurde), das jeweils mit einigen Körnchen NH_4Ac versetzt wird, gewaschen; das Waschwasser wird weggeschüttet. Nun füllt man das ZG, in dem sich der NS der H_2S-Gruppe befindet, bis zu etwa einem Drittel mit gelbem $(NH_4)_2S_x$ und stellt das Ganze ins Wasserbad. Jetzt rührt man 8 Minuten (Zeit einhalten!) mit dem Glasstab in der Lösung, entnimmt danach das ZG mit einem Lappen/Handschuh (heiß und nass!) und zentrifugiert die noch heiße Lösung. Das Zentrifugat überführt man in ein RG mit der Beschriftung »As-Gruppe«. Den schwarzen, braunen oder gelben NS wäscht man mit NH_3 dil. und anschließend mit Wasser. Nun gibt man etwa ein kleines RG halbkonz. HNO_3 (halb H_2O und halb HNO_3 konz. mischen) dazu, erwärmt im Wasserbad und zentrifugiert nach 5 Minuten ab. Das Zentrifugat, es kann Pb^{2+}, Bi^{3+} und Cu^{2+} enthalten, gibt man in eine Porzellanschale, dazu 1 bis 2 ml H_2SO_4 konz. und dampft ein, bis

Erklärung

Lösung verdünnen, weil die H_2S-Gruppe nur aus verdünnten salzsauren Lösungen ausfällt, momentan jedoch eine stark konzentrierte Lösung vorliegt (s. Beginn des KTG). Der pH-Wert muss unter 2 bleiben, da sonst bereits Kationen der $(NH_4)_2S$-Gruppe hier ausfallen können. Da nach jedem H_2S-Einleiten der pH-Wert wegen $H_2S \rightleftharpoons HS^- + H^+ \rightleftharpoons 2\,H^+ + S^{2-}$ fällt, auch zwischendurch vielleicht noch mal mit wenig H_2O verdünnen.

Dabei fallen aus: As_2S_3 (gelb), SnS_2 (hellgelb), Sb_2S_3 (orange), HgS (schwarz), PbS (schwarz), CuS (dunkelbraun), SnS (braun), Bi_2S_3 (dunkelbraun). *Anmerkung:* Die genaue Reihenfolge hängt von verschiedenen Faktoren ab (z.B. Konzentration der Ionen in der Analyse); außerdem darf man die Farben nur als Anhaltspunkte nehmen, da manche Ionen durch Mischsalzbildung verschiedenfarbig ausfallen können (auch weiß). Außerdem überdecken schwarze NSe alle heller farbenen NSe.

NS rasch von der restlichen Lösung trennen, da Sulfide leicht zu Sulfaten oxidiert werden, die löslich sind!

Halbkonz. HNO_3 löst PbS, CuS und Bi_2S_3 auf, HgS jedoch nicht.

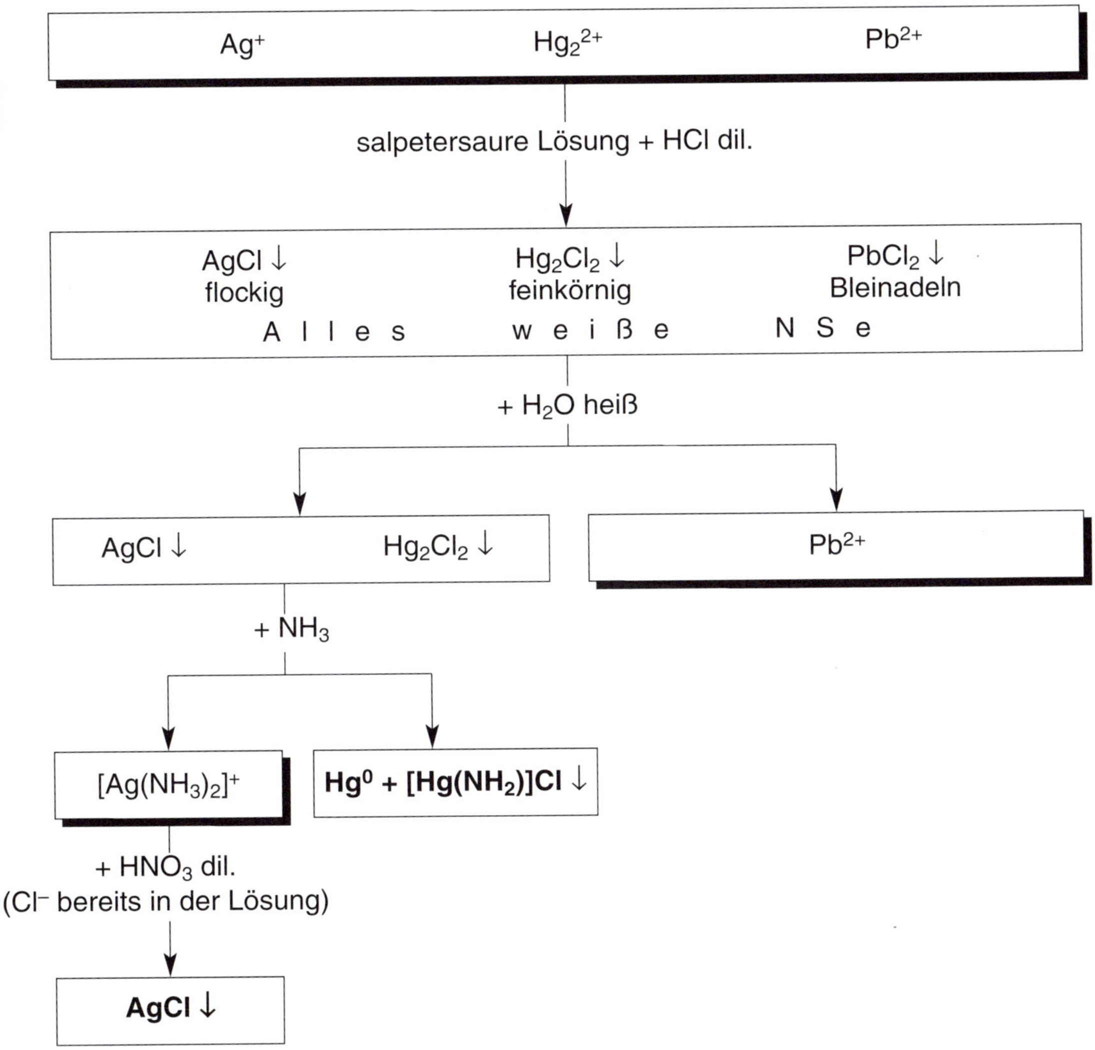
Ag+
Hg2 2+
Pb2+
salpetersaure Lösung + HCl dil.
AgCl ↓
flockig
Hg2Cl2 ↓
feinkörnig
PbCl2 ↓
Bleinadeln
A l l e s w e i ß e N S e
+ H2O heiß
AgCl ↓
Hg2Cl2 ↓
Pb2+
+ NH3
[Ag(NH3)2]+
Hg0 + [Hg(NH2)]Cl ↓
+ HNO3 dil.
(Cl− bereits in der Lösung)
AgCl ↓

$(NH_4)_2S_x$-Lösung (= schwefelhaltiges NH_3 dil., in das H_2S eingeleitet wurde).

Färbt er sich dabei schwarz, so kommen als Rückstände AgCl, AgBr, AgI bzw. $PbSO_4$ in Frage. Falls es sich um $PbSO_4$ handeln sollte, so weist man es nach wie auf S. 185 unter »Anmerkungen« beschrieben. Falls es sich um AgCl, AgBr oder AgI handeln sollte, so wird Folgendes gemacht: Zum HCl konz. unlöslichen RS (neu herstellen und gut auswaschen!) gibt man etwas Zn-Staub und H_2SO_4 dil., erwärmt die Lösung und filtriert sie danach in ein neues RG. Aus diesem RG nimmt man einige Tropfen in ein kleines RG und prüft mit $AgNO_3$ auf die Anwesenheit von Halogeniden. Um welches Halogenid es sich dann handeln könnte, ist durch die auf S. 125 beschriebenen Nachweise zu prüfen.

Verfärbt sich der NS nicht, so verfährt man wie folgt: Nach Entfernen der $(NH_4)_2S$-Lösung und zweimaligem sorgfältigem Auswaschen des NS mit HCl dil. gibt man einige Tropfen H_2SO_4 konz. zum RS und erwärmt das RG im Wasserbad. Geht der NS jetzt in Lösung und fällt beim anschließenden Verdünnen mit der vierfachen Menge Wasser wieder aus (Verdünnen vorsichtig und erst nach dem Abkühlen vornehmen!), so handelt es sich um $BaSO_4$ bzw. $SrSO_4$. Bleibt der NS gelöst, so gibt man einige Tropfen H_2O_2 (3 %) zu und hat bei Gelb-/Orangefärbung TiO_2 nachgewiesen. Hat sich der NS nicht gelöst, so kommen noch SnO_2, SiO_2 oder Al_2O_3 in Frage. Wird der NS nun sauber von H_2SO_4 konz. getrennt, zweimal mit HCl dil. ausgewaschen und löst sich dann (teilweise!) mit NaOH konz., so handelt es sich um SiO_2. SnO_2 würde mit Hilfe der Leuchtprobe (S. 236) nachgewiesen, und fällt auch diese negativ aus, so hofft man auf eine positive Thénardsblau-Reaktion mit $Co(NO_3)_2$-Lösung, womit Al_2O_3 nachgewiesen wäre.

Durch S^{2-}-Ionen werden Ag^+ als Ag_2S und Pb^{2+} als PbS gefällt (beide schwarz). Ag_2S bzw. PbS haben ein so geringes Löslichkeitsprodukt, dass sie selbst aus AgCl, AgBr, AgI bzw. $PbSO_4$ gefällt werden können. Komplexbildung des Pb^{2+} mit Tartrat-Ionen (Anm. S. 185).

Zn-Staub und H_2SO_4 reagieren gemäß $Zn^0 + 2\,H^+ \rightleftharpoons Zn^{2+} + 2\,<H^0>$, wobei der entstehende Wasserstoff das Ag^+-Ion des AgCl, AgBr bzw. AgI zu elementarem Ag^0 reduziert und die Anionen Cl^-, Br^- bzw. I^- in Lösung gehen.

Fällt der richtig durchgeführte Chloramin-T-Nachweis negativ aus, so muss Cl^- vorliegen; ich würde das AgCl jedoch sicherheitshalber mit dem ersten Versuch auf S. 115 nochmal überprüfen.

Durch H_2SO_4 konz. gehen $PbSO_4$, $BaSO_4$, $SrSO_4$, $CaSO_4$ und TiO_2 als Komplex in Lösung, wobei alle bis auf TiO_2 beim Verdünnen wieder ausfallen.

SiO_2 löst sich in Lauge (teilweise!) als SiO_3^{2-} auf. (Nur hochdisperse Kieselsäure löst sich komplett in Lauge.)

1. Die HCl-Gruppe und in HCl konz. unlösliche R

Durchführung

Da farbige Stoffe spätestens in Königswasser löslich sind, beschäftige ich mich hier nur mit in HCl konz. unlöslichen *weißen* RSen. Hier kommen in Frage: $PbCl_2$, AgCl, Hg_2Cl_2, AgBr (gelblich-weiß), AgI (gelblich), $PbSO_4$, $BaSO_4$, $SrSO_4$, TiO_2, SnO_2, Silikate, Al_2O_3. Da in den Analysen meist maximal ein unlöslicher Rückstand ist, lassen sich die oben angegebenen Stoffe in der angegebenen Reihenfolge trennen. In ein RG gibt man zwei Spatelspitzen AS und versetzt diese mit wenigen Tropfen HCl konz. Nun erhitzt man, um auch schwerlösliche Stoffe in Lösung zu bringen. Ist nach dem Abkühlen alles in Lösung gegangen, beschriftet man dieses RG mit »zur H_2S-Gruppe«. Falls nicht alles in Lösung gegangen ist, macht man Folgendes: Man schüttelt den NS auf, füllt das Ganze in ein ZG und zentrifugiert. Man beachte, dass zum Gleichgewicht in der Zentrifuge ein weiteres ZG mit Wasser (gleich voll wie das erste!) mit zentrifugiert werden muss. Dann dekantiert man die Lösung in ein weiteres RG und beschriftet dieses mit »zur H_2S-Gruppe«. Der NS wird zweimal mit HCl dil. ausgewaschen, das Waschwasser weggeschüttet. Nun gibt man zum ausgewaschenen NS eine kleine Menge heißes Wasser, schüttelt den NS kräftig auf und filtriert die Lösung heiß. Tritt nach dem Abkühlen im Filtrat die Bildung von weißen Nadeln auf, so ist dies als deutlicher Hinweis auf Pb^{2+} zu werten (S. 184 f.). Über den Rest des NS, der sich nun im Filter befindet, gibt man etwas NH_3 konz. Falls sich der NS schwarz färbt, war Hg_2^{2+} in der Analyse. Das Filtrat säuert man (vorsichtig!) mit Salzsäure an: bildet sich ein NS, so war Ag^+ ebenfalls in der Analyse. Für die weitere Untersuchung benötigt man einen neuen Versuchsaufbau: Man wiederholt den o.g. Versuchsablauf bis zur Stelle, an der der NS ausgewaschen ist. Nun verfährt man wie folgt: Man versetzt den NS mit 1 ml einer

Erklärung

HCl konz. löst sowohl sämtliche schwerlöslichen Fluoride als auch $CaSO_4$, so dass diese hier nicht besprochen werden.

$PbCl_2$ löst sich im heißen Wasser und fällt beim Abkühlen wieder aus.

Reaktionsgleichung s. S. 78 (es gibt neben Hg_2Cl_2 noch Hg_2Br_2 und Hg_2I_2 und andere schwer lösliche Verbindungen, das Anion ist durch den vorher untersuchten Sodaauszug bekannt!)

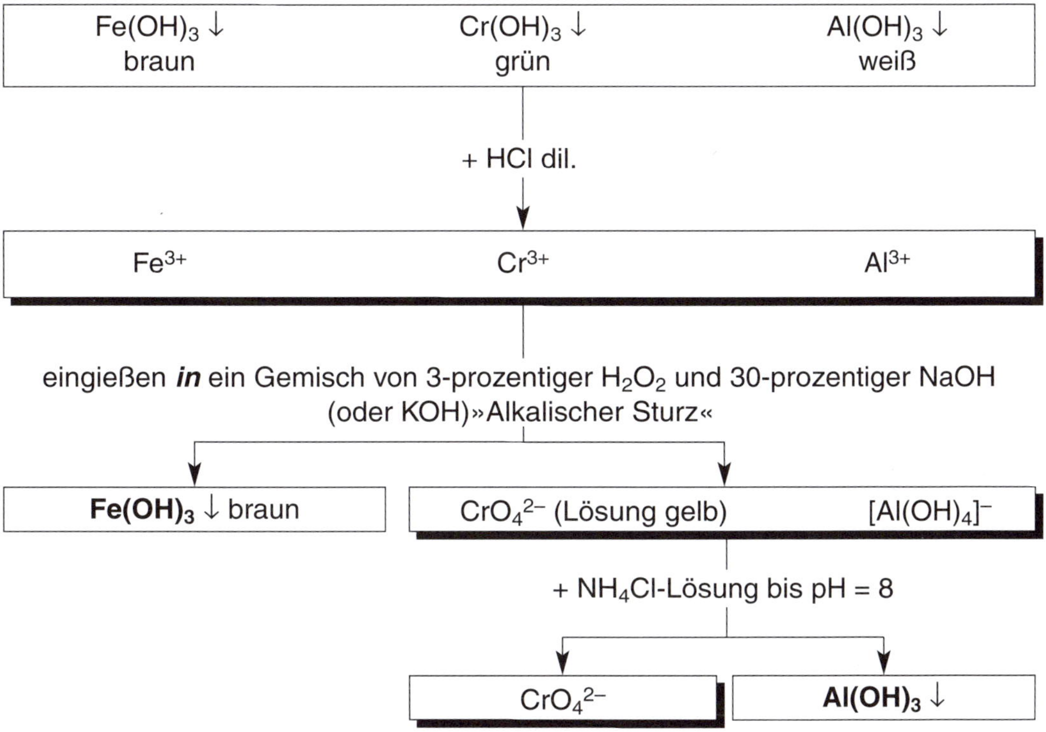
$Fe(OH)_3$ ↓ braun
$Cr(OH)_3$ ↓ grün
$Al(OH)_3$ ↓ weiß
+ HCl dil.
Fe^{3+}
Cr^{3+}
Al^{3+}
eingießen ***in*** ein Gemisch von 3-prozentiger H_2O_2 und 30-prozentiger NaOH (oder KOH) »Alkalischer Sturz«
$Fe(OH)_3$ ↓ braun
CrO_4^{2-} (Lösung gelb)
$[Al(OH)_4]^-$
+ NH_4Cl-Lösung bis pH = 8
CrO_4^{2-}
$Al(OH)_3$ ↓

Erklärung

Das Versetzen mit HNO_3 geschieht, um eventuell vorhandenes Fe^{2+} zu Fe^{3+} zu oxidieren, da es nur als solches in der Urotropin-Gruppe nachgewiesen werden kann, und um eventuell noch vorhandenes S^{2-} zu S^0 zu oxidieren. Die Trübung kann durch den entstehenden elementaren Schwefel hervorgerufen werden, der jedoch kolloidal gelöst ist und deswegen am Filterpapier adsorbiert wird.

Um den pH-Wert zu erhöhen, nimmt man *Carbonat*, da dieses gemäß $2\,H^+ + CO_3^{2-} \rightleftharpoons H_2CO_3 \rightleftharpoons H_2O + CO_2 \downarrow$ als CO_2 entweicht (Gasentwicklung), und *Ammonium*carbonat, da Ammonium kein störendes Kation ist bzw. sowieso nicht im KTG nachgewiesen wird. Eine *gesättigte* Ammoniumcarbonat-Lösung ist notwendig, um die Volumenzunahme so gering wie möglich zu halten.

Die Lösung nach dem Versetzten mit Urotropin erwärmen, da sich der NS der Hydroxide in der Hitze besser bildet. Somit gehen $Al(OH)_3$, $Fe(OH)_3$ und $Cr(OH)_3$ wieder als Al^{3+}, Fe^{3+} und Cr^{3+} in Lösung.

Hierbei handelt es sich um den so genannten »Alkalischen Sturz«, d.h. Cr^{3+} wird durch das H_2O_2 in CrO_4^{2-} umgewandelt, was die gelbe Farbe in der Lösung hervorruft, Fe^{3+} als $Fe(OH)_3$ wieder ausgefällt und Al^{3+} bleibt wegen seiner amphoteren Eigenschaften als $[Al(OH)_4]^-$-Komplex in Lösung.

Da sich $Al(OH)_3$ in der Hitze schneller bildet, sollte man die Lösung wieder einige Minuten ins Wasserbad stellen, um einen evtl. gebildeten NS deutlicher zu sehen. Außerdem lässt sich damit überschüssiges NH_3 abrauchen.

3. Urotropin-Gruppe

Durchführung

Man versetzt die Lösung im RG »zur Urotropin-Gruppe« mit einigen ml HNO_3 konz. und erhitzt. Falls das Ganze jetzt milchig trübe sein sollte, schneidet man ein Filterpapier in kleine Streifen und wirft diese in die trübe Lösung/Suspension. Nach erneutem kurzem Aufkochen filtriert man das Ganze dann in ein RG ab. Die Trübung lässt sich vermeiden, wenn man die Lösung anfänglich eindampft und erst dann H_2O_2 dazu gibt. In die nun klare Lösung gibt man gesättigte $(NH_4)_2CO_3$-Lösung (heftige Gasentwicklung!) und schüttelt so lange, bis die Gasentwicklung beendet ist. Diese wird so lange zugesetzt, bis eine bleibende Trübung auftritt, die man durch Versetzen der Lösung mit 1 Tropfen HCl dil. wieder auflöst. Man füllt nun die Lösung in ein ZG, misst den pH-Wert (muss bei ≈ 5 liegen), fügt 10 bis 15 Tropfen 10-prozentige Urotropinlösung hinzu und erwärmt die Lösung etwa 5 Minuten im Wasserbad. Danach zentrifugiert man das Ganze. Die überstehende Lösung dekantiert man in ein mit »zur $(NH_4)_2S$-Gruppe« beschriftetes RG. Mit dem Rückstand wird nun wie folgt verfahren: Man löst den NS in wenig HCl dil. auf und bereitet sich in einem neuen RG eine Mischung aus 30-prozentiger NaOH und 3-prozentiger H_2O_2 im Verhältnis 1:1 (RG etwa ein Drittel voll). ***In*** dieses RG kippt man nun schnell den Inhalt des ZG. Tritt dabei eine gelbe Färbung der Lösung auf, so war Cr^{3+} in der Analyse, falls sich ein rotbrauner NS ergibt, so ist dieser, nach Zentrifugieren, Abtrennen und Auswaschen des NS mit NaOH dil., mit wenig HCl erneut in Lösung zu bringen und gemäß S. 200 als Fe^{3+} mit SCN^- bzw. $K_4[Fe(CN)_6]$ zu identifizieren. Mit dem dabei erhaltenen Zentrifugat wird nun folgendermaßen weiterverfahren: Säuert man die Lösung mit einer gesättigten NH_4Cl-Lösung wieder bis pH 8 an, so war – falls erneut ein NS auftritt – Al^{3+} in der Lösung vorhanden, das dann nach S. 170 f. mit den entsprechenden Nachweisen zu identifizieren ist.

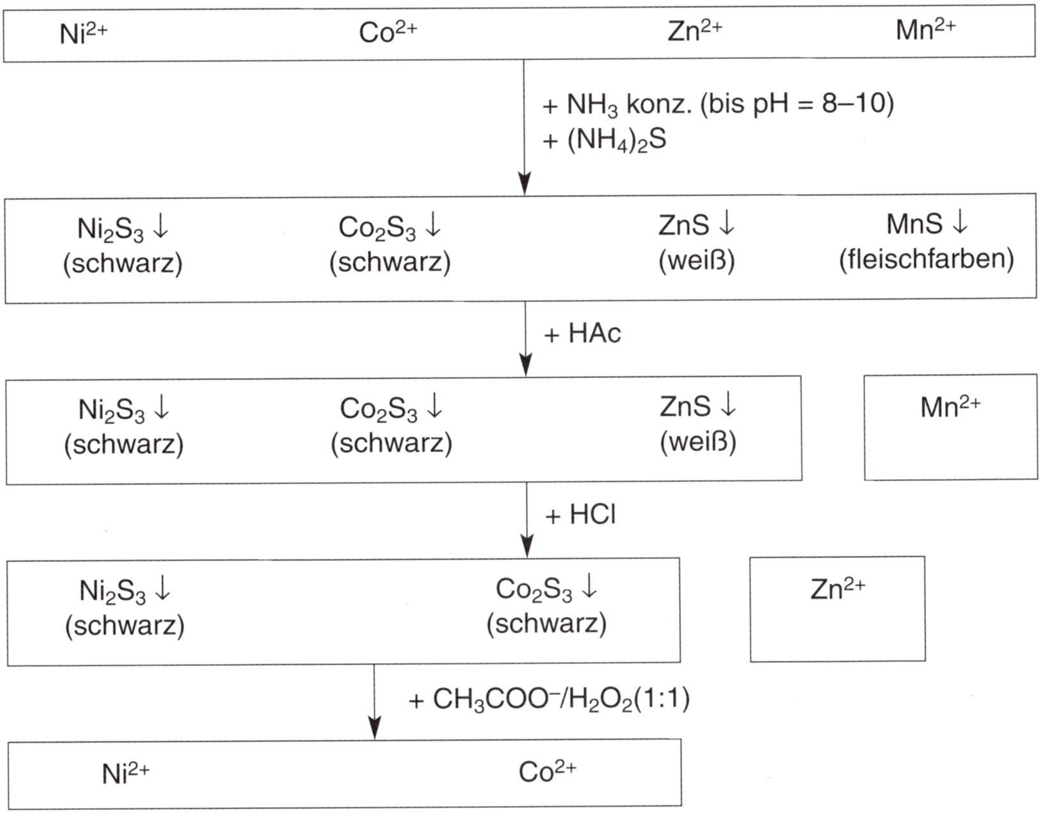
Ni2+ Co2+ Zn2+ Mn2+
+ NH3 konz. (bis pH = 8–10)
+ (NH4)2S
Ni2S3 ↓ (schwarz)
Co2S3 ↓ (schwarz)
ZnS ↓ (weiß)
MnS ↓ (fleischfarben)
+ HAc
Ni2S3 ↓ (schwarz)
Co2S3 ↓ (schwarz)
ZnS ↓ (weiß)
Mn2+
+ HCl
Ni2S3 ↓ (schwarz)
Co2S3 ↓ (schwarz)
Zn2+
+ CH3COO−/H2O2(1:1)
Ni2+ Co2+

Erklärung

NH_3 wird wieder genommen, um keine nachzuweisenden Kationen in die Analyse zu bekommen, konzentriert, um die Volumenzunahme so gering wie möglich zu halten.

Unbedingt alkalische $(NH_4)_2S$-Lösung nehmen und nicht eine schwach saure Lösung. Hergestellt wird diese Lsg., indem man in ein RG mit H_2O H_2S zugibt und anschließend NH_3. Dabei fallen aus: ZnS (weiß), MnS (fleischfarben), CoS (schwarz), NiS (schwarz), wobei die beiden letzteren schnell zu Ni_2S_3 und Co_2S_3 »altern«.

Das Ansäuern mit HAc hat den Zweck, Mn^{2+} wieder in Lösung zu bringen, während alle anderen Sulfide in HAc unlöslich sind.

Das Zugeben von H_2O_2 bewirkt wieder die Oxidation von S^{2-} (aus Co_2S_3 bzw. Ni_2S_3) zu S^0, die Essigsäure schafft das für die Reaktion notwendige Milieu.

4. $(NH_4)_2S$-Gruppe

Durchführung

Mit der tropfenweisen Zugabe von NH_3 konz. bringt man nun die Lösung in dem mit »zur $(NH_4)_2S$-Gruppe« beschrifteten RG auf pH 8 bis 10. Falls das RG dabei zu mehr als der Hälfte voll wird, dampft man etwas ein und wiederholt den Vorgang. Nach der pH-Wert-Kontrolle füllt man das Ganze in ein ZG und gibt einige ml einer $(NH_4)_2S$-Lösung (NH_3, in das H_2S eingeleitet wird; pH > 7!), dann wird zentrifugiert. Die überstehende Lösung dekantiert man nun in ein mit »zur $(NH_4)_2CO_3$-Gruppe« beschriftetes RG. Den NS wäscht man zweimal mit wenig Wasser aus, das Waschwasser wird weggeschüttet.

Nun gibt man einige ml HAc zum NS und schüttelt kräftig auf. Danach wird filtriert; im Filtrat lässt sich jetzt – falls vorhanden – Mn^{2+} nachweisen. Der Filterrückstand wird ausgewaschen und mit HCl dil. versetzt, um eventuell vorhandenes ZnS zu lösen, das dann – wie auf S. 233 f. beschrieben – nachgewiesen werden kann (neues RG zum Auffangen der HCl dil. Lösung verwenden!). Was jetzt noch als NS übrig ist, wird gewaschen und anschließend in ein weiteres RG überführt. Dies versetzt man mit einigen ml einer CH_3COOH/H_2O_2 (3-prozentig) Mischung (1:1), worin er sich auflöst. Die Lösung enthält Co^{2+} und Ni^{2+}, die sich, wie auf S. 195 bzw. S. 218 beschrieben – nebeneinander nachweisen lassen.

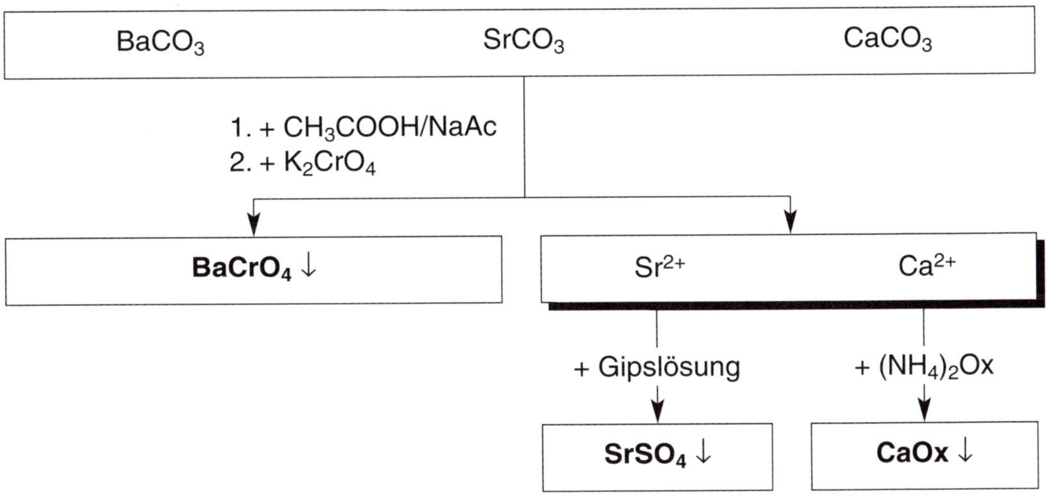
BaCO3
SrCO3
CaCO3
1. + CH3COOH/NaAc
2. + K2CrO4
BaCrO4 ↓
Sr2+
Ca2+
+ Gipslösung
+ (NH4)2Ox
SrSO4 ↓
CaOx ↓

Erklärung

Die Zugabe von HCl dient der Verflüchtigung überschüssiger S^{2-}-Ionen aus der $(NH_4)_2S$-Gruppe als H_2S. Das Eindampfen bis zur Trockne und das Abrauchen mit Königswasser soll die Ammoniumsalze entfernen, da ein großer Überschuss an NH_4^+-Ionen die quantitative Fällung von Ca^{2+} verhindert. Dass dabei wieder mit $(NH_4)_2CO_3$ aufgenommen wird, liegt daran, dass hier keine K^+- und Na^+-Ionen in die Analyse gelangen dürfen und ferner daran, dass bei zu hohem pH-Wert (= zu wenig NH_4^+-Ionen) Mg^{2+} als $MgCO_3$ ausfallen würde. Da dies ein ziemlich kniffliger Punkt im KTG ist, bei dem auch »Profis« z. T. Fehler machen, empfehle ich, sicherheitshalber auch den NS der $(NH_4)_2CO_3$-Gruppe auf Mg^{2+} zu prüfen.

Zum Zusatz der K_2CrO_4-Lösung in essigsaurem Milieu s. zweiter NW für Ba^{2+} (S. 181).

Dass man hier wieder Na_2CO_3 zusetzt, liegt daran, dass man vor dem Sr^{2+}- und Ca^{2+}-Nachweis diese beiden Kationen vom Störanion CrO_4^{2-} trennen sollte, was durch ihre erneute Ausfällung als Carbonate erreicht wird. Gibt man NH_3 dazu, so reicht der damit erreichte pH-Wert nicht aus; außerdem darf man die Na^+-Ionen an dieser Stelle einsetzen, da sie nicht hier nachgewiesen werden, sondern in der löslichen Gruppe, die bereits abgetrennt ist.

5. $(NH_4)_2CO_3$-Gruppe

Durchführung

Die Lösung aus dem RG mit der Beschriftung »zur $(NH_4)_2CO_3$-Gruppe« säuert man mit HCl dil. an und dampft bis zur Trockne ein (Abzug!). Nach Zutropfen von wenig Königswasser wiederholt man das Eindampfen bis zur vollständigen Trockne. Man nimmt nun mit 1 bis 2 Tropfen HCl dil. wieder auf und gibt gesättigte $(NH_4)_2CO_3$-Lösung zu der vorher in ein ZG umgefüllten Lösung. Nun erhitzt man das Ganze ca. 5 Minuten im Wasserbad und zentrifugiert danach ab. Das Zentrifugat füllt man in ein mit »zur löslichen Gruppe« beschriftetes RG, den NS wäscht man zweimal mit wenig $(NH_4)_2CO_3$-haltigem Wasser aus und löst ihn in Essigsäure.

Nach Zugabe einiger Körnchen Na- bzw. NH_4-Acetat zum gelösten NS tropft man etwas K_2CrO_4-Lösung hinzu. Tritt dabei eine Trübung ein, so wiederholt man das Zugeben von K_2CrO_4-Lösung und zentrifugiert anschließend solange, bis bei weiterer K_2CrO_4-Zugabe keine Trübung mehr zu beobachten ist. Danach bzw. falls keine Trübung eintritt, gibt man bis zur alkalischen Reaktion gesättigte Na_2CO_3-Lösung dazu (pH-Wert > 9!), erwärmt wieder im Wasserbad und zentrifugiert erneut. Die überstehende Lösung wird weggeschüttet und der NS mit Sodawasser ausgewaschen. Mit etwas CH_3COOH und unter kräftigem Aufschütteln geht der NS wieder in Lösung (evtl. etwas HCl dil. dazu, falls es überhaupt nicht klappt). Diese Lösung teilt man nun auf zwei RG auf und führt dann nebeneinander Nachweise auf Sr^{2+} bzw. Ca^{2+} durch. (Ich empfehle für Sr^{2+} den zweiten Nachweis S. 229 und für Ca^{2+} den ersten Nachweis S. 189).

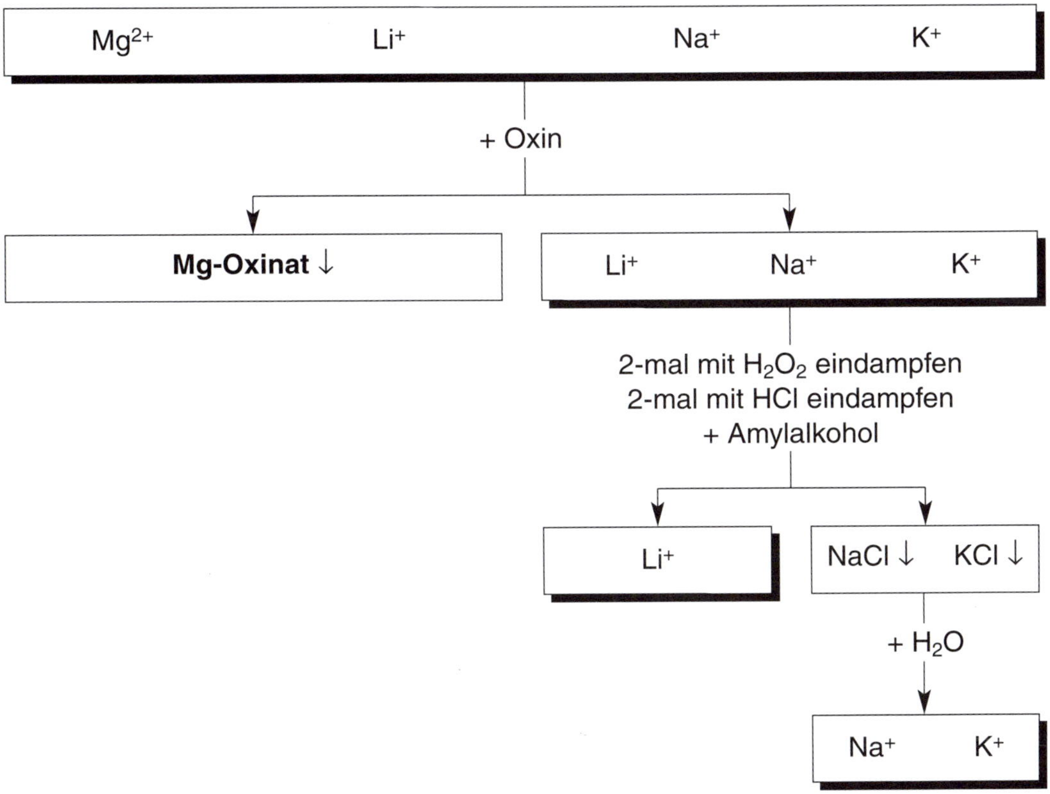
Mg2+ Li+ Na+ K+
+ Oxin
Mg-Oxinat ↓
Li+ Na+ K+
2-mal mit H2O2 eindampfen
2-mal mit HCl eindampfen
+ Amylalkohol
Li+
NaCl ↓ KCl ↓
+ H2O
Na+ K+

Erklärung

Wenn der pH-Wert nicht streng kontrolliert wird, so kann es (bei saurem Milieu) sein, dass das Oxin selbst (und nicht das Magnesiumoxinat) ausfällt, d. h., egal wieviel Oxinlösung man zugibt, es fällt immer etwas aus.

Um das Oxin zu zerstören

Um NH_4^+ als NH_3 zu entfernen, damit es nicht bei den K^+-Nachweisen stört und um Li^+ in LiCl zu überführen, das sich als Einziges – zumindest teilweise – in Amylalkohol löst (S. 207)

Um Amylalkohol, der mit leuchtender Flamme brennt, zu entfernen.

6. Lösliche Gruppe

Durchführung

Im mit »zur löslichen Gruppe« beschrifteten RG befinden sich jetzt nur noch die Kationen Mg^{2+}, Li^{+}, K^{+}, Na^{+} (und NH_4^{+}). Nun prüft man einen Teil dieser Lösung in einem kleinen RG auf Mg^{2+} (Nachweise S. 210 f.). Falls Mg^{2+} in der Lösung vorhanden ist, empfiehlt sich dessen Abtrennung von den übrigen Kationen der Gruppe. Das geschieht folgendermaßen: Die Lösung wird ammoniakalisch gemacht und mit NH_4Cl versetzt, danach wird unter strenger pH-Wert-Kontrolle (muss immer > 8 sein) tropfenweise solange Oxinlösung zugegeben und zentrifugiert, bis sich bei weiterer Zugabe von Oxin kein NS mehr bildet und die überstehende Lösung gelb gefärbt ist. Die Lösung wird daraufhin in ein neues RG filtriert und zweimal mit H_2O_2 (3-prozentig) bis zur Trockne eingedampft. Jetzt wird das Eindampfen noch zweimal mit HCl konz. wiederholt. Nach dieser Aktion wird der absolut trockene (!) RS mit Amylalkohol aufgenommen und filtriert. Das Filtrat wird erneut eingedampft und gibt dann die Flammenprobe auf Lithium ab. Den RS im Filter wäscht man nun mit wenig H_2O aus, er gibt den Nachweis auf Natrium und Kalium ab (nebeneinander nachweisbar).

Aluminium (Al)

Allgemeines

OZ : 13	Smp. :	660 °C	Oxst.: +3
RAM : 26,98	Sdp. :	2519 °C	
Dichte: 2,7 g/cm³	$r(Al^{3+})$:	50 pm	

E^0 ($Al^{3+} + 3\,e^- \rightleftharpoons Al^0$): −1,676 V

Vorkommen Bauxit (= $Al_2O_3 \cdot H_2O$), Alumosilikat, Tone.

Bedeutung
- Dritthäufigstes Element.
- Wegen seines geringen spezifischen Gewichtes und seiner Korrosionsbeständigkeit hat Aluminium große Bedeutung im Apparatebau und in der Flugzeugproduktion.
- In der Chromatographie kann Al_2O_3 als stationäre Phase dienen.
- Wasserfreies $AlCl_3$ wird bei organischen Synthesen als Katalysator genommen.
- **P** Lösliche Aluminiumsalze (z. B. Aluminiumacetat, essigsaure Tonerde) fällen Eiweiß und wirken adstringierend (»zusammenziehend«) und antiseptisch. Sie werden daher z. B. bei übermäßigem Schwitzen zur Herstellung von Deos verwendet oder $AlK(SO_4)_2$ als blutstillende Alaunstifte nach der Rasur. $Al(OH)_3$ bzw. Aluminiumsilikate sind als Antacida im Einsatz. Da die in sämtlichen Antacida enthaltenen Kationen (meist Al^{3+}, Ca^{2+} und Mg^{2+}) mit vielen anderen Arzneistoffen unwirksame Komplexe bilden, ist darauf zu achten, dass Antacida im Abstand von mindestens 2 Stunden (vor und nach!) zu anderen Arzneimitteln genommen werden. Formulierungshilfe für den Apothekenalltag: »Dieses Mittel bindet zwar überschüssige Magensäure – was es ja auch soll –, aber eben auch andere Arzneimittel, so dass diese dann wirkungslos werden. Deshalb ist bei der Einnahme dieses Arzneimittels unbedingt ein Abstand von 2 Stunden zu allen anderen Arzneimitteln einzuhalten.« Da Al^{3+} in Zusammenhang zur Alzheimer-Erkrankung gebracht wird, ist während des gesamten Lebens vorsichtshalber darauf zu achten, das Al^{3+} wo immer möglich zu meiden, d. h. aluminiumfreie Deos verwenden, wenig Dosengerichte (v. a. wenn die Dose säurehaltige Lebensmittel enthält) und auch wenig Fertiggerichte (die meist auch mit einer Alu-Folie abgedeckt sind).

Eigenschaften

- 3. HG des PSE; trotz negativem Redoxpotenzial ist Aluminium an der Luft weitgehend beständig, da es sich mit einer Oxidschicht überzieht (Passivierung).
- Die Gewinnung von Aluminium ist sehr teuer, deshalb rate ich dir: wenn du etwas für die Umwelt tun willst, sammle jedes Stückchen »Alu« getrennt, das Recycling von Alt-Alu braucht viel weniger Energie als die Gewinnung von neuem Aluminium.
- Al-Salze sind meist wasserhaltig und gehen beim Erhitzen in Al_2O_3 über.
- Aluminium ist eines der sechs amphoteren Elemente (wie heißen die anderen fünf?).
- Al^{3+} reagiert als Lewis-Säure sauer:
  $[Al(H_2O)_6]^{3+} + H_2O \rightleftharpoons [Al(OH)(H_2O)_5]^{2+} + H_3O^+$

Nachweise für Al^{3+}

Nachweis als Thénards Blau:

Durchführung Gibt man eine Al^{3+}-haltige Lösung/Feststoff auf eine Magnesia-Rinne und gibt *einen* Tropfen stark verdünnte (!) $Co(NO_3)_2$-Lösung (c = 1 g/L) dazu, zeigt sich nach kurzem (!) Erhitzen über der Bunsenbrennerflamme an den Stellen, an denen Al^{3+} war, eine himmelblaue Färbung.

Milieu –

Begründung Al^{3+} bildet mit Co^{2+} eine hellblaue so genannte Spinell-Verbindung der Formel Al_2CoO_4.

Hinweise Unbedingt stark (!) verdünnte $Co(NO_3)_2$-Lösung nehmen, da die Magnesia-Rinne sonst durch entstandenes Co_3O_4 schwarz gefärbt wird. Führt man den NW aus dem KTG durch, so taucht man ein neues Magnesia-Stäbchen erst in den gallertartigen NS, dann in die $Co(NO_3)_2$-Lösung und erhitzt danach. Reaktion funktioniert nicht immer (meist Schwarzfärbung) und selbst wenn: SiO_2 färbt genauso. Die $Co(NO_3)_2$-Lösung am besten selbst herstellen, damit die für einen gut funktionierenden Nachweis nötige Konzentration von 1g $Co(NO_3)_2$/L nicht überschritten ist.

Nachweis als Morin-Komplexverbindung:

Durchführung Macht man eine essigsaure Al^{3+}-Lösung mit frisch zubereiteter NaOH-Lösung (aus NaOH-Rotuli [= Plätzchen] und demin. Wasser) stark alkalisch und säuert anschließend mit Eisessig an, so tritt nach Zugabe von ein bis zwei Tropfen Morinlösung (S. 83) eine grüne Fluoreszenz auf, die unter der UV-Lampe am besten sichtbar ist.

Milieu HAc-sauer → stark alkalisch → HAc-sauer.

Begründung **Komplexbildung:** Bildung eines Farblacks (Formel J./B. S. 626).

Hinweise Oft tritt mit der verwendeten NaOH eine Fluoreszenz auf, die Al^{3+} vortäuscht. Diese kommt jedoch nicht – wie lange angenommen – vom Na^+, sondern von den Spuren an Kieselsäure, die bei der Aufbewahrung der NaOH in Glasgefäßen entsteht; d. h. wer seine NaOH frisch aus NaOH-Plätzchen herstellt und in Plastikflaschen aufbewahrt, der dürfte keine Schwierigkeiten haben. Bezüglich der Zuverlässigkeit des Versuchs scheiden sich die Geister: Einige schwören darauf, weil er immer richtig ausfiel, andere verfluchen ihn, weil sie immer falsche Ergebnisse erhielten (was u. a. an o. g. Detail liegen könnte). Meiner Ansicht nach fällt dieser NW – richtig durchgeführt – beim Vorhandensein von Al^{3+} so gut wie nie negativ aus. Für schwerlösliche Al-Salze ist dieser Nachweis zu modifizieren: Man nimmt ein Zentrifugenglas, isoliert den weißen unlöslichen RS, gießt die überstehende Lösung ab, gibt zwei Plätzchen KOH und wenig H_2O dazu (Vorsicht, wird heiß und kann spritzen!), füllt zu 80 Prozent mit Eisessig auf und gibt die Morinlösung dazu. Ob sich Al^{3+} damit sogar aus Al_2O_3 und $Al_2(SiO_3)_2$ nachweisen lässt, ist dennoch zu bezweifeln, daher sollte man für diese Stoffe besser einen Aufschluss durchführen.

Nachweis als Alizarin-S-Farblack:

Durchführung Die saure Lösung wird mit KOH gerade alkalisch gemacht und mit einigen Tropfen Alizarin-S-Lösung (S. 82) versetzt. Dann gibt man Essigsäure dazu, bis die rotviolette Farbe verschwindet und in Gelb umschlägt; nun gibt man noch einen weiteren Tropfen Essigsäure hinzu. Lässt man einige Zeit (ca. 30 Minuten) stehen, so zeigen sich – wenn man das RG gegen das Licht hält – rote Streifen in der Lösung bzw. ein roter Niederschlag, falls Al^{3+} zugegen war.

Milieu HAc-sauer → stark alkalisch → HAc-sauer.

Begründung **Komplexbildung:** Bildung eines Farbkomplexes.

Hinweise Versuchsbeschreibung unbedingt einhalten (von sauer nach alkalisch und wieder nach sauer), sonst klappt der Versuch nicht. Geduld haben – Niederschlag zeigt sich erst allmählich! Sonst nur positive Erfahrung mit dem Versuch. Fe^{3+} und Cr^{3+} geben ähnliche Farblacke, sind jedoch nach dem KTG entfernt; gegebenenfalls Vergleichsproben machen.

Nachweis als Aluminiumhydroxid

Durchführung DAC 3 Man gibt zu einer schwach sauren Al-Salz-Lösung tropfenweise verdünnte NaOH-Lösung. Es bildet sich ein weißer, gallertartiger Niederschlag von $Al(OH)_3$, das sich in überschüssiger NaOH-Lösung unter Bildung von Tetrahydroxoaluminat wieder löst. Gibt man NH_4Cl-Lösung dazu, wird wieder $Al(OH)_3$ ausgefällt.

Milieu HCl dil.-sauer

Begründung Fällungsreaktion

$$Al^{3+} + 3\,OH^- \rightleftharpoons Al(OH)_3$$
$$Al(OH)_3 + NaOH \rightleftharpoons NaAl(OH)_4$$
$$[Al(OH)_4]^- + H^+ \rightleftharpoons Al(OH)_3 + H_2O$$

Al^{3+} ist ebenso wie Zn^{2+} schwer nachweisbar. Daher sollte man sich die Amphoterie der beiden Metalle zunutze machen und so Al^{3+} von Fe^{3+} und Cr^{3+} abtrennen und sich notfalls mit einem positiven Nachweis zufrieden geben. Die beiden Ionen (Al^{3+} und Zn^{2+}) werden v. a. in Mischungen oft verwechselt – aufpassen!

Ammonium (NH_4^+)

Allgemeines r (NH_4^+): 143 pm

Vorkommen –

Bedeutung
- Ammoniumsalze sind Bestandteile von Düngemitteln.
- NH_4HCO_3 (Hirschhornsalz) wird bei der Herstellung von Lebkuchen als Backpulver eingesetzt.
- NH_4NO_3 ist Bestandteil von Sicherheitssprengstoffen.
- $(NH_4)_3PO_4$ und $(NH_4)_2SO_4$ finden Verwendung als Flammschutzmittel.

Eigenschaften Ammoniumionen zeigen in ihrem chemischen Verhalten eine sehr große Ähnlichkeit zu Kaliumionen und werden von Anfängern daher leicht verwechselt.

Nachweise für NH_4^+

Nachweis als NH_3 (Ammoniak):

Durchführung Man gibt einige Kristalle AS in ein Uhrglas und befestigt in einem weiteren (gleichgroßen) Uhrglas mit etwas H_2O ein Stückchen Indikatorpapier (bspw. rotes Lackmuspapier). Nun gibt man in das Uhrglas mit der AS einige Tropfen NaOH und stülpt dann das Uhrglas, an dem der Indikatorstreifen befestigt ist – darüber, so dass ein Luftraum zwischen unterem und oberem Uhrglas bleibt. Nach spätestens 30 bis 45 Sekunden muss das Indikatorpapier grün bzw. blau angelaufen sein, wenn NH_4^+-Ionen in der Analyse waren.

DAC 3

Milieu Alkalisch.

Begründung **Säure/Base-Reaktion:** Beim Versetzen von NaOH mit der AS im unteren Uhrglas entsteht gemäß

$$NH_4^+ + OH^- \rightleftharpoons NH_3 + H_2O$$

Ammoniak, das dann aufsteigt. Am oberen Uhrglas findet dieselbe Reaktion in umgekehrter Richtung statt, d. h. das Ammoniak reagiert mit dem Wasser des angefeuchteten Papiers gemäß

$$NH_3 + H_2O \rightleftharpoons NH_4^+ + OH^-$$

wieder zu NH_4^+. Die bei dieser Reaktion gebildeten OH^--Ionen (nicht die der Natronlauge) färben das Indikatorpapier blau.

Hinweise Die Blaufärbung könnte im Prinzip auch von der Natronlauge sein, aber nicht innerhalb von 30 bis 45 Sekunden. Ich hab's auch nicht geglaubt, aber ein Versuch ohne NH_4^+, also nur mit

NaOH im unteren Uhrglas, hat auch mich überzeugt. Probier's doch mal! Da K^+- und NH_4^+-Ionen einen sehr ähnlichen Ionenradius haben, täuschen sie einander bei fast allen Nachweisen gegenseitig vor.

Will man ganz sicher gehen, so wird je ein Streifen Universalindikatorpapier kreuzförmig an die Innen- und an die Außenseite des oberen Uhrglases angebracht (Innenseite ein Streifen, Außenseite im rechten Winkel dazu). Der Nachweis ist nur dann eindeutig, wenn der innere, nicht aber der äußere Streifen blau wird.

FRAGE 50 ■ Warum stört K^+ diesen Nachweis nicht?

FRAGE 51 ■ Warum kann die Blaufärbung eigentlich nicht von den OH^--Ionen der NaOH stammen?

Antimon (Sb)

Allgemeines OZ : 51 Smp. : 631 °C Oxst.: –3, +3, +4, +5
RAM : 121,76 Sdp. : 1587 °C
Dichte: 6,7 g/cm³ $r(Sb^{5+})$: 62 pm
E^0 ($Sb_2O_3 + 6\ H^+ + e^- \rightleftharpoons 2\ Sb^0 + 3\ H_2O$): –0,150 V

Vorkommen Grauspießglanz (Sb_2S_3); Weißspießglanz (Sb_2O_3).

Bedeutung
- Pb/Sb-Legierungen werden als Hartblei und Letternmetall eingesetzt.
- Sb_2S_5 wird zum Vulkanisieren und Rotfärben von Kautschuk genommen; zusammen mit $KClO_3$ findet es als Zündmischung in Streichholzköpfen Einsatz.
- Antimonyl-Kaliumtartrat ($K[(SbO)C_4H_4O_6] \cdot 0{,}5\ H_2O$) wurde früher als Brechmittel (Emetikum) verwendet.
- Bestimmte Sb-Verbindungen sind als Chemotherapeutika bzw. Arzneimittel gegen Tropenkrankheiten im Einsatz.

Eigenschaften
- V. HG des PSE; löst sich nur in oxidierenden Säuren.
- Antimon ist eines der sechs amphoteren Elemente (wie heißen die anderen fünf?).
- Sb^{3+}-Salze hydrolysieren in Wasser, wodurch SbO^+ entsteht. Diese Antimonoxid-Verbindungen (Hydroxid/Oxid) sind in Wasser meist schwerlöslich.
- Sb^{5+}-Salze liegen im stark Salzsauren als $[SbCl_6]^-$, im Alkalischen als $[Sb(OH)_6]^-$ vor.

Nachweise für $Sb^{3+/5+}$

Nachweis als Sb^0:

Durchführung Gibt man einen Eisennagel in eine $Sb^{3+/5+}$-Lösung, die mit HCl dil. angesäuert wurde, so scheiden sich nach drei bis vier Stunden schwarze Flocken am Nagel bzw. in der Lösung ab.

Milieu HCl dil.-sauer.

Begründung **Redoxreaktion:** Nach der Spannungsreihe scheidet sich Sb^0 am Fe-Nagel elementar in Form von schwarzen Flocken ab (Unterscheidung zu Sn, da dieses nicht abgeschieden wird!):
$3\ Fe^0 + 2\ Sb^{3+} \rightleftharpoons 3\ Fe^{2+} + 2\ Sb^0$.

Hinweise Um den Unterschied zwischen Eisennagel und schwarzen Sb^0-Flocken besser zu erkennen, sollte nur der halbe Nagel in die Sb^{3+}-Lösung eintauchen. Beachte die Zeit, da bei längerem Stehenlassen auch eine Abscheidung von Fe-Flocken stattfinden kann. Führt man diesen recht zuverlässigen Nachweis aus dem KTG aus, so ist zu beachten, dass die HCl-(konz.) saure Lösung für diesen Versuch erst mit H_2O verdünnt werden muss.

FRAGE 52 ■ Warum ist das Sb^{3+} nicht indirekt über das in Lösung gegangene Fe^{2+} nachweisbar?

Nachweis als Sb_2S_3/Sb_2S_5 (Antimon-(III/V)-sulfid): ⚠

Durchführung ■ (AB) HANDSCHUHE! ABZUG! Leitet man in eine $Sb^{3+}/^{5+}$-haltige Lösung mit einer Pipette H_2S ein, so fällt orangefarbenes Sb_2S_3/Sb_2S_5 aus.

Milieu ■ HCl dil.-sauer.

Begründung ■ **Fällungsreaktion:**
$2\ Sb^{3+} + 3\ S^{2-} \rightleftharpoons Sb_2S_3 \downarrow$ bzw.
$2\ Sb^{5+} + 5\ S^{2-} \rightleftharpoons Sb_2S_5 \downarrow$.

Hinweise ■ Bei Durchführung des NWes aus dem KTG muss erst mit H_2O verdünnt werden. Ein nicht rein orangener NS kommt durch verschleppte andere Kationen (Sn^{2+}/As^{3+}/Cu^{2+}) zustande.

Nachweis als SbI_3 (Antimon-(III)-iodid):

Durchführung ■ Gibt man zu einer sauren Probelösung einige Tropfen KI-Lösung, so tritt – eventuell nach Erwärmen – ein gelborangefarbener NS von SbI_3 auf.

Milieu ■ Sauer (egal welche Säure).

Begründung ■ **Fällungsreaktion:** $Sb^{3+} + 3\ I^- \rightleftharpoons SbI_3 \downarrow$.

Hinweise ■ Reaktion klappt nur bei einer konz. Sb^{3+}-Lösung, also meist nur bei Einzelstoffen.

Arsen (As)

Allgemeines

OZ : 33	Smp. : 817 °C	Oxst.: –3, +3, +5
RAM : 74,92	Sdp. : 614 °C	
Dichte: 5,73 g/cm³	$r(As^{3+})$: 72 pm	
	$r(As^{5+})$: 47 pm	

E^0 ($H_3AsO_4 + 2\,H^+ + 2\,e^- \rightleftharpoons H_3AsO_3 + H_2O$): 0,560 V

Vorkommen Auripigment (As_2S_3); Realgar (As_4S_4).

Bedeutung
- Arsen ist in Flintenschrot als Zusatz enthalten.
- As_2S_3 (= Arsenik) wird zur Konservierung von Tierbälgen verwendet und ist ein klassisches Mordgift; Arsenate dienen auch zur Schädlingsbekämpfung.
- As_2S_3 wird in der Gerberei zur Enthaarung eingesetzt.
- Bestimmte As-Verbindungen werden als Syphilistherapeutika verwendet; das erste derartige Medikament war Salv*ars*an.
- Arsen dient auch zur p-Dotierung von Halbleitern.

Eigenschaften
- V. HG des PSE; leicht reduzierbar zum Element.
- Arsen ist eines der sechs amphoteren Elemente (wie heißen die anderen fünf?).
- As^{3+}-Verbindungen sind äußerst toxisch!
- As^{5+}-Verbindungen ($[AsO_4]^{3-}$) reagieren genauso wie Phosphat (S. 136)!
- Arsenverbindungen sind beim Erhitzen leicht flüchtig (Abzug!).

Reagenz	Reaktionen von As^{3+} bzw. As^{5+} AsO_3^{3-}	AsO_4^{3-}
+ KI	–	$AsO_4^{3-} + 2I^- + 2H^+ \rightleftharpoons AsO_3^{3-} + I_2 + H_2O$
+ I_2	$AsO_3^{3-} + I_2 + H_2O \rightleftharpoons AsO_4^{3-} + 2I^- + 2H^+$	–
+ $AgNO_3$	Ag_3AsO_3 (gelb; pH = 7!)	Ag_3AsO_4 (schokobraun; pH = 7!)
+ Mg^{2+} + NH_4^+	–	$MgNH_4AsO_4$
+ NH_4^+ + Molybdat	–	$(NH_4)_3As(Mo_3O_{10})_4$

Nachweise für $As^{3+/5+}$

Nachweis als elementares As (Marsh'sche Probe):

Durchführung HANDSCHUHE! ABZUG! Gibt man zu etwas AS im RG Zn-Staub, wenig konz. HCl, stülpt über den RG-Rand ein gebogenes, vorne spitz zulaufendes Röhrchen (siehe Hinweise) und zündet das ausströmende Gas in der Brennerflamme, so wird eine vor die Öffnung des Röhrchens gehaltene Porzellanschale schwarz, falls $As^{3+/5+}$ in der Analyse ist.

Milieu HCl konz.-sauer.

Begründung **Redoxreaktion:**

$$As_2O_3 + 6\ Zn + 12\ H^+ \rightleftharpoons 2\ AsH_3 \uparrow + 6\ Zn^{2+} + 3\ H_2O$$

$$4\ AsH_3 + 3\ O_2 \rightleftharpoons 4\ As + 6\ H_2O.$$

Durch naszierenden Wasserstoff werden As^{3+}-Ionen und Arsenate zu gasförmigem AsH_3 (= Arsin) reduziert, das aufsteigt. Durch Zünden dieses blau brennenden Gases entsteht elementares Arsen und Wasser; das As^0 scheidet sich auf der Porzellanschale ab.

Hinweise

- NW unbedingt unter dem Abzug und mit Handschuhen ausführen, AsH_3 ist äußerst giftig!
- Das oben erwähnte gebogene Röhrchen kann man sich aus einer Pipette selbst herstellen: Man erhitzt sie an der Spitze des blauen Kegels eines guten Bunsenbrenners bis zur gelb-roten Färbung und biegt sie dann um 90°. Das verjüngte Ende der Pipette zieht man unter Erwärmen aus und bricht nach dem Abkühlen die Spitze ab. Danach wird das fertige Röhrchen in einen durchbohrten Stopfen geschoben (z. B. der vom Gärröhrchen). Dieses Röhrchen ist wiederverwendbar; es genügt eines für vier bis fünf Leute.
- Dieser Versuch wird nicht gerne ausgeführt, da Arsin extrem giftig ist und Explosionsgefahr besteht. Mein Kommentar: Dies ist der einzige wirklich zuverlässige NW auf As, der selbst in der Gerichtsmedizin dem As-Nachweis in Leichenteilen dient und schon bei winzigen As-Konzentrationen funktioniert. Es besteht außerdem keine Explosionsgefahr, wenn man ihn richtig ausführt: Bei der Zugabe von HCl entsteht neben AsH_3 auch Knallgas. Man sieht im RG Dämpfe aufsteigen; das gebogene Röhrchen darf man erst aufsetzen, wenn die Knallgasprobe negativ ausgefallen ist. Dazu fängt man die Dämpfe, die den RG-Rand erreichen, in einem kleinen RG auf und hält daran von Zeit zu Zeit ein Feuerzeug. Wenn nur noch ein schwaches »Ploppen«

(= Hinweis auf positive Knallgasprobe) zu hören ist, kann man das Röhrchen aufsetzen und danach das ausströmende Gas anzünden.

- Der Versuch wird durch Sb^{3+} gestört (Bildung von SbH_3 Stibin und NS von Sb^0). Daher versetzt man zur Unterscheidung den entstandenen NS mit etwas ammoniakalischer H_2O_2, wobei das As dabei sofort als AsO_4^{3-}, Sb gar nicht in Lösung gehen sollte.

Nachweis als Ag_3AsO_3/Ag_3AsO_4 (Silberarsenit/-arsenat):

Durchführung ■ Gibt man zu einer As^{3+}/As^{5+}-(= AsO_3^{3-} bzw. AsO_4^{3-})haltigen Lösung einige Tropfen $AgNO_3$, fällt gelbes Ag_3AsO_3 bzw. braunes Ag_3AsO_4 aus, die beide in H_3O^+ bzw. OH^- löslich sind.

Milieu ■ Neutral (unbedingt einhalten!).

Begründung ■ **Fällungsreaktion:**

$AsO_3^{3-} + 3\ Ag^+ \rightleftharpoons Ag_3AsO_3 \downarrow$ bzw.

$AsO_4^{3-} + 3\ Ag^+ \rightleftharpoons Ag_3AsO_4 \downarrow$

FRAGE 53 ■ Was passiert, wenn der pH-Wert zu hoch ist; was, wenn er zu niedrig ist?

Nachweis als $(NH_4)_3[As(Mo_3O_{10})_4]$ (Ammoniummolybdoarsenat):

Durchführung ■ Gibt man zu einer erwärmten HNO_3-sauren Lösung Ammoniummolybdatlösung hinzu, so fällt ein zitronengelber NS der Formel $(NH_4)_3[As(Mo_3O_{10})_4]$ aus.

Milieu ■ HNO_3 dil.-sauer.

Begründung ■ S. PO_4^{3-}-Nachweis.

Hinweise ■ Da PO_4^{3-} genauso reagiert, unbedingt noch Versuch oben durchführen.

Barium (Ba)

Allgemeines

OZ : 56	Smp. :	727 °C	Oxst.: –2, +2, +4
RAM : 137,33	Sdp. :	1870 °C	
Dichte: 3,51 g/cm³	$r(Ba^{2+})$:	135 pm	

E^0 ($Ba^{2+} + 2\ e^- \rightleftharpoons Ba^0$): –2,92 V

Vorkommen Witherit ($BaCO_3$); Schwerspat ($BaSO_4$).

Bedeutung

- $BaSO_4$ wird als weiße (= Permanentweiß), $BaCrO_4$ als gelbe Malerfarbe eingesetzt.
- $BaSO_4$ wird als Röntgenkontrastmittel zur Darstellung des Verdauungstraktes verwendet.
- Barium wird zum Strahlenschutz verwendet, da es γ-Strahlen absorbiert.
- Lösliche Bariumsalze werden in der Feuerwerkerei für eine grüne Flammenfärbung eingesetzt.
- $BaCO_3$ diente als Rattengift.

Eigenschaften

- Die extreme Schwerlöslichkeit von $BaSO_4$ macht man sich bei Ba-Vergiftungen zunutze, indem man Na_2SO_4-Lösung spritzt und so das Ba^{2+} als $BaSO_4$ »unschädlich« macht.
- Zum Aufschluss von $BaSO_4$ vgl. das Kapitel »Aufschlüsse« (S. 149 ff.).

FRAGE 54 ■ Worauf muss $BaSO_4$, das als Röntgenkontrastmittel eingesetzt wird, geprüft werden und warum?

Nachweise für Ba^{2+}

Nachweis als $BaSO_4$ (Bariumsulfat):

Durchführung ■ Gibt man zu einer HCl dil.-sauren, Ba^{2+}-haltigen Lösung SO_4^{2-}-Ionen (z. B. als H_2SO_4 oder Na_2SO_4), entsteht sofort ein weißer, in HCl konz. und NaOH konz. unlöslicher NS.

DAC 3 AB

Milieu ■ HCl dil.-sauer.

Begründung ■ **Fällungsreaktion:** $Ba^{2+} + SO_4^{2-} \rightleftharpoons BaSO_4 \downarrow$.
In NaOH konz. wäre z. B. $PbSO_4$ als $[Pb(OH)_4]^{2-}$ löslich.

Hinweise ■ Klappt immer. (Kein H_2SO_4 konz. verwenden!).

FRAGE 55 ■ Warum darf man bei diesem Versuch keine H_2SO_4 konz. nehmen?

Nachweis als $BaCrO_4$ (Bariumchromat):

Durchführung ■ HANDSCHUHE! Gibt man zu einer essigsauren, acetatgepufferten Lösung K_2CrO_4-Lösung, so fällt gelborangenfarbenes $BaCrO_4$ aus, das in NaOH nicht löslich ist.

Milieu ■ HAc-sauer.

Begründung ■ **Fällungsreaktion:** (s. Cr^{3+}).
Die Zugabe von NaOH dient zur Unterscheidung von Pb^{2+}, das als $[Pb(OH)_4]^{2-}$-Komplex in Lösung gehen würde.

Hinweise ■ Klappt immer; wenn Nachweis Nr. 1 auch positiv ist, war's ganz sicher Ba^{2+}!

FRAGE 56 ■ Warum muss man hier in einer HAc/Ac^- gepufferten Lösung arbeiten?

Bismut/Wismut (Bi)

Allgemeines
OZ : 83 Smp. : 271 °C Oxst.: –3, +3, +5
RAM : 208,98 Sdp. : 1564 °C
Dichte: 9,78 g/cm^3 r(Bi^{3+}) : 131 pm
E^0 ($BiO^+ + 2\,H^+ + 3\,e^- \rightleftharpoons Bi^0 + H_2O$): 0,317 V

Vorkommen Bismutglanz (Bi_2S_3); Bismutocker (Bi_2O_3).

Bedeutung
- Bismut ist Hauptbestandteil leichtschmelzender Legierungen (Woodsche Legierung, Rosesches Metall) z. B. für Sicherungen.
- Schwerlösliche Bismutoxidsalze werden gegen Magen-Darmentzündungen und zur Wundbehandlung verwendet.
- o. g. Mineralien und andere schwerlösliche Salze dienen in der Freskenmalerei als Pigmente.
- Basisches Bismutnitrat wird als weiße Schminke eingesetzt.

Eigenschaften
- V. HG des PSE; elementares Bismut löst sich nur in oxidierenden Säuren.
- Bismut besitzt einen negativen Ausdehnungskoeffizienten (d. h. es dehnt sich – wie Wasser – beim Abkühlen aus und zieht sich beim Erwärmen zusammen), daher auch sein Einsatz für Sicherungen.
- Verdünnt man Bi^{3+}-Lösungen mit Wasser, so fallen »basische Bismutsalze wechselnder Zusammensetzung« aus (s. Identitätsreaktionen im Arzneibuch).

Nachweise für Bi^{3+}

Nachweis als BiI_3 (Bismutiodid):

Durchführung Versetzt man eine schwach salpeter- bzw. schwefelsaure Lösung mit KI, so fällt erst BiI_3 aus (schwarz), das sich im Überschuss von KI zu $[BiI_4]^-$ löst (orange).

Milieu HNO_3 (oder H_2SO_4) dil.

Begründung **Fällungsreaktion:** $Bi^{3+} + 3\,I^- \rightleftharpoons BiI_3$ bzw.
Komplexbildung: $BiI_3 + I^- \rightleftharpoons [BiI_4]^-$
(s. auch Hg^{2+} und Pb^{2+}).

Hinweise Dieser NW klappt nur bei ziemlich hohen Bi-Konzentrationen, also am besten bei Einzelstoffen. Vereinzelt wurde über Störungen dieses Versuchs durch Zn^{2+} berichtet (?!).

Nachweis als Bi-DAD-Komplex:

Durchführung In der Hitze versetzt man eine Bi^{3+}-Lösung mit einigen Tropfen Diacetyldioxim (= DAD = Dimethylglyoxim (S. 82)) und macht mit NH_3 konz. stark alkalisch. Dabei ensteht ein voluminöser gelber Bismut-Niederschlag.

Milieu Sauer bis neutral.

Begründung **Fällungsreaktion:** $2\ Bi^{3+} + H_2DAD + 2\ H_2O \rightleftharpoons DAD\ (BiO)_2 + 6\ H^+$.

Hinweise Man sollte dringend NH_3 konz. verwenden und stark alkalisch machen, damit der NS deutlich gelb wird; außerdem sollte man vielleicht zentrifugieren, damit man einen NS sieht. Da zahlreiche andere Ionen stören können, sollte dies nicht der einzige NW sein, der durchgeführt wird.

Nachweis als Bismut-Thioharnstoff-Komplex:

Durchführung AB HANDSCHUHE! Man gibt einige Körnchen AS in eine Vertiefung der Tüpfelplatte und einige Tropfen HNO_3 dil. dazu. Faltet man einen Papierfilter, gibt eine Spatelspitze Thioharnstoff (S. 83) hinein und hält diesen Filter nun in die AS/HNO_3-Mischung, färbt sich der Filter bzw. Thioharnstoff intensiv gelb-orange, wenn Bi^{3+} vorhanden war.

Milieu HNO_3 dil.-sauer.

Begründung Bildung eines gelben Komplexes (Formel J./B. S. 617).

Hinweise Was die genaue Ausführung dieses Versuchs angeht, so existieren mehrere Versionen; bei dieser ist Folgendes zu beachten: HNO_3 *dil.* nehmen, da HNO_3 *konz.* das Papier oxidiert und dieses in Flammen aufgeht! (*HCl* dil. gibt eine grün-gelbe Färbung); die *intensiv* gelb-orange Farbe muss auftreten, da Sn^{2+} und Sb^{3+} hellgelbe Färbungen hervorrufen; gibt man NH_4F in den Filter, so soll die Farbe bei Sn^{2+} und Sb^{3+} verschwinden (wg. Komplexbildung mit den Fluorid-Ionen), bei Bi^{3+} jedoch erhalten bleiben; aus der Praxis ist zu sagen, dass die Färbung auch bei Bi^{3+} zumindest abgeschwächt wird und ich deswegen auf den Zusatz von NH_4F verzichte. Bei Beachtung dieser Hinweise zuverlässiger Nachweis.
Da Thioharnstoff krebserregend ist, mit Handschuhen arbeiten und Reaktionsprodukte sofort entsorgen!

Blei (Pb)

Allgemeines ■

OZ :	82	Smp. :	327 °C	Oxst.: –4, +2, +4
RAM :	207,2	Sdp. :	1749 °C	
Dichte:	11,34 g/cm³	$r(Pb^{2+})$:	133 pm	

E^0 ($Pb^{2+} + 2\,e^- \rightleftharpoons Pb^0$): –0,125 V

Vorkommen ■ Bleiglanz (PbS).

Bedeutung ■
- Blei wird zur Herstellung von Rohren, Akkuplatten und Geschossen benötigt.
- Bleiwände schirmen γ-Strahlung ab.
- Bleiweiß (bas. $PbCO_3$), Mennige (Pb_3O_4), und Chromgelb ($PbCrO_4$) dienen als Farbpigmente (Mennige ist ein sehr gutes Rostschutzmittel).
- PbO wird zur Herstellung von Gläsern mit hohem Brechungsindex gebraucht.
- $Pb(C_2H_5)_4$ (Bleitetraethyl) diente im bleihaltigen Benzin als Antiklopfmittel.
- Früher war Blei zur Herstellung von Schwefelsäure nötig (Bleikammerverfahren).
- Verschiedene Bleiverbindungen werden als Katalysatoren eingesetzt.

Eigenschaften ■
- IV. HG des PSE; Komplexbildner.
- Negatives Normalpotenzial, aber erst in HNO_3 gut löslich.
- Löst sich in heißer H_2SO_4 konz. unter Komplexbildung.
- Blei ist eines der sechs amphoteren Elemente (wie heißen die anderen fünf?).
- PbO_2 setzt aus Cl^- Cl_2 frei (→ starkes Oxidationsmittel).
- Pb hat einen niedrigen Schmelzpunkt, daher wird aus der Bleitiegelprobe (NW für Silikat bzw. Fluorid) oft unfreiwillig »Bleischmelzen«.

Nachweise für Pb^{2+}

Nachweis als $PbCl_2$ (Bleichlorid):

Durchführung ■ Das heiße Filtrat der HCl-Gruppe lässt man abkühlen. Dabei kristallisiert $PbCl_2$ in weißen, langen, glänzenden Nadeln aus (eventuell mit Glasstab reiben).

Milieu ■ Sauer bis neutral.

Begründung **Fällungsreaktion:** $Pb^{2+} + 2\ Cl^- \rightleftharpoons PbCl_2\downarrow$.
$PbCl_2$ löst sich in der Hitze weit besser und fällt beim Abkühlen wegen Überschreitung seines Lp. wieder aus.

Hinweise Dieser NW klappt nur bei hoher Pb^{2+}-Konzentration der Analyse, also meist nur bei Einzelstoffen.

Nachweis als PbI_2 (Bleiiodid):

Durchführung AB Gibt man KI-Lösung zu einer Pb^{2+}-haltigen Lösung, so fällt gelbes PbI_2 aus, das sich einem KI-Überschuss als orangenes $[PbI_4]^{2-}$ wieder löst bzw. nach dem Erwärmen wieder in schönen goldgelb glitzernden Plättchen ausfällt.

Milieu Sauer bis neutral.

Begründung **I. Fällungsreaktion:** $Pb^{2+} + 2\ I^- \rightleftharpoons PbI_2\downarrow$
II. Komplexbildung: $PbI_2 + 2\ I^- \rightleftharpoons [PbI_4]^{2-}$.
Die Löslichkeit von PbI_2 wird beim Abkühlen überschritten (I.) bzw. man kann ausgefallenes PbI_2 unter KI-Zugabe wieder in Lösung bringen (II.).

Hinweise Auch dieser NW klappt nur bei konzentrierten Pb^{2+}-Lösungen, also meist nur bei Einzelstoffen.

Nachweis als $PbCrO_4$ (Bleichromat):

Durchführung AB HANDSCHUHE! Gibt man K_2CrO_4 bzw. $K_2Cr_2O_7$-Lösung zu einer acetatgepufferten Lösung, so fällt $PbCrO_4$ (orange) aus, das sich bei NaOH-Zugabe wieder auflöst.

Milieu HAc-sauer.

Begründung **1. Fällungsreaktion:** $Pb^{2+} + CrO_4^{2-} \rightleftharpoons PbCrO_4$
2. Komplexbildung:
$PbCrO_4 + 4\ OH^- \rightleftharpoons [Pb(OH)_4]^{2-} + CrO_4^{2-}$
Dass sich $PbCrO_4$ wieder löst, liegt an der Amphoterie des Pb^{2+}, das als Tetrahydroxoplumbat in Lösung geht. Dies macht man sich zunutze, um es von Ba^{2+} zu unterscheiden.

Hinweise Die Ausfällung ist sehr zuverlässig, beim Auflösen des NS viel NaOH zusetzen.

Anmerkung: Besteht der Verdacht auf Pb^{2+} in der Analyse, so verfährt man folgendermaßen: AS in einem Zentrifugenglas mit H_2SO_4 dil. versetzen, zentrifugieren, mehrmals mit wenig H_2SO_4 dil. auswaschen, danach den Rückstand mit ammoniakalischer Tartratlösung versetzen, kräftig aufschütteln und filtrieren; falls Pb^{2+} vorhanden ist, ist es nun als Bleitartratkomplex in Lösung gegangen und im Filtrat z. B. als $PbCrO_4$ nachweisbar (s. o.). Die H_2SO_4 wurde zugesetzt, um andere störende Kationen wie z. B. Ba^{2+} auszufällen.

Cadmium (Cd)

Allgemeines

OZ : 48	Smp. :	321 °C	Oxst.: –2, +2
RAM : 112,4	Sdp. :	767 °C	
Dichte: 8,65 g/cm^3	r(Cd^{2+}):	155 pm	

E^0 ($Cd^{2+} + 2\,e^- \rightleftharpoons Cd^0$): – 0,04 V

Vorkommen sehr seltenes Element; Grennockit (CdS), Otavit ($CdCO_3$), kommt meist zusammen mit Zinkerzen vor

Bedeutung
- Verwendung in Nickel-Cadmium-Akkus
- für gelbe (CdS) bzw. rote (CdSe) Farbpigmente
- Legierungsmetall in niedrig schmelzenden Verbindungen wie Woodsches Metall
- Raucher nehmen mit jeder Zigarette krebserregendes Cadmium zu sich
- einige Cadmium-Verbindungen sind wichtige Halbleiter
- in der Elektrophysiologie wird Cd^{2+} zur Blockade spannungsabhängiger Ca^{2+}-Kanäle verwendet.

Eigenschaften
- ähnlich wie bei Zinn (»Zinngeschrei«) treten beim Verbiegen von Cadmium typische Geräusche auf.
- Cadmium neigt zur Bildung von Komplexen mit der Koordinationszahl 4.
- Cadmiumverbindungen sind »sehr giftig« und »krebserregend«, sie können im menschlichen Körper wie ein Schwangerschaftshormon wirken.

Nachweise für Cd^{2+}

Nachweis als CdS:

Durchführung Schon in mineralsaurer Lösung (nicht erst im Alkalischen) fällt bei Zugabe von H_2S zitronengelbes CdS aus.

Milieu pH < 7

Begründung **Fällungsreaktion:** $Cd^{2+} + S^{2-} \rightleftharpoons CdS\downarrow$

Hinweis Da in (stark) saurer Lösung auch noch viele andere Schwermetalle als Sulfide ausfallen (s. KTG), stören diese natürlich und müssen vorher – am besten per KTG – sauber abgetrennt werden.

Nachweis als $[Cd(NH_3)_6]^{2+}$:

Durchführung Gibt man zu einer sauren, Cd^{2+}-haltigen Lösung tropfenweise NH_3, so fällt erst ein weißer NS aus, der sich jedoch bei weiterer Zugabe von NH_3 wieder auflöst.

Milieu $0 \rightarrow 14$

Begründung **Fällungsreaktion:** $NH_3 + H_2O \rightleftharpoons NH_4^+ + OH^-$

$Cd^{2+} + 2\,OH^- \rightleftharpoons Cd(OH)_2$

Komplexbildung: $Cd(OH)_2 + 4\,NH_3 \rightleftharpoons [Cd(NH_3)_4]^{2+} + 2\,OH^-$

Hinweis Diese Reaktion verläuft analog zu der von Cu^{2+} (wenn auch der hier entstehende Komplex farblos ist). Vergleicht man das Verhalten von Cd^{2+} mit Pb^{2+}, so stellt man fest, dass Pb^{2+} im Gegensatz zu Cd^{2+} bei NH_3-Zugabe »nur ausfällt« (und nicht wieder in Lösung geht), während sich die beiden Kationen bei der Zugabe von NaOH genau umgekehrt verhalten ($[Pb(OH)_4]^{2-}$ bzw. $Cd(OH)_2 \downarrow$).

Nachweis mit $(NH_4)_2C_2O_4$:

Durchführung Versetzt man eine Cd^{2+}-haltige Verbindung (möglichst als Feststoff) in einem RG mit $(NH_4)_2C_2O_4$ und erwärmt, so entsteht im kälteren Teil des RG ein metallischer (Cd-)Spiegel. Gibt man auf diesen Spiegel Schwefelpulver, so wird der Cd-Spiegel in der Hitze rot, beim Abkühlen gelb. Bei langem Erhitzen sublimiert der Schwefelspiegel.

Milieu –

Begründung Reduktion des Cd^{2+} zu Cd^0 mittels $C_2O_4^{2-}$ dann Redox-/Fällungsreaktion $Cd^0 + S^0 \rightleftharpoons CdS \downarrow$ (ist in der Hitze rot, in der Kälte gelb-rot)

Hinweise Schwefel allein zeigt dieselben Verfärbungen, daher muss man darauf achten, dass sich der Spiegel verfärbt. Nach Versuchsdurchführung über den positiven Nachweis freuen; das RG ist jedoch nur noch geeignet für den Mülleimer, da es (so gut wie) nicht mehr zu reinigen ist.

Wichtiger Hinweis (für diejenigen, bei denen Cd an der Uni überhaupt zu den nachzuweisenden Ionen gehört): Cd^{2+}- und Zn^{2+}-Verbindungen verhalten sich chemisch bei vielen Nachweis-Reaktionen sehr ähnlich!

Calcium (Ca)

Allgemeines OZ : 20 Smp. : 842 °C Oxst.: –2, +2, +4
RAM : 40,08 Sdp. : 1484 °C
Dichte : 1,55 g/cm³ $r(Ca^{2+})$: 99 pm
E^0 ($Ca^{2+} + 2\,e^- \rightleftharpoons Ca^0$): –2,84 V

Vorkommen Kalkspat = Kalkstein = Marmor = Kreide ($CaCO_3$), Gips ($CaSO_4 \cdot 2\,H_2O$).

Bedeutung
- Calcium ist das fünfthäufigste Element.
- Gelöschter Kalk [$Ca(OH)_2$] dient zur Mörtelbereitung.
- $CaCl_2$ dient als Trocknungsmittel.
- $CaNO_3$ wird als Düngemittel verwendet.
- Chlorkalk [CaCl(OCl)] nimmt man zur Desinfektion.
- **P** Der tägliche Ca^{2+}-Bedarf des Menschen beträgt ca. 1 g (Ca^{2+} ist vor allem in Knochen und Zähnen zu finden; vor allem bei Frauen über 50 bzw. bei der Behandlung mit oralen Cortisonpräparaten ist auf eine zusätzliche Gabe von Ca^{2+} (1 000 mg pro Tag) und von Vitamin D_3 (das für die Aufnahme des Ca^{2+} aus der Nahrung sorgt) zu achten, um einer Osteoporose (→ Knochenbrüche!) vorzubeugen. Diese »1 000 : 1 000-Regel« (1000 mg Ca^{2+} + 1000 I.E. Vitamin D) ist ganz wichtig zum Vorbeugen der Osteoporose. Osteoporose ist mittlerweile eine Volkskrankheit wie Diabetes und verursacht auch Kosten in derselben Höhe, aber dies ist (noch) nicht ins Bewusstsein der Bevölkerung (und leider auch nicht das der Ärzte und Apotheker) gelangt!
- **P** $CaCO_3$ ist in manchen Antacida enthalten; da die in sämtlichen Antacida enthaltenen Kationen (meist Al^{3+}, Ca^{2+} und Mg^{2+}) mit vielen anderen Arzneistoffen unwirksame Komplexe bilden, ist darauf zu achten, dass Antacida im Abstand von mindestens zwei Stunden zu anderen Arzneimitteln genommen werden.
- **P** Ca^{2+}-Ionen in hohen Dosierungen (1 000 mg/Tag) sollen entzündungshemmend und antiallergisch wirken und werden in dieser Dosierung gegen Allergien und Sonnenbrand eingesetzt.
- **P** Ca^{2+} ist für das Zusammenziehen der Skelettmuskulatur und des Herzmuskels von entscheidender Bedeutung.
- **P** durch das Aktivieren des Enzyms Thrombokinase im Körper ist Ca^{2+} an der Blutgerinnung beteiligt.

- P Calcium ist auch an der Insulin-Ausschüttung aus den sogenannten Beta-Zellen der Bauchspeicheldrüse (Pankreas) beteiligt.
- P $CaHPO_4$ ist oft als »Füllstoff« bei der Tabletten- und Kapsel-Herstellung im Einsatz.
- P $CaSO_4 \cdot 0{,}5\ H_2O$ (Anhydrit) wird als Gipsverband bei Knochenbrüchen eingesetzt. Die Substanz wird bei Zusatz von wenig H_2O zu Gips ($CaSO_4 \cdot 2\ H_2O$) steinhart. Diese Verbindung ist so hart, dass der eingegipste Knochen damit absolut ruhig gestellt wird, um ein ordnungsgemäßes Zusammenwachsen des Knochens zu gewährleisten.

Nachweise für Ca^{2+}

Nachweis als CaC_2O_4 (Calciumoxalat):

Durchführung AB Gibt man zu einer neutralen bis essigsauren acetatgepufferten Ca^{2+}-haltigen Lösung einige Tropfen einer $(NH_4)_2C_2O_4$-Lösung, bildet sich sofort beim Eintropfen ein weißer NS/Trübung.

Milieu HAc-sauer bis neutral.

Begründung **Fällungsreaktion:** $Ca^{2+} + C_2O_4^{2-} \rightleftharpoons CaC_2O_4 \downarrow$.

Hinweise pH-Wert nicht < 5; der Niederschlag muss sich sofort bilden, nicht erst nach einiger Zeit oder nach Reiben mit einem Glasstab, da es sich dann möglicherweise um Sr^{2+} oder Ba^{2+} handelt. Ich habe dies für den einzigen zuverlässigen Ca^{2+}-Nachweis gehalten, vor allem bei Gemischen, aber nach Angaben einiger Kommilitonen gibt es auch bei Sr^{2+} sofort einen Niederschlag (vor allem bei Einzelstoffen), also aufpassen! Sollte dieser NW nicht positiv ausfallen, so ist der zweite NW empfehlenswert, der auch in Gemischen funktioniert.

Nachweis als $CaSO_4$ (Calciumsulfat):

Durchführung ■ Gibt man zu einer Ca^{2+}-haltigen Lösung SO_4^{2-} (z. B. H_2SO_4 dil.), entsteht weißes $CaSO_4$ (NS).

Milieu ■ Egal.

Begründung ■ **Fällungsreaktion:** $Ca^{2+} + SO_4 \rightleftharpoons CaSO_4 \downarrow$.

Hinweise ■ Ba^{2+} und Sr^{2+} stören! Der NS ist aber so charakteristisch, dass man die »Gipsnadeln« unter dem Mikroskop betrachten sollte (vgl. Kristallfoto bei J./B. auf den letzten Seiten).

Nachweis mit Glyoxalbishydroxyanil (S. 81):

AB S. Identitätsprüfungen des Arzneibuchs.

Nachweis als Ammoniumcalciumhexacyanoferrat(II):

Durchführung ■ DAC 3 Zur essigsauren Probelösung wird Kaliumhexacyanoferrat(II)-Lösung gegeben. Die Lösung bleibt klar. Nach Zugabe von NH_4Cl entsteht ein weißer, kristalliner Niederschlag.

Milieu ■ HAc-sauer

Begründung ■ **Fällungsreaktion:** Calcium reagiert mit Hexacynoferrat(II) in Gegenwart von Ammoniumionen zu Ammoniumcalciumhexacyanoferrat(II).

$Ca^{2} + 2\ NH_4^{+} + [Fe(CN)_6]^{4-} \rightleftharpoons (NH_4)_2Ca[FeCN)_6] \downarrow$

Chrom (Cr)

Allgemeines

OZ : 24	Smp. : 1907 °C	Oxst.: +2, +3, +4, +5, +6
RAM : 52,00	Sdp. : 2671 °C	
Dichte : 7,14 g/cm³	r (Cr^{3+}): 76 pm	
	r (Cr^{6+}): 52 pm	

E^0 ($Cr^{3+} + 3\,e^- \rightleftharpoons Cr^0$): –0,744 V

E^0 ($Cr_2O_7^{2-} + 14\,H^+ + 6\,e^- \rightleftharpoons 2\,Cr^{3+} + 7\,H_2O$): 1,38 V

Vorkommen Chromeisenstein ($FeCr_2O_3$)

Bedeutung

- Reines Chrom ist wegen Passivierung chemisch widerstandsfähig und hat einen starken metallischen Glanz.
- Chrom wird zur Produktion nichtrostender Stähle eingesetzt (V2A-Stahl und V4A-Stahl, vgl. Nickel S. 218 f.).
- Cr^{3+}-Salze verwendet man zum Gerben von Leder.
- Dichromate werden für Verchromungsbäder benötigt.
- Manche farbintensiven Mineralfarben enthalten Chrom: Chromgelb ($PbCrO_4$), Chromoxidgrün (Cr_2O_3).
- Cr-Ionen sind die farbigen Bestandteile vieler Edelsteine.
- **P** Chrom ist ein entscheidendes Spurenelement im Glucose- und Insulinstoffwechsel. Es erhöht die zelluläre Insulinwirkung, reguliert das Glucose-Gleichgewicht außerhalb und innerhalb der Zelle und ist am Cholesterin- und Protein-Stoffwechsel beteiligt. Daher findet sich Chrom z. B. in zahlreichen Präparaten, die als »Diabetikervitamine« im Handel sind.

Eigenschaften

- VI. NG des PSE; Chrom hat viele Oxidationsstufen.
- Cr^{2+}-Salze sind in H_2O blau (sehr starke Reduktionsmittel).
- Cr^{3+}-Salze bilden verschiedene Aquakomplexe:
  violette Hexaquokomplexe ($[Cr(H_2O)_6]^{3+}$),
  grüne Tetra/Pentaaquokomplexe ($[Cr(H_2O)_5]^{3+}$).
- Cr^{6+}-Salze existieren in zwei Formen: gelbe Chromate (im Alkalischen) und orangene Dichromate (im Sauren, die sich je nach H^+-Konzentration ineinander umwandeln (dies ist *keine* Redoxreaktion!)); beide sind starke Oxidationsmittel.
- Chromate sind krebserregend; deshalb: immer mit Handschuhen arbeiten und Chemikalien immer getrennt entsorgen!

Anmerkung Chrom kommt zwar in vielen Oxidationsstufen vor, ändert aber nur bei den folgenden Reaktionen die Oxidationsstufe:

– Oxidation von Cr^{3+} zu CrO_4^{2-} bzw. $Cr_2O_7^{2-}$ mit H_2O_2/Oxidationsschmelze,
– Reaktion von CrO_2Cl_2 mit Diphenylcarbazid.

Die Oxidationsstufe ändert sich *nicht* bei:

– Umlagerung von CrO_4^{2-} in $Cr_2O_7^{2-}$ beim Übergang vom Basischen ins Saure,
– Bildung von CrO_2Cl_2 aus $Cr_2O_7^{2-}$,
– Bildung von $CrO(O_2)_2$ aus $Cr_2O_7^{2-}$.

Nachweise für Cr^{3+}

Nachweis als CrO_4^{2-} (Chromat) mittels Oxidationsschmelze:

Durchführung HANDSCHUHE! In einer Porzellanschale mischt man je ½ Spatelspitze AS, KNO_3 und Na_2CO_3 (wasserfrei) und bringt dieses Gemisch auf eine Magnesia-Rinne, die man zwei bis drei Minuten bis zur Rotglut erhitzt. War Cr^{3+} vorhanden, so ist die Schmelze nach dem Erkalten gelb.

Milieu –

Begründung **Redoxreaktion:**

$$2\,Cr^{3+} + 3\,NO_3^- + 5\,CO_3^{2-} \rightleftharpoons 2\,CrO_4^{2-} + 3\,NO_2^- + 5\,CO_2.$$

Das KNO_3 dient zur Oxidation des Cr^{3+} zum CrO_4^{2-}, das die gelbe Farbe hervorruft und wird selbst zum KNO_2 reduziert; der Na_2CO_3-Zusatz dient demselben Zweck wie H^+- und OH^--Ionen in wässriger Lösung, d. h. zum Ladungsausgleich (s. auch S. 74 ff.).

Hinweise Astreiner Versuch, klappt immer, wenn man lange genug schmilzt! Pech nur, wenn Mn^{2+} vorliegt, das zu grünem Manganat (MnO_4^{2-}) wird, was die gelbe Farbe überdeckt; dann bleibt nur, einen anderen Versuch durchzuführen.

Nachweis als $BaCrO_4$ (Bariumchromat):

Durchführung HANDSCHUHE! Gibt man zu einer Cr^{3+}-haltigen Lösung wenige (!) Tropfen eines Gemisches aus NaOH (30 %) und H_2O_2 (3 %), so färbt sie sich durch entstehendes CrO_4^{2-} gelb. Dann wird die Lösung mit Eisessig essigsauer gemacht (pH 3 bis 5), mit einigen Körnchen NaAc gepuffert und einige Tropfen $BaCl_2$-Lösung dazugegeben, so dass orangenes $BaCrO_4$ ausfällt.

Milieu Erst pH = 14, dann pH = 3 bis 5.

Begründung **I. Redoxreaktion:**

$$2\,Cr(OH)_3 + 3\,H_2O_2 + 4\,OH \rightleftharpoons 2\,CrO_4^{2-} + 8\,H_2O.$$

Das H_2O_2 dient als Oxidationsmittel.

II: Fällungsreaktion: $Ba^{2+} + CrO_4^{2-} \rightleftharpoons BaCrO_4 \downarrow$.
Für das Ausfällen von $BaCrO_4$ muss das Milieu essigsauer sein, da sich $BaCrO_4$ in HCl wieder löst, das NaAc wird als Puffer hinzugeben, um das gemäß
$H_2CrO_4 \rightleftharpoons H^+ + HCrO_4^- \rightleftharpoons 2\,H^+ + CrO_4^{2-}$
entstehende H^+ abzufangen, da die H^+-Ionenkonzentration sonst zu stark stiege (d. h. der pH-Wert sinkt) und somit das gebildete $BaCrO_4$ wieder in Lösung ginge.

Hinweise Wenn genug Cr^{3+} in CrO_4^{2-} umgewandelt wurde, klappt der Versuch; die gelbe Farbe ist zwar bereits ein sehr deutlicher Hinweis auf Cr^{3+}, aber nicht beweisend. Daher Lösung auf einer Tüpfelplatte mit ein bis zwei Tropfen H_2SO_4 dil. ansäuern (pH-Wert messen!) und ein bis zwei Tropfen Diphenylcarbazid (S. 82) zusetzen. Dieses wird zu Diphenylcarbazon (S. 82) reduziert, was sich in der violetten Farbe der Lösung zeigte. (Das war manchmal der einzig funktionierende NW für Cr^{3+}!)

Nachweis als $CrO(O_2)_2$ (Chromperoxid):

Durchführung AB HANDSCHUHE! Eine HNO_3-saure Lösung wird mit wenig Ether überschichtet, mit einigen Tropfen H_2O_2 (30 %) versetzt und dann geschüttelt. Wird die Etherschicht (oben!) blau, so war $Cr_2O_7^{2-}$ vorhanden. Die Färbung verschwindet jedoch bald wieder.

Milieu HNO_3 dil.-sauer.

Begründung Das H_2O_2 macht aus $Cr_2O_7^{2-}$ gemäß der Reaktionsgleichung
$Cr_2O_7^{2-} + 4\,H_2O_2 + 2\,H^+ \rightleftharpoons 2\,CrO(O_2)_2 + 5\,H_2O$
(keine Redoxreaktion!) $CrO(O_2)_2$, das in Ether, oder auch Essigsäureethylester stabil ist und dort blau gefärbt ist. Struktur:

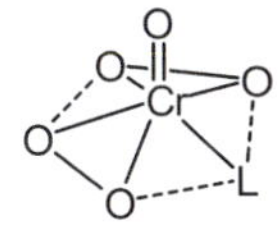

Hinweise Optisch reizvoller Versuch; meist jedoch nur leicht blaue Färbung (wenn überhaupt). Die obenstehende Struktur des CrO_5 wird wegen ihres charakteristischen Aussehens als »Schmetterlingskomplex« bezeichnet.
CrO_4^{2-} existiert im Basischen, $Cr_2O_7^{2-}$ im Sauren (wichtig für das Einrichten von RGlen)!

Chromate sind krebserregend – mit Handschuhen arbeiten!

Cobalt (Co)

Allgemeines

OZ : 27	Smp. :	1495 °C	Oxst.: +2, +3, +4
RAM : 58,93	Sdp. :	2927 °C	
Dichte : 8,90 g/cm³	$r(Co^{2+})$:	72 pm	
	$r(Co^{3+})$:	69 pm	

E^0 ($Co^{2+} + 2\,e^- \rightleftharpoons Co^0$): –0,28 V

Vorkommen Speiscobalt ($CoAs_3$), Cobaltglanz (CoAsS), Cobaltkies (Co_3S_4).

Bedeutung

- Cobalt ist Bestandteil von Spezialstählen und Legierungen hoher Verschleißfestigkeit.
- Herstellung von Hygrometern bzw. Trocknungsindikator.
- **P** Cobalt ist ein wichtiges Spurenelement. Über Vitamin B_{12} ist es als Zentralion (Co^{3+}) an der Bildung der roten Blutkörperchen (Erythrozyten) beteiligt, außerdem spielt es eine Rolle im Fettsäure- und Aminosäure-Stoffwechsel. In der Krebstherapie dient das ^{60}Co als sogenannte »Kobaltkanone«.

Eigenschaften

- VIII. NG des PSE; Co löst sich in HCl unter H_2-Entwicklung.
- Cobalt ist härter als Stahl.
- Cobalt besitzt große Ähnlichkeit mit Nickel und kommt in der Natur meist gemeinsam vor (Ähnlichkeit stört bei Nachweisen!).
- Wasserhaltige Co^{2+}-Salze sind rosa, wasserfreie blau. Diesen optischen Unterschied nutzt man bei den sogenannten »Geheimtinten« und bei Feuchtigkeitsmessern (Hygrometer, Trocknungsmittel); das blaue Zeug im Exsikkator ist Silikagel, das mit $CoCl_2$ beladen ist. $CoCl_2$ wird beim Trocknen feuchter Stoffe allmählich rosa – spätestens dann muss man es austauschen, bzw. im Trockenschrank wieder regenerieren. Da $CoCl_2$ kanzerogen ist, ersetzt man das herkömmliche Material besser durch „Orangegel“.

Cobalt-Salze sind krebserregend! ⚠

Reaktionen von Co^{2+}		
+ Hg^{2+} + SCN^-	$CoHg(SCN)_4$	blauer NS
+ K^+ + NO_2^-	$K_3[Co(NO_2)_6]$	gelber NS
+ DAD	Chelatkomplex	rotbraune Lösung
+ NaOH	$Co(OH)_2$	rosenroter NS
+ Na_2CO_3	$CoCO_3$	bläulich-rötlicher NS
+ SCN^-	$Co(SCN)_2$	blauer NS

Nachweise für Co^{2+}

Nachweis als $Co(SCN)_2$ (Cobaltrhodanid):

Durchführung ■ In einem RG mischt man 1 ml Ether (besser: tert-Butyl-Methylether) und 1 ml Amylalkohol (Pentanol). Im einem anderen RG gibt man zur Co^{2+}-Lösung (neutral-essigsauer) einige Körnchen SCN^- (z. B. KSCN oder NH_4SCN). Nun gibt man das Ether-Amylalkohol-Gemisch oder Essigsäureethylester auf die $Co(SCN)_2$-Lösung. Wenn man schüttelt, lässt sich nach der Phasentrennung im oberen Teil (Ether-Amylalkohol-Gemisch) eine blaue Farbe erkennen.

Milieu ■ Neutral bis HAc-sauer.

Begründung ■ **Komplexbildung:** $Co^{2+} + SCN^- \rightleftharpoons Co(SCN)_2$.
Der $Co(SCN)_2$-Komplex ist in H_2O und Amylalkohol blau bzw. violett; das Ether/Amylalkohol-Gemisch oder Essigsäureethylester als Extraktionsmittel löst $Co(SCN)_2$ besser als Wasser und lässt die Farbe, wenn man nur wenig Lösungsgemisch genommen hat, besser erkennen.

Hinweise ■ Da Fe^{3+}, das fast immer als Verunreinigung in anderen Reagenzien enthalten ist, einen blutroten $Fe(SCN)_3$-Komplex bildet, der die blaue Farbe überdeckt, empfiehlt es sich, in die Co^{2+}-Lösung immer etwas NH_4F oder NaF zu geben, da dies das Fe^{3+} in den stabilen (und farblosen!) $[FeF_6]^{3-}$-Komplex überführt, so dass es nicht mehr stört. Sehr wenig Ether/Amylalkohol verwenden, da sie extra entsorgt werden müssen! Meist ist nur eine schwache Blaufärbung zu beobachten.

Nachweis als $K_3[Co(NO_2)_6]$ (Kaliumhexanitrocobaltat-(III)):

Durchführung ■ Gibt man zu einer Co^{2+}-haltigen Lösung NH_4CH_3COO und 30%ige Essigsäure, so erhält man eine rote Lösung. Durch die Zugabe einer Spatelspitze $NaNO_2$ erfolgt ein Farbumschlag nach braun (wg. Oxidation von Co^{2+} zu Co^{3+} mit

$NaNO_2$). Nach dem Filtrieren dieses Ansatzes und Zugabe einer K^+-haltigen Lösung entsteht ein gelber NS.

Milieu HAc-sauer.

Begründung **Fällungsreaktion:** Es fällt $K_3[Co(NO_2)_6]$ aus. Das Ethanol soll die Empfindlichkeit der Reaktion erhöhen.

Hinweise Keine Ahnung, ob's funktioniert?! Schau' den NS unter dem Mikroskop an!

Falls Co^{2+} in der Analyse ist, so zeigt sich dies vor allem an der blauen Farbe der Borax/Phosphorsalzperle. Vor allem in Gemischen ist Co^{2+} leicht mit Ni^{2+} zu verwechseln (außerdem sind beide in Gemischen sehr schwer nachzuweisen)!

Eisen (Fe)

Allgemeines

OZ : 26	Smp. :	1538 °C		Oxst.: +2, +3, +6
RAM : 55,85	Sdp. :	2861 °C		
Dichte : 7,87 g/cm^3	$r(Fe^{2+})$:	77 pm		
	$r(Fe^{3+})$:	63 pm		

E^0 ($Fe^{2+} + 2\,e^- \rightleftharpoons Fe^0$) : –0,44 V
E^0 ($Fe^{3+} + e^- \rightleftharpoons Fe^{2+}$): +0,771 V

Vorkommen Roteisenstein (Fe_2O_3), Eisenspat ($FeCO_3$).

Bedeutung

- Eisen ist das vierthäufigste Element.
- Eisen ist das wichtigste Gebrauchsmetall, seine Eigenschaften sind vom Gehalt der Beimengungen an Phosphor, Silicium, Kohlenstoff und Schwefel abhängig.
- **P** Eisen spielt eine entscheidende Rolle in vielen Enzymsystemen des O_2-Stoffwechsels. Beim Transport ist es in Form von Hämoglobin und bei der Speicherung in Form von Myoglobin im Einsatz. Außerdem ist es beim Transfer von Elektronen sowie bei zahlreichen Redox-Reaktionen im Körper beteiligt. Eisen ist in Form sogenannter Cytochrom P450 abhängiger Monooxygenasen (das sind Enzyme im Körper, die Arzneistoffe abbauen) an der »Unschädlich-Machung« von Fremdstoffen wie Arzneimitteln beteiligt. Außerdem hat Eisen Einfluss auf die Gefäßerweiterung (Vasodilatation) durch Stickstoffmonoxid (NO).

  Fe^{2+} werden meist in Tabletten-/Kapselform bei Anämie verabreicht, Fe^{3+}-Salze sind intravenös wirksamer. Eisentabletten sollten immer mit Vitamin C (z. B. in Form eines Glases Orangensaft) und am besten auf nüchternen Magen eingenommen werden. Beides dient dazu, das Eisen möglichst in Form des Fe^{2+} zu erhalten und es vor einer Oxidation zu Fe^{3+} zu schützen. Der Körper nimmt oral zugeführtes Eisen im Darm nämlich viel besser in Form des Fe^{2+} auf. Der menschliche Tagesbedarf liegt bei 1 bis 10 mg. Nach 10 Jahren Apotheker-Dasein möchte ich anhand des Eisens (als Ferrum phosphoricum) auf die Verwendung einiger Mineralstoffe als Schüssler Salze eingehen: Die Theorie von Dr. Heinrich Schüssler vor über 100 Jahren war, dass zahlreiche Krankheiten im Körper auf eine »Verteilungs-Störung« von Mineralstoffen zurückzuführen sind. Daher war sein Ansatz, durch die gezielte Gabe genau dieser Mineralstoffe in Potenzen von meist D6 bzw. D12 das Ungleichgewicht der Stoffe schonend wieder zu beseitigen.

Diese Therapierichtung wird – ebenso wie die Homöopathie – von den rein schulmedizinisch denkenden Wissenschaftlern (auch/gerade an den Universitäten) als unwirksam abgelehnt, aus der Praxis heraus kann ich nur sagen: Es funktioniert (sehr gut sogar) und man kann damit Leuten helfen, für die die Schulmedizin meist nichts anzubieten hat. Ein Beispiel: Manchmal steigt der Hämoglobin-Wert trotz der Behandlung mit Eisen nicht an, was die Schulmediziner meist verzweifeln lässt. Veranschaulicht man jetzt die Theorie von Schüssler, so lässt sich dies ganz einfach erklären: Stell' Dir Menschenschlangen vor den Glastüren der Kaufhäuser im Schlußverkauf vor, die auf Einlaß warten. Jetzt hilft eine doppelt oder dreifach so große Menschenmenge überhaupt nichts, um besser durch die Tür zu kommen. Das einzige was hilft, um die »Verteilungs-Störung« zu beheben, ist die Eingangstür weiter zu öffnen. Das mag zwar eine sehr triviale Erklärung sein, aber genau so stellen sich die Anhänger der Schüssler-Therapie die Anwendung von Ferrum phosphoricum D6 bei Eisenmangelstörungen vor. Weitere Einsatzgebiete, die erprobtermaßen sehr gut funktionieren, sind z. B. Magnesium phosphoricum D6 bei Migräne und ständigen (Waden-)Krämpfen sowie Natrium chloratum D6 z. B. bei übermäßigem Schwitzen, wie es oft während der Wechseljahre auftrittt.
- $[Fe(CN)_6]^{4-}$ wird zum Färben des Weines genommen.

Eigenschaften

- VIII. NG des PSE, Eisen löst sich in HCl auf.
- Fe^{2+} geht z. B. durch Oxidation mit Luftsauerstoff leicht in Fe^{3+} über.
- Mit CN^- erreicht Eisen im $[Fe(CN)_6]^{4-}$ Edelgaskonfiguration und ist dadurch besonders stabil; diese Eigenschaft ist bei Cyanidvergiftungen besonders schlecht, da sich CN^- mit dem für die O_2-Versorgung lebenswichtigen Fe^{2+}-Zentralatom des Cytochrom B-Komplexes in der Atmungskette verbindet (nicht jedoch mit dem Fe^{2+} des Hämoglobins!).
- Fe^{3+}-Salze hydrolysieren leicht; ihre Lösungen reagieren sauer.
- $[Fe(CN)_6]^{3-/4-}$-Ionen sind sehr stabil, sie sprechen weder auf $Fe^{2+/3+}$- noch auf CN^--NWe an, nur in heißen konzentrierten Säuren wird HCN freigesetzt (dann Abzug!).

FRAGE 57 ■ Mit der Nahrung aufgenommenes Eisen wird im Körper im oberen Dünndarm (pH = 6 bis 7) resorbiert; in welcher Form (Fe^{2+} oder Fe^{3+} geschieht das (mit Begründung))? Was passiert mit dem »anderen« Eisen? (Tipp: anhand des KTGs überlegen!)

Reagenz	Niederschläge mit $[Fe(CN)_6]^{3-/4-}$ $[Fe(CN)_6]^{4-}$	$[Fe(CN)_6]^{3-}$
+ Ca^{2+} + NH_4^+	weiß	–
+ Zn^{2+}	schmutzig weiß	–
+ Fe^{2+}	hellblau	dunkelblau
+ Fe^{3+}	dunkelblau	petrol
+ Cu^{2+}	braun	–
+ Ag^+	weiß	orangerot

Reagenz	Niederschläge mit $Fe^{2+/3+}$-Salzen Fe^{2+}	Fe^{3+}
+ NaOH	$Fe(OH)_2$ [+ O_2 + H_2O $\rightleftharpoons$ $Fe(OH)_3$]	$Fe(OH)_3$
+ Na_2CO_3	$FeCO_3$ [+ $Fe(HCO_3)_2$ $\rightleftharpoons$ $Fe(OH)_3$]	$Fe(OH)_3$
+ KCN (viel)	$[Fe(CN)_6]^{4-}$ (gelb)	$[Fe(CN)_6]^{3-}$ (orange)
+ DAD	Lösung + Tartrat + DAD $\rightarrow$ roter Komplex	–
+ $[Fe(CN)_6]^{4-}$	weiß-hellblau	dunkelblau
+ CH_3COO^-	–	$[Fe_3O(CH_3COO)_6(H_2O)_3]^+$ CH_3COO^- (rot)
+ PO_4^{3-}	–	$FePO_4$ (beige – ockerfarben)
+ SCN^- (+ HCl)	–	$Fe(SCN)_3$ (blutrot)

Nachweise für Fe^{2+}

Nachweis als $Fe_2[Fe(CN)_6]$ (Eisenhexacyanoferrat-(II)):

Durchführung ■ Gibt man zur salzsauren Fe^{2+}-Lösung einige Tropfen $K_4[Fe(CN)_6]$-Lösung, bildet sich ein weiß-hellblauer Niederschlag.

Milieu ■ HCl dil.-sauer.

Begründung ■ **Fällungsreaktion:**
$2\,Fe^{2+} + [Fe(CN)_6]^{4-} \rightleftharpoons Fe[FeFe(CN)_6] \downarrow$.

Hinweise ■ Keine Fällung nach J./B. (eigentlich sollte man mit $[Fe(CN)_6]^{3-}$ fällen), aber besser, da hellblau sehr gut sichtbar ist, während die Farbe von Fe^{2+} mit $Fe(CN)_6{}^{3-}$ identisch ist mit der Farbe von Fe^{3+} mit $[Fe(CN)_6]^{4-}$ (es entsteht die gleiche Verbindung!).

Nachweise für Fe^{3+}

Nachweis als $Fe_4[Fe(CN)_6]_3$ (Berliner / Turnbulls Blau):

Durchführung ■ DAC 3 AB Gibt man zur salzsauren Fe^{3+}-haltigen Lösung $K_4[Fe(CN)_6]$-Lösung, bildet sich ein dunkelblauer NS von $Fe_4[Fe(CN)_6]_3$.

Milieu ■ HCl dil.-sauer.

Begründung ■ **Fällungsreaktion:**
$4\,Fe^{3+} + 3\,[Fe(CN)_6]^{4-} \rightleftharpoons Fe_4[Fe(CN)_6]_3 \downarrow$.

Nachweis als $Fe(SCN)_3$ (Eisen(III)rhodanid):

Durchführung ■ AB Gibt man zur HCl-sauren Fe^{3+}-haltigen Lösung ein Körnchen SCN^- (z. B. NH_4SCN), wird die Lösung durch $Fe(SCN)_3$ blutrot.

Milieu ■ HCl dil.-sauer.

Begründung ■ **Komplexbildung:** $Fe^{3+} + 3\,SCN^- \rightleftharpoons Fe(SCN)_3$.

- Bei Einzelstoffen muss manchmal zwischen Fe^{2+} und Fe^{3+} unterschieden werden, bei Gemischen meist nicht mehr!
- Da alle oben aufgeführten Fe-Nachweise sehr empfindlich sind, müssen sie eindeutig ausfallen (vor allem der zweite Nachweis für Fe^{3+} II.: eine leichte rötliche Färbung gilt nicht als Nachweis, da bei fast allen Reagenzien Spuren von Fe^{3+} als Verunreinigungen zu finden sind, z. B. durch unsaubere Spatel und andere Geräte).
- Es war schon bei jemandem der Eisennachweis positiv, obwohl kein Eisen in der Analyse war; Grund: Eisen aus dem Abzug – in Form von Rost – fiel in die Analyse; also: Aufpassen beim Arbeiten unter dem Abzug!

Kalium (K)

Allgemeines

OZ : 19	Smp.: 63 °C	Oxst.: +1
RAM : 39,10	Sdp. : 759 °C	
Dichte : 0,86 g/cm^3	r(K^+) : 133 pm	

E^0 ($K^+ + e^- \rightleftharpoons K^0$): –2,925 V

Vorkommen Kalifeldspat ($K[AlSi_3O_8]$), Carnallit ($KCl \cdot MgCl_2 \cdot 6H_2O$), Sylvin (KCl).

Bedeutung
- KCl ist wichtiger Bestandteil von Düngemitteln.
- K^+ ist wichtig für die Reizleitung am Herzen.
- Der Mensch nimmt täglich – vor allem durch pflanzliche Kost – ca. 2 bis 6 g K^+ auf.
- P Kalium ist im Körper der natürliche Gegenspieler von Natrium. Im Körper ist Nonactin für die Resorption von K^+ durch die Zellen verantwortlich, bei gestörtem Mineralstoffwechsel kann man diese Verbindung medikamentös verabreichen. K^+ ist von Bedeutung für die Regulation des Blutdrucks und spielt eine wichtige Rolle bei der Regulation des Säure-/Basen-Haushaltes. Es ist wichtig für die Reizleitung am Herz. Außerdem ist es am Insulin-Stoffwechsel beteiligt. Wenn trotz ausreichender Magnesium-Zufuhr (mind. 300 mg Mg^{2+} täglich) immer noch Anzeichen von Krämpfen bestehen, so kann dies auch an einem K^+-Mangel liegen, da der Körper eine gewisse Menge K^+ braucht, um das Mg^{2+} aufnehmen zu können.
- $KClO_4$ sorgt in der Schilddrüse für einen Stopp der I^--Aufnahme und wird daher (selten) zur Behandlung der Schilddrüsenüberfunktion (Hyperthyreose) eingesetzt.

Eigenschaften
- I. HG des PSE, löst sich mit heftiger Reaktion in Wasser.
- K^+-Salze sind etwas schwerer löslich als Na^+-Salze und enthalten oft kein Kristallwasser.
- K^+-Verbindungen sind sehr gut wasserlöslich; es gibt daher nur wenige Fällungsreaktionen.

FRAGE 58 ■ Die als Rattengift eingesetzten Thallium-Ionen sind für Ratten (aber auch für den Menschen) hoch toxisch, da sie vom Körper wie Kalium-Ionen behandelt werden. An welcher Eigenschaft könnte dies liegen?

Nachweise für K+

Nachweis als $KClO_4$ (Kaliumperchlorat):

Durchführung ■ Gibt man zu einer K^+-haltigen Lösung $HClO_4$, so fällt weißes $KClO_4$ aus.

Milieu ■ Egal.

Begründung ■ **Fällungsreaktion:** $K^+ + ClO_4^- \rightleftharpoons KClO_4 \downarrow$.

Hinweise ■ NS unter dem Mikroskop betrachten; klappt am besten bei hoher K^+-Konzentration (d. h. bei Einzelstoffen!). Da NH_4^+ einen $KClO_4$-NS vortäuschen kann, sollte ein auftretender NS mit H_2O versetzt werden. Löst sich der NS dann auf, war es ein NH_4ClO_4-NS, der NS von $KClO_4$ lässt sich mit H_2O nicht wieder auflösen.

FRAGE 59 ■ Warum ist dies eine pH-unabhängige Fällungsreaktion?

Nachweis als $K_3[Co(NO_2)_6]$ (Kaliumhexanitrocobaltat-(III)):

Durchführung ■ AB
Gibt man zu einer neutralen bis schwach essigsauren Lösung einige Tropfen $Na_3[Co(NO_2)_6]$, so fällt nach einiger Zeit ein gelber bis gelboranger NS von $K_{1(2 \text{ oder } 3)}Na_{2(1 \text{ oder } 0)}[Co(NO_2)_6]$ aus.

Milieu ■ Neutral bis HAc-sauer.

Begründung ■ **Fällungsreaktion (z. B.):**
$Na_3[Co(NO_2)_6] + 3\,K^+ \rightleftharpoons K_3[Co(NO_2)_6] \downarrow 3\,Na^+$.

Hinweise ■ NS unter dem Mikroskop betrachten, mit einem K-Salz aus dem Schrank prüfen, ob die $Na_3[Co(NO_2)_6]$-Lösung noch in Ordnung ist!

Nachweis als Kalignost:

Durchführung ■ DAC 3
Gibt man zu einer neutralen bis schwach essigsauren Lösung Natriumtetraphenylborat-Lösung (= Kalignost) (S. 82), so fällt ein weißer NS von Kaliumtetraphenylborat aus.

Milieu Neutral bis HAc-sauer.

Begründung **Fällungsreaktion:** $K^+ + Na[B(C_6H_5)_4] \rightleftharpoons K[B(C_6H_5)_4] \downarrow + Na^+$.

Hinweise Kalignost fällt mit fast allen Kationen bei irgendeinem pH-Wert aus, also Vorsicht bei positivem NW!
Da NH_4^+-Ionen exakt die gleichen Ergebnisse liefern, müssen bei sämtlichen K^+-NWen die NH_4^+-Ionen durch Abrauchen mit NaOH vorher entfernt werden! Das NH_4^+ lässt sich auch mit Formaldehyd (HCHO) zu Urotropin maskieren ($6\ HCHO + 4\ NH_3 \rightleftharpoons (CH_2)_6N_4 + 6\ H_2O$). Dazu versetzt man die Probenlösung mit Formaldehyd-Lösung und danach mit NaOH dil. bis zur alkalischen Reaktion, dann erst wird Kalignost dazugegeben. Von den beschriebenen Nachweisen spricht vor allem der Nachweis mit Kalignost auch schon bei geringen Mengen von NH_4^+ an. Die durch das Cobaltglas betrachtete Flamme kann auch durch Li^+ zustande kommen, also Vorsicht!

Nachweis als $KHC_4H_4O_6$ (Kaliumhydrogentartrat = Weinstein):

Durchführung Einer konzentrierten Analysen-Lösung wird wässrige Weinsäurelösung (c = 150 g/L!!) zugesetzt. Nach Zugabe der Weinsäurelösung wird der Ansatz in Eiswasser gekühlt, woraufhin sich nach einigen Minuten ein weißer, kristalliner NS bildet. Die Kristallisation wird durch Reiben mit einem Glasstab an der inneren RG-Wand eingeleitet.

Milieu neutral bis HAc-sauer

Begründung **Fällungsreaktion:** $K^+ + HC_4H_4O_6^- \rightleftharpoons KHC_4H_4O_6 \downarrow$.

Hinweise Wenn alles optimal läuft (v. a. hochkonzentrierte Analysen-Lösung), kann dieser Versuch funktionieren …

Kupfer (Cu)

Allgemeines

OZ	: 29	Smp.	: 1085 °C	Oxst.: +1, +2
RAM	: 63,55	Sdp.	: 2927 °C	
Dichte	: 8,92 g/cm^3	$r(Cu^+)$	: 96 pm	
		$r(Cu^{2+})$	: 71 pm	

E^0 ($Cu^{2+} + 2\ e^- \rightleftharpoons Cu^0$): +0,340 V
E^0 ($Cu^+ + e^- \rightleftharpoons Cu^0$): +0,520 V

Vorkommen Kupferkies ($CuFeS_2$), Kupferglanz (Cu_2S), Malachit ($Cu_2(OH)_2CO_3$).

Bedeutung
- Wegen sehr guter elektrischer Leitfähigkeit und hoher Wärmeleitfähigkeit Einsatz bei der Herstellung von Kesseln und Heiz-/Kühlschlangen.
- Kupferlegierungen (Messing = Cu/Zn), (Bronze = Cu/Sn).
- Devardasche Legierung (Cu/Al/Zn) dient als Reduktionsmittel.
- Für Mikroorganismen ist Kupfer ein starkes Gift → Einsatz als Schädlingsbekämpfungsmittel (Algentod, Kupfervitriol früher im Weinanbau gegen Blattkrankheiten).
- **P** Kupfer ist für höhere Lebewesen ein wichtiges Spurenelement, es ist Cofaktor von Metalloenzymen mit Funktionen beim Eisenstoffwechsel, bei der zellulären Sauerstoff-Verwertung, der Entgiftung freier Radikale (aggressive Verbindungen, die im Körper zahlreiche Alterungsprozesse beschleunigen). Außerdem wird mit Hilfe von Kupfer Melanin (brauner Hautfarbstoff) gebildet und es hilft beim Abbau von Nervenbotenstoffen (= Neurotransmittern) mit. Kupferhaltige Intrauterinpessare werden als Verhütungsmittel eingesetzt: ihre Wirkung beruht auf einer Enzym-Hemmung, so dass der Aufstieg der Spermien in der Gebärmutter behindert wird (diese Verhütungsmethode hat einen sehr geringen Pearl-Index, d. h. sie ist sehr sicher!)

Eigenschaften
- I. NG des PSE, wegen positiven Standardpotenzials nur in oxidierenden Säuren löslich.
- Das Cu^+-Ion ist farblos, das Cu^{2+}-Ion blau.
- Cu^{2+} bildet zahlreiche Komplexe, $[Cu(CN)_4]^{3-}$ ist besonders stabil (wichtig zur Abtrennung von Cd^{2+}; siehe KTG).

Nachweise für Cu^{2+}

Nachweis als $[Cu(NH_3)_4]^{2+}$ (Tetramminkupfer-Komplex):

Durchführung Gibt man NH_3 zu einer Cu^{2+}-Lösung, bildet sich der tiefblaue $[Cu(NH_3)_4]^{2+}$-Komplex.

DAC 3 AB

Milieu Neutral bis HAc-sauer.

Begründung **Komplexbildung:** $Cu^{2+} + 4\ NH_3 \rightleftharpoons [Cu(NH_3)_4]^{2+}$

Hinweise Geht man vom KTG aus, so ist dieser Nachweis bereits erfolgt. Sehr empfindliche Reaktion, funktioniert immer bei Anwesenheit von Cu^{2+}. Ni^{2+} gibt eine ähnliche Färbung.

Nachweis als $Cu_2[Fe(CN)_6]$ (Kupferhexacyanoferrat(II)):

Durchführung Gibt man zu einer Cu^{2+}-haltigen Lösung $K_4[Fe(CN)_6]$-Lösung, so fällt ein erdbrauner NS aus, der in NH_3 konz. als $[Cu(NH_3)_4]^{2+}$ mit blauer Farbe in Lösung geht.

Milieu Neutral bis HAc-sauer.

Begründung **Fällungsreaktion:** $2\ Cu^{2+} + [Fe(CN)_6]^{4-} \rightleftharpoons Cu_2[Fe(CN)_6] \downarrow$

Komplexbildung:

$Cu_2[Fe(CN)_6] + 8\ NH_3 \rightleftharpoons 2\ [Cu(NH_3)_4]^{2+} + [Fe(CN)_6]^{4-}$.

Hinweis Sehr empfindliche Reaktion.

Lithium (Li)

Allgemeines

OZ : 3	Smp.: 181 °C	Oxst.: +1
RAM : 6,94	Sdp. : 1342 °C	
Dichte: 0,53 g/cm³	r(Li^+): 60 pm	

E^0 ($Li^+ + e^- \rightleftharpoons Li^0$): –3,040 V

Vorkommen Spodumen ($LiAl[Si_2O_6]$).

Bedeutung
- Li-Verbindungen in Batterien.
- LiOH als CO_2-Absorber (der Atemprodukte) in U-Booten und Raumkapseln.
- ^{6}LiD (Lithiumdeuterid) als Hauptbestandteil der Wasserstoffbombe.
- **P** Lithiumsalze sind Mittel gegen Depressionen, werden heute aber nur noch selten eingesetzt, da sie eine sehr geringe therapeutische Breite haben. D. h. die Spanne zwischen der Wirkstoffmenge im Blut, die vorhanden sein muss, damit ein Arzneistoff wirkt, und der Wirkstoffmenge im Blut, ab der es zu Nebenwirkungen kommt, ist sehr gering. Lithium häuft sich in der Schilddrüse an (Akkumulation) und blockiert die Herstellung und Freisetzung der Schilddrüsenhormone, so dass es unter einer Lithium-Therapie zu einem Kropf und einer Schilddrüsen-Unterfunktion kommen kann.

Eigenschaften
- Leichtestes Metall, Schrägbeziehung zum Mg.
- LiCl löst sich als einziges Alkalichlorid in Amylalkohol (wichtig im Trennungsgang).
- Kommt auch im Ackerboden vor, wird z. B. durch Tabak angereichert.

Nachweise für Li^+

Nachweis als Li_3PO_4 (Lithiumphosphat):

Durchführung ■ Gibt man zu einer stark alkalischen Li^+-Lösung etwas Na_2HPO_4 (fest) und erwärmt, so bildet sich nach einiger Zeit ein weißer NS von Li_3PO_4.

Milieu ■ Stark alkalisch.

Begründung ■ **Fällungsreaktion:** $3\ Li^+ + PO_4^{3-} \rightleftharpoons Li_3PO_4$.

Hinweise ■ Die Li^+-Lösung muss hochkonzentriert und stark alkalisch sein. Eventuell etwas mehr Na_2HPO_4 hinzugeben, damit der Versuch klappt.

Nachweis als LiCl (Lithiumchlorid):

Durchführung ■ Im Kationentrennungsgang wird die Lösung mehrmals bis fast zur Trockene eingedampft und wieder mit HCl konz. aufgenommen. Dann Lösung vollständig zur Trockene eindampfen. Nun einige Milliliter Amylalkohol hinzugeben, das Salzgemisch in Amylalkohol mit einem Glasstab verreiben und filtrieren; Filtrat in eine Porzellanschale laufen lassen. Nun wieder bis zur Trockene eindampfen und den Rest mit Magnesia-Stäbchen in die Flamme halten. Eine karminrote Flamme (auch nur kurzzeitig) beweist Li^+; NW am besten mit Spektroskop durchführen.

AB

DAC 3

Milieu ■ HCl konz.-sauer.

Begründung ■ LiCl entsteht durch mehrmaliges Eindampfen mit HCl aus allen Li-Verbindungen, sofern keine Anionen schwerflüchtiger Säuren, wie Sulfat oder Phosphat, vorhanden sind. Es lässt sich als einziges Alkalichlorid in Amylalkohol extrahieren (s. »Eigenschaften«). Da Amylalkohol selbst jedoch brennt, muss vorher abgeraucht werden.

Hinweise ■ Vor dem Aufnehmen mit Amylalkohol muss das Ganze absolut trocken sein! Mein Kommentar: Glückwunsch, wenn du einer der wenigen bist, bei denen der Versuch funktioniert.

Da die Li-Nachweise alle nicht besonders gut funktionieren (auch der erste klappt nicht immer), sollte man sich notfalls nur auf die Linien im karminroten Bereich des Spektroskops verlassen; die Li^+-Flamme ist ebenfalls durch das Cobaltglas sichtbar und kann somit K^+ vortäuschen, also Vorsicht!

Magnesium (Mg)

Allgemeines

OZ : 12	Smp. : 650 °C	Oxst.: +1, +2
RAM : 24,31	Sdp. : 1090 °C	
Dichte: 1,74 g/cm^3	r(Mg^{2+}) : 65 pm	

E^0 ($Mg^{2+} + 2\ e^- \rightleftharpoons Mg^0$): –2,356 V

Vorkommen Magnesit ($MgCO_3$), Dolomit ($MgCO_3 \cdot CaCO_3$), Kieserit ($MgSO_4 \cdot H_2O$).

Bedeutung

- II. HG des PSE; weitgehend korrosionsbeständig (Grund: s. Eigenschaften).
- Mg-Legierungen sind wegen ihrer besonderer Festigkeit bei kleiner Dichte wichtige Werkstoffe für die Automobil-, Flugzeug- und Raumfahrtindustrie.
- Früher wurde Magnesium für Einmalblitzlichter von Fotoapparaten eingesetzt.
- In der Pyrotechnik (Feuerwerke u. ä.) nutzt man Mg-Verbindungen für leuchtend-weiße Effekte, außerdem ist es in Wunderkerzen in Verbindung mit $KClO_3$ enthalten.
- $MgCl_2$ bewirkt durch seine hygroskopischen Eigenschaften, dass NaCl (Kochsalz) leicht klumpt (reines NaCl ohne $MgCl_2$-Verunreinigungen ist nicht hygroskopisch!).
- **P** Magnesium ist im Körper an über 300 Enzymen beteiligt.

  So wie Fe^{2+} Zentralion des Hämoglobin-Moleküls ist, ist Mg^{2+} Zentralion des ähnlich aufgebauten Chlorophylls (grüner Pflanzenfarbstoff, der für die Fotosynthese wichtig ist).
  Bittersalz ($MgSO_4 \cdot 7\ H_2O$) ist ein drastisches Abführmittel und sollte daher nur noch selten eingesetzt werden. Andere Magnesiumsalze wirken erst in hohen Dosen leicht abführend (d. h. beim Bittersalz ist es vor allem das SO_4^{2-}, das die abführende Wirkung hervorruft (→ s.a. Na_2SO_4))
  Magnesium ist zusammen mit Calcium für die Knochenstabilität von entscheidender Bedeutung. Vor allem Diabetiker haben oft einen viel zu niedrigen Magnesiumspiegel (oft auch einen gravierenden Mangel an Thiamin (= Vitamin B_1)).

  Magnesiumverbindungen sind – gemischt mit Calciumverbindungen – häufig Bestandteil von Antacida. Das Anion (CO_3^{2-}, OH^-) hat – ebenso wie bei den Calciumverbindungen – die säurebindenden Eigenschaften, die beiden Kationen jedoch entgegengesetzte Wirkungen: während Magnesium leicht abführende (laxierende) Effekte hat (s. o.), weist

Calcium leicht stopfende (obstipierende) Wirkung auf, so dass sich die beiden Wirkungen in den Kombinationspräparaten idealerweise aufheben; da die in sämtlichen Antacida enthaltenen Kationen (meist Al^{3+}, Ca^{2+} und Mg^{2+}) mit vielen anderen Arzneistoffen unwirksame Komplexe bilden, ist darauf zu achten, dass Antacida im Abstand von mindestens zwei Stunden zu anderen Arzneimitteln genommen werden.

Es gibt eine Unzahl von verschiedenen Magnesiumsalzen, die als Arzneimittel angeboten werden; sie unterscheiden sich jedoch sehr stark in der Dosierung des reinen Magnesiums (das allein ist für die Wirkung verantwortlich). Allgemein gilt: Wenn das Magnesium als Salz einer organischen Säure (z. B. Mg-Aspartat oder Mg-Citrat) verabreicht wird, nimmt es der Körper leichter auf als ein anorganisches Salz (z. B. MgO), dem Anion aber einen entscheidenden Effekt an der Wirkung des Magnesiums zuzuschreiben, wie es bei einigen (sehr teuren) Mg-Präparaten gemacht wird, ist – wie ich finde – nicht gerechtfertigt.

Magnesium ist im Körper der natürliche Gegenspieler von Calcium und wirkt krampflösend. Es wird daher bei Muskelkrämpfen, bei heftigen Menstruationsbeschwerden, zur Migräneprophylaxe, zur Blutdrucksenkung, zur besseren Stressbewältigung (probier's mal bei der Prüfungsvorbereitung) und für eine verbesserte Herzleistung eingesetzt. Die individuelle Reaktion auf Magnesium ist von Person zu Person sehr unterschiedlich, so dass man zu Beginn einer Therapie ausprobieren muss, ab wann es im Bereich von 100 bis 900 mg/Tag zu Nebenwirkungen in Form von (zu) dünnem Stuhlgang kommt. Bis zu dieser absolut individuellen Grenze sollte man täglich mindestens 6 bis 9 Monate Magnesium einnehmen. Zusammen mit Omega-3-Fettsäuren und einem Vitamin-B-Komplex wird eine Dosierung von 300 bis 1000 (!!) mg Magnesium zur Therapie des ADH-Syndroms (»Zappelphilipp-Kinder«) eingesetzt. Diese Therapie, unterstützt durch eine phosphatarme Ernährung (v. a. möglichst wenig Wurst und Softgetränke), stellt – interessierte Betroffene und deren Eltern vorausgesetzt – eine natürliche Alternative zum weit verbreiteten Einsatz von Methylphenidat und anderen Psychostimulantien bei Erwachsenen und Kindern dar.

Eigenschaften
- Magnesium überzieht sich an der Luft mit einer Oxidschicht.
- Magnesium weist eine Schrägbeziehung zu Lithium auf.
- Magnesium verbrennt mit sehr grellem, weißem Licht; die Flammen zeigen bei Anwesenheit von Magnesiumsalzen z. T. einen Funkenschlag, wie man ihn von Wunderkerzen her kennt (s. Bedeutung), was jedoch nicht beweisend ist.
- Elementares Magnesium (Mg^0) ist ein starkes Reduktionsmittel.

Nachweise für Mg^{2+}

Nachweis als $MgNH_4PO_4$ (Magnesiumammoniumphosphat):

Durchführung (AB) Lösung mit NH_3 konz. alkalisch machen; nach Zugabe von etwas festem NH_4Cl und Na_2HPO_4 (oder nur 2,5 M $(NH_4)_2PO_4$) entsteht nach Erwärmen und ca. fünf Minuten warten ein weißer NS von $MgNH_4PO_4$. Unter dem Mikroskop sollten sargdeckelartige Kristalle zu beobachten sein.

Milieu Stark alkalisch.

Begründung **Fällungsreaktion:** $Mg^{2+} + NH_4^+ + PO_4^{3-} \rightleftharpoons MgNH_4PO_4 \downarrow$.

Hinweise NS unter Mikroskop betrachten, da Ca^{2+}, Sr^{2+}, Ba^{2+}, Zn^{2+}, Mn^{2+} ebenfalls NSe hervorrufen, die jedoch anders aussehen sollen. Die Sargdeckelkristalle (vgl. Kristallfoto Jander/Blasius) sind charakteristisch und auch neben einem anderen NS noch deutlich sichtbar.

Nachweis als Chinalizarin-Farblack:

Durchführung Salzsäure-Lösung mit zwei Tropfen Chinalizarin-Lösung (S. 82) versetzen und mit NaOH stark alkalisch machen. Falls ein kornblumenblauer NS bzw. eine Blaufärbung auftritt, war Mg^{2+} vorhanden.

Milieu HCl dil.-sauer.

Begründung **Komplexbildung:** Bildung eines Farblacks.

Hinweise Vergleichsprobe durchführen! $Co^{2+}/Ni^{2+}/Zn^{2+}$ u. a. stören, sollten aber nach dem KTG nicht mehr vorhanden sein. Ca^{2+} stört ebenfalls und wird leicht in die »Lösliche Gruppe« verschleppt, deshalb: störende Kationen sauber abtrennen! Silikate täuschen positive Ergebnisse vor!

Nachweis als Titangelb-Farblack:

Durchführung S. o. (statt Chinalizarin Verwendung von Titangelb (S. 83), Ergebnis rötlicher NS bzw. Rotfärbung).

DAC 3 AB

Milieu S. o.

Begründung S. o.

Hinweise Mir wurde mehrfach bestätigt, dass dieser NW recht zuverlässig ist.

Sämtliche Mg-Nachweise sind erst nach sauberer (!) Abtrennung aller anderen zweiwertigen Kationen sinnvoll, das zuverlässigste Merkmal bei Verdacht auf Magnesium ist vielleicht noch das uncharakteristische »Sprühen/Spritzen« der Flamme?! Außerdem sollte man bei sämtlichen Mg-NWen darauf achten, dass sich die NSe oft erst nach einiger Zeit und nach Erhitzen bilden. Grundsätzlich ist zu sagen, dass Mg^{2+} vor allem in Gemischen nur sehr schwer nachzuweisen ist, da es im KTG oft schon früher ausgefällt wird (z. B. als Phosphat).

Die NWe mit Chinalizarin bzw. Titangelb sind sehr zuverlässig (wenn man Mg^{2+} nach der Durchführung des KTG noch findet [s. Bemerkung oben]), bislang gab es nur positive Stimmen zu beiden NWen!

Nachweis mit Oxin (8-Hydroxychinolin)

Durchführung Die NH_4Cl-haltige, ammoniakalische Probelösung (z. B. nach Fällung der $(NH_4)_2CO_3$-Gruppe) wird tropfenweise mit Oxinlösung (2–3 % in HAc 10 % oder besser Ethanol) versetzt. Es entsteht ein gelblicher Niederschlag.

Milieu Alkalisch.

Hinweise Nur zuverlässig, wenn alle anderen Schwermetallionen sicher abgetrennt sind.

Mangan (Mn)

Allgemeines OZ : 25 Smp. : 1246 °C Oxst.: +2, +3, +4, + 5, +6, +7
RAM : 54,94 Sdp. : 2061 °C
Dichte: 7,47 g/cm³ $r(Mn^{2+})$: 75 pm
E^0 ($Mn^{2+} + 2\,e^- \rightleftharpoons Mn^0$) : –1,18 V

Vorkommen Braunstein (MnO_2), Manganspat ($MnCO_3$), »Manganknollen«.

Bedeutung Zweithäufigstes Schwermetall.
- Fe/Mn-Legierungen werden in der Technik eingesetzt.
- Braunstein dient in elektrischen Batterien als Depolarisator und in der Glasindustrie zur Entfärbung des Glases.
- **P** Kaliumpermanganat ($KMnO_4$) ist ein Bleich- und Desinfektions- sowie ein starkes Oxidationsmittel. Mn^{2+} ist für Pflanzen und Tiere ein lebensnotwendiges Spurenelement, der Mensch nimmt täglich ca. 10 mg zu sich, v. a. über pflanzliche Lebensmittel. Im Körper ist Mangan an über 60 Stoffwechsel-Reaktionen beteiligt, z. B. bei der Blutgerinnung, der Entgiftung freier Radikale (schädliche Verbindungen, die für zahlreiche Alterungsprozesse im Körper sorgen), am Kohlenhydrat- und Fettstoffwechsel, an der Bildung von Insulin, am Aufbau von Knochen, der Bildung von Spermien sowie der Entwicklung des zentralen Nervensystems.

Eigenschaften
- VII. NG des PSE; löst sich in HCl unter H_2-Entwicklung.
- Große Vielfalt an Oxst. (–1 bis +7), die leicht ineinander überführbar sind.
- MnO_2 ist ein starkes Oxidationsmittel und Ausgangsstoff für andere Manganverbindungen.
- Mangan-II-Salze (Mn^{2+}) sind rosa.
  Manganate (MnO_4^{2-}) sind blaugrün-grün.
  Permanganate (MnO_4^-) sind tief rot-violett.
- MnO_2 und $KMnO_4$ setzen als starke Oxidationsmittel aus Cl^- Cl_2 frei.

Nachweise für Mn^{2+}

Nachweis als MnO_4^{2-} (Manganat) (s. Oxidationsschmelze S. 153): Anmerkung: Hier entsteht primär MnO_4^{2-}; erst beim Aufarbeiten der Schmelze entsteht MnO_4^-.

Nachweis als MnO_4^- (z. B. mit $NaIO_4$, PbO_2 u. a.):

Durchführung Zu einer Mn^{2+}-haltigen Lösung werden einige Tropfen 85%ige H_3PO_4 und eine Spatelspitze $NaIO_4$ gegeben und im Wasserbad erwärmt. Alternativ dazu kann man auch $(NH_4)_2S_2O_8$ in H_2SO_4-saurer Lösung bei Gegenwart von Ag^+ (als Katalysator) verwenden oder mit NaOCl (Natriumhypochlorit) in alkalischer Lösung, $NaBiO_3$ oder PbO_2 (sehr stark fruchtschädigend) in HNO_3 konz.
Erhitzt man einen dieser Ansätze eine Minute und zentrifugiert nach dem Abkühlen, so ist das Zentrifugat bei Anwesenheit von Mn^{2+} violett gefärbt.

Milieu HNO_3 bzw. H_2SO_4 – sauer oder NaOH – alkalisch

Begründung **Redoxreaktionen:**

$$2\,Mn^{2+} + 5\,IO_4^- + 3\,H_2O \rightleftharpoons 2\,MnO_4^- + 5\,IO_3^- + 6\,H^+$$

$$2\,Mn^{2+} + 5\,S_2O_8^{2-} + 8\,H_2O \rightleftharpoons 2\,MnO_4^- + 10\,SO_4^{2-} + 16\,H^+$$

$$5\,NaOCl + 6\,NaOH + 2\,MnSO_4 \rightleftharpoons 2\,NaMnO_4 + 2\,Na_2SO_4 + 5\,NaCl + 3\,H_2O$$

$$2\,Mn^{2+} + 5\,BiO_3^- + 14\,H^+ \rightleftharpoons 2\,MnO_4^- + 5\,Bi^{3+} + 7\,H_2O$$

$$2\,Mn^{2+} + 5\,PbO_2 + 4\,H^+ \rightleftharpoons 2\,MnO_4^- + 5\,Pb^{2+} + 2\,H_2O$$

Hinweise Das Aufkochen mit HNO_3 konz. geschieht, um sämtliche oxidierbaren Anionen (s. Gruppenreaktionen auf Anionen: MnO_4^--Entfärbung) zu entfernen, weil sie alle PbO_2 verbrauchen. Daher darauf achten, dass genug PbO_2 zugegeben wird und ausreichend aufgekocht wird.
In Lehrbüchern findet sich auch die Variante mit $K_2S_2O_8$ (statt PbO_2) zum Oxidieren. Dies funktioniert jedoch nur bei Verwendung einer katalytischen Menge Silber!

FRAGE 60 Warum darf man beim Ansäuern nicht HCl konz. nehmen?

Nachweis als MnS (Mangansulfid):

Durchführung HANDSCHUHE! ABZUG! Macht man eine Mn^{2+}-haltige Lösung schwach alkalisch und leitet H_2S ein, tritt ein fleischfarbener (rosa) Niederschlag ein.

Milieu Schwach alkalisch.

Begründung **Fällungsreaktion:** $Mn^{2+} + S^{2-} \rightleftharpoons MnS \downarrow$.
MnS ist fleischfarben (rosa).

Hinweise Falls nicht sauber von anderen Ionen getrennt wurde, kann die Farbe des MnS überdeckt werden; außerdem kann durch Luftoxidation Braunstein entstehen. MnS ist das einzige farbige Sulfid, die anderen Schwermetallsulfide sind braun/schwarz, die Alkalisulfide weiß. Unbedingt darauf achten, dass der pH-Wert auch nach dem Einleiten von H_2S noch alkalisch ist, sonst fällt das MnS nicht zuverlässig aus!

Nachweis für MnO_4^-:

Durchführung Gibt man zu einer $KMnO_4$-Lösung EtOH 96 % und NaOH dil. und erhitzt die Lösung zum Sieden, so bildet sich ein brauner NS.

Milieu NaOH – alkalisch.

Begründung **Reaktionsgleichungen:**

$2\ MnO_4^- + CH_3\ CH_2OH + 2\ OH^- \rightleftharpoons 2\ MnO_4^{2-} + CH_3\text{-}CHO + 2\ H_2O$

Nach Erhitzen:

$MnO_4^{2-} + CH_3\text{-}CHO + 2\ H_2O \rightleftharpoons MnO_2 \downarrow + 2\ CH_3\ COO^- + H_2O$

Natrium (Na)

Allgemeines

OZ : 11	Smp. : 98 °C	Oxst.: +1
RAM : 22,99	Sdp. : 883 °C	
Dichte: 0,97 g/cm³	$r(Na^+)$: 95 pm	

E^0 ($Na^+ + e^- \rightleftharpoons Na^0$): −2,713 V

Vorkommen Natronfeldspat ($Na[AlSi_3O_8]$); Stein-/Meersalz (NaCl), Kryolith ($Na_3[AlF_6]$).

Bedeutung

- Na wird in Reaktoren wegen seiner hohen Wärmeleitfähigkeit als Wärmeträger eingesetzt.
- Im Labor dient elementares Natrium als Entwässerungsmittel für organische LM.
- Soda (Na_2CO_3) ist ein wichtiger Grundbaustein für die Glas- und Seifenindustrie.
- **P** 0,9%ige (= isotonische) NaCl-Lösung wird zum Ausgleich großer Flüssigkeitsverluste genommen.

  Na_2SO_4 (Glaubersalz – Entdecker: Rudolf Glauber) ist ein drastisches Abführmittel.

  Ob und wie weit ein weitgehender Verzicht auf Kochsalz (NaCl) zu einer Senkung des Blutdrucks führt, ist individuell verschieden. Um dies zu bestimmen, sollte man den Blutdruck einmal unter »Normalbedingungen« und einmal nach z. B. zwei Wochen NaCl-armer Ernährung bestimmen.

  v. a. beim Schwitzen und bei Durchfall gehen große Mengen an Salzen (Na^+, K^+, Cl^- …) verloren, weshalb es z. B. eine von der WHO empfohlene so genannte »orale Rehydratationslösung« gibt, die diese Bestandteile in optimal aufeinander abgestimmte Menge enthält und die neben den Salzen noch Glucose enthält. Diese ist wichtig, damit der Körper die Salze über einen so genannten »Cotransporter« überhaupt aufnehmen kann (z. B. Oralpädon®, Elotrans®).

  Natrium ist osmotisch aktiv, es dient zusammen mit Chlorid der Aufrechterhaltung des osmotischen Drucks im Extrazellular-Raum (das ist der Raum, der jede Körperzelle umgibt). Es ist damit von entscheidender Bedeutung bei der Wasserbilanz. Natrium spielt in der Blutdruckregulation eine Rolle und bei der Aufnahme von Glucose und Vitamin C. Natriumcitrat ist in Blutentnahmeröhrchen ein wichtiger Zusatz, da das Citrat das Blut-Calcium komplexiert und damit das Gerinnen der Blutprobe verhindert. Natriumfluorid wird zur Karies-Prophylaxe eingesetzt sowie zur Behandlung von Osteoporose, wobei es für diese Indikation nicht mehr verwendet werden sollte (Grund S. 117). Natriumiodid wird zur Behandlung von Schilddrüsenerkrankungen eingesetzt.

- Die bekannte Cola-Salzstangen-Diät erfüllt diese Eigenschaft sicher nicht (es fehlt v. a. K^+ und es ist zuviel Zucker im Vergleich zum Na^+ enthalten) und sollte daher vermieden werden, auch wenn sie von zahlreichen Ärzten (aus Unwissen?!) propagiert wird.
- Die Zugabe kleiner Mengen Kryolith in der Aluminium-Verhüttung bildet mit $Al(OH)_3$ ein eutektisches Gemisch und setzt den Schmelzpunkt von über 2000 °C auf ca. 900 °C herab und ermöglicht so eine wirtschaftliche Schmelzflusselektrolyse; wenn du etwas für die Umwelt tun willst, sammle jedes Stückchen »Alu« getrennt. Das Recycling von Alt-Alu braucht um Größenordnungen weniger Energie als die Gewinnung von neuem Aluminium.

Eigenschaften
- I. HG des PSE; weiches Metall; überzieht sich an der Luft mit einer Oxid-/Hydroxidschicht.
- Da (fast) alle Na-Salze gut wasserlöslich sind, sind kaum Fällungsreaktionen möglich.

Nachweise für Na^+

Nachweis als $Na[Sb(OH)_6]$ (Natriumhexahydroxoantimonat(V)):

Durchführung (AB) Versetzt man eine stark alkalische Na^+-Lösung auf einem Uhrglas mit einigen Tropfen $K[Sb(OH)_6]$-Lösung, bildet sich nach spätestens ¼ Stunde ein weißer, körnig-kristalliner NS, der sich mit Wasser nicht abspülen lässt (ausprobieren!) und sich sandig anfühlt.

Milieu Stark (!) KOH-alkalisch.

Begründung **Fällungsreaktion:** $Na^+ + [Sb(OH)_6]^- \rightleftharpoons Na[Sb(OH)_6] \downarrow$.
Mit NaOH darf sowieso nicht alkalisch gemacht werden (Na^+ will man ja nachweisen!). NH_3 ist ebenfalls untauglich, da bei diesem pH-Wert noch NH_4^+ vorhanden ist, das einen gleichartigen Niederschlag ergibt, also bleibt nur noch KOH.

Hinweise Der NS muss feinkristallin sein; ist er amorph, so wurde falsch gearbeitet. Li^+ und NH_4^+ stören, weil sie analog reagieren. Das KOH zum Alkalisieren möglichst sparsam verwenden und eine konzentrierte Na^+-Lösung nehmen!

Nachweis mit Methoxyphenylessigsäure:

Durchführung AB Versetzt man eine (möglichst hoch konzentrierte) Na^+-haltige Lösung mit alpha-Methoxyphenylessigsäure, so bildet sich nach geraumer Zeit ein voluminöser, weißer, kristalliner NS, der sich jedoch unter NH_3-Zugabe wieder löst.

Milieu HAc-sauer.

Begründung **Fällungsreaktion:**

$C_6H_5\text{-}CHOCH_3\text{-}COO^- + Na^+ \rightleftharpoons C_6H_5\text{-}CHOCH_3\text{-}COONa\downarrow$

Hinweise Der NS bildet sich überhaupt nur bei (hoch)konzentrierten Na^+-Lösungen, am besten ermöglicht man die Kristallisation durch Kühlen des Ansatzes für ca. 30 Minuten mit Eiswasser. Der mit NH_3 wieder aufgelöste NS taucht trotz anschließender Zugabe von $(NH_4)_2CO_3$ nicht wieder auf.

DAC 3

Da sämtliche Na^+-Nachweise problematisch sind, kann man sich gegebenenfalls auf die Flammenfärbung berufen, die jedoch mehrere (mindestens drei) Minuten intensiv gelb sein muss. Damit du einmal gesehen hast, wie es aussieht, nimm dir einfach etwas NaCl aus dem Schrank.

Nickel (Ni)

Allgemeines

OZ : 28	Smp. : 1455 °C	Oxst.: +2, +4, +6
RAM : 58,69	Sdp. : 2913 °C	
Dichte: 8,91 g/cm³	$r(Ni^{+})$: 69 pm	

E^0 ($Ni^{2+} + 2\,e^- \rightleftharpoons Ni^0$): –0,257 V

Vorkommen Gelbnickelkies (NiS), Rotnickelkies (NiAs)

Bedeutung
- Nickel ist für einige biologische Spezies ein essenzielles Spurenelement.
- Nickel ist Legierungsbestandteil von Stählen (so ist dein Analysenspatel z. B. aus nicht rostendem V2A!).
- Nickel wird in Akkus als Elektrodenmaterial eingesetzt.
- Nickelsalze nimmt man auch für galvanische Bäder.

Eigenschaften
- VIII. NG des PSE.
- Wasserhaltige Ni-Salze sind grün.
- Wasserfreie Ni-Salze sind gelb.
- Gerade bei Nickel treten viele Kontaktallergien auf (z. B. nihaltiger Schmuck!).

Nickelsalze sind krebserregend! ⚠

Nachweise für Ni^{2+}

Nachweis als $[Ni(NH_3)_6]^{2+}$ (Hexamminnickel(II)-Komplex):

Durchführung Wird eine saure-, NH_4^+-freie Ni^{2+}-haltige Lösung tropfenweise mit NH_3 konz. versetzt, so tritt dabei erst ein hellgrüner NS auf, der sich nach weiterer NH_3-Zugabe wieder auflöst und eine blaue Lösung ergibt.

Milieu Sauer.

Begründung **Fällungsreaktion:** $Ni^{2+} + 2\,OH^- \rightleftharpoons Ni(OH)_2\downarrow$.
Komplexbildung: $Ni(OH)_2 + 6\,NH_3 \rightleftharpoons [Ni(NH_3)_6]^{2+} + 2\,OH^-$.
Erst Bildung eines $Ni(OH)_2$-NS (grün), dann Bildung des blauen Komplexes $[Ni(NH_3)_6]^{2+}$.

Hinweise Dieser NW ist nicht sehr spezifisch, er wird gestört durch andere Ionen, die farbige Amminkomplexe bilden (z. B. Cu^{2+}).

Nachweis als Bis(dimethylglyoximato)nickel:

Durchführung Gibt man zu einer Ni^{2+}-haltigen ammoniakalischen Lösung einige Tropfen einer ethanolischen DAD(= Diacetyldioxim = Dimethylglyoxim) (S. 82)-Lösung, so entsteht ein roter NS. Versuchsdurchführung „für Reiche“: Eine 1-Euro-Münze wird mit einem Zellstoff-Tupfer abgerieben, der mit NH_3 dil. und 1%iger alkoholischer DAD-Lösung getränkt ist.

Milieu Ammoniakalisch.

Begründung Bildung eines roten, schwerlöslichen Komplexes folgender Struktur:

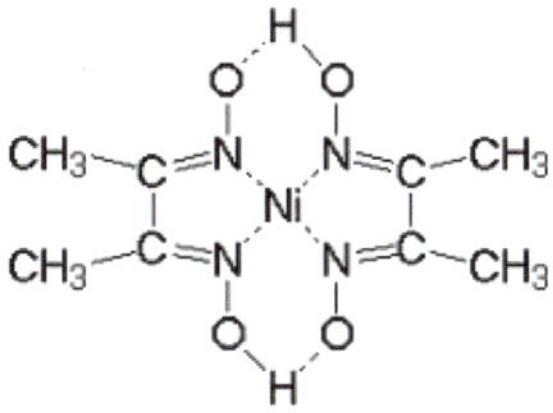

Nickel-Diacetyldioxim

Hinweise Genau beobachten, ob es sich 1. um einen *roten* NS handelt und 2. um einen roten *NS*, da Eisen unter den angegebenen Bedingungen eine rote Färbung der Lösung, Co^{2+} eine braunrote Färbung, die Kombination der beiden (Fe^{2+} und Co^{2+}) einen braunroten NS und Cu^{2+} eine violette Färbung ergibt, all diese Ionen also stören. Störende Kationen zur Vorsicht mit Tartratlösung in Lösung halten – sonst zuverlässiger NW.

Der »Münz-NW« eignet sich auch zur zerstörungsfreien Prüfung von Schmuck auf Nickel.

Vor allem in Gemischen ist Ni^{2+} leicht mit Co^{2+} zu verwechseln.

Quecksilber (Hg)

Allgemeines

OZ : 80		Smp. : –39 °C		Oxst.: +1, +2
RAM : 200,59		Sdp. : 357 °C		
Dichte: 13,55 g/cm³		$r(Hg_2^{2+})$: 125 pm		
		$r(Hg^{2+})$: 110 pm		

E^0 ($Hg_2^{2+} + 2\,e^- \rightleftharpoons 2\,Hg^0$): 0,796 V

Vorkommen Zinnober (HgS), Kalomel Hg_2Cl_2.

Bedeutung

- Quecksilber wird in Thermo-/Barometern sowie in Kalomelelektroden in der Elektrochemie eingesetzt.
- HgO diente früher als Depolarisator in Hg-Batterien.
- $HgAc_2$ ist für Titrationen in wasserfreiem Milieu von großer Bedeutung (Praktikum Quantitative anorganische Analyse!).
- Quecksilber ist ein wesentlicher Stoff für die Herstellung von NaOH: In einer Wanne, deren Boden mit flüssigem Hg^0 bedeckt ist, wird eine NaCl-Schmelze elektrolysiert, als Zwischenprodukt bildet sich Natriumamalgam, das mit H_2O zu NaOH umgesetzt werden kann.
- **P** Tipp für die Apotheke: dringend von Hg-haltigen Fieberthermometern abraten, die elektrischen sind genauer, ungefährlicher und zeigen das Ergebnis schneller an. Wenn ein elektrisches Thermometer abgelehnt wird, sollte man wenigstens auf ein sog. Gallistan-Thermometer umsteigen (sieht aus wie ein Quecksilberthermometer, enthält aber kein Quecksilber; Bestell-Nr. in der Apotheke (= PZN): 4398212). Hg^0/HgO waren früher Bestandteil von Salben gegen Hauterkrankungen. Silberamalgam (= Legierung aus Quecksilber, Silber u. a. Metallen) findet als Zahnfüllung Einsatz. Meine Meinung zur sehr leidenschaftlich und sehr kontrovers geführten Diskussion darüber: Es gibt sicher Menschen, deren Gesundheit durch Amalgam-Füllungen beeinträchtigt wird. Dies ist aber zum Glück nicht die Mehrheit. Ein Speichel-Kaugummi-Test in »Umwelt-Apotheken« kann darüber Aufschluss geben. Enscheidet man sich dazu, die Amalgam-Füllungen zu entfernen, so sollte dies nur von einem darin sehr erfahrenen Zahnarzt durchgeführt werden, da der Schaden durch das Entfernen der Füllungen sonst größer ist, als wenn man gar nichts gemacht hätte.

Eigenschaften

- II. NG des PSE; in HNO_3 löslich.

- Hg in der Oxidationsstufe +1 existiert nur in Doppelmolekülen: Hg_2^{2+}; i. a. schlecht wasserlöslich, leicht disproportionierend in Hg^0 und Hg^{2+} (s. NW), kaum komplexbildend, für den Menschen wegen schlechter Wasserlöslichkeit weniger giftig als Hg^{2+}.
- Hg-Verbindungen in der Oxst. +2 sind meist gut wasserlöslich, neigen stark zu Komplexbildung und sind ebenso wie Hg^0 für den Menschen sehr giftig, da sie chronische Schäden am Nervensystem hervorrufen können.
- Hg^0 hat einen hohen Dampfdruck, d. h. es geht leicht von festem direkt in den gasförmigen Zustand über (sublimiert), was dazu führt, dass »ausgelaufenes« Hg (z. B. aus Thermometern) über Jahre hinweg verdampft und damit zu einer chronischen Hg-Vergiftung führen kann. Vorsicht im Labor beim trockenen Erhitzen, Flammenprobe, Boraxperle u. ä., wenn der Verdacht auf Hg-Verbindungen besteht!

Reagenz	Reaktionen von Hg_2^{2+}	Hg^{2+}
+ NaOH	HgO (gelb) + Hg^0 (schwarz)	HgO (gelb)
+ NH_3	Hg^0 (schwarz) + $Hg(NH_2)Cl$ (weiß)	$Hg(NH_2)Cl$ (weiß)
+ Cl^-	Hg_2Cl_2 (weiß) → + KöWa (Cl_2): $HgCl_2$	–
+ KI	Hg_2I_2 (grüngelb) → Erhitzen: Hg^0 + HgI_2	HgI_2 (rot); Überschuss von I^-: $[HgI_4]^{2-}$ (löslich)
+ CrO_4^{2-} (pH=7)	Hg_2CrO_4 (rot)	$HgCrO_4$ (gelb)
+ H_2S	Hg^0 + HgS (schwarz)	HgS (schwarz) beim Erhitzen → rot
+ $SnCl_2$	2 Hg^0 + $[SnCl_6]^{2-}$	Hg_2Cl_2 + $[SnCl_6]^{2-}$; weiter siehe links
+ $Co(SCN)_2$	–	$Co[Hg(SCN)_4]$ (blaue, keilförmige Kristalle)
+ CuI	–	$Cu_2[HgI_4]$
Diphenylcarbazon	–	rotvioletter Fleck (verblasst schnell) pH = 7!

Nachweise für Hg_2^{2+}

Nachweis als Hg^0:

Durchführung ■ HANDSCHUHE! ABZUG! Gibt man zu einer Hg_2^{2+}-haltigen Lösung irgendeine Lauge, bildet sich ein schwarzer NS.

Milieu ■ Alkalisch.

Begründung ■ **Redoxreaktion:** $Hg_2^{2+} + 2\ OH^- \rightleftharpoons HgO + Hg^0 + H_2O$.
Wird Hg_2^{2+} mit einer Lauge versetzt, so disproportioniert es gemäß o. g. RGl zu HgO (gelb) und Hg^0, das die Schwarzfärbung hervorruft.

Hinweise ■ –

Nachweis als Hg^0: Siehe unten.

Nachweise für Hg^{2+}

Nachweis als Hg^0:

Durchführung ■ AB HANDSCHUHE! ABZUG! »Ort des Geschehens« ist eine kupferhaltige Münze (z. B. 1- oder 2-Cent-Stück): Gibt man auf eine zuvor mit HCl dil. gereinigte Münze veinen Tropfen Hg_2^{2+}- oder Hg^{2+}-haltige Lösung und reibt die Münze nach zehn Minuten vorsichtig mit Papier ab, so hat sie nun eine glänzende Oberfläche, die beim Erhitzen über dem Bunsenbrenner verschwindet.

Milieu ■ –

Begründung ■ **Redoxreaktion:** $Hg^{2+} + Cu^0 \rightleftharpoons Hg^0 + Cu^{2+}$ (das Cu^0 kommt aus der Münze).
Gemäß der Spannungsreihe bildet sich silbrig glänzendes Kupferamalgam. Dieser Glanz verschwindet beim Erhitzen wieder, da das Hg^0 dabei sublimiert.

Hinweise ■ Nicht nur Hg^0 wird auf dem Geldstück abgeschieden, sondern alle Metalle, die edler sind als Cu^{2+} (z. B. auch Ag^+). Daher wird alles mögliche als Hg^0 gedeutet, vor allem weil man den NW nur aufgrund des silbrigen Glanzes als positiv betrachtet, aber nicht probiert, ob Sublimation stattfindet (dies passiert nur bei Hg^0!).

Nachweis als HgI_2 (Quecksilber(II)iodid):

Durchführung HANDSCHUHE! Gibt man zu einer Hg^{2+}-haltigen Lösung KI, so fällt rotes HgI_2 aus, das sich im Überschuss von KI-Lösung wieder löst.

Milieu Sauer – neutral.

Begründung **Fällungsreaktion:** $Hg^{2+} + 2\ I^- \rightleftharpoons HgI_2$.
Komplexbildung: $HgI_2 + 2\ I^- \rightleftharpoons [HgI_4]^{2-}$.
Genauso wie bei Pb^{2+} fällt erst HgI_2 aus, das sich später wieder als $[HgI_4]^{2-}$ löst.

Hinweise NW klappt nur bei hochkonzentrierten Hg^{2+}-Lösungen, also vor allem bei Einzelstoffen.

Nachweis als $Hg(SCN)_2$ (Quecksilber(II)rhodanid):

Durchführung HANDSCHUHE! Gibt man zu einer Hg^{2+}-haltigen Lösung in einer Tüpfelplatte zwei Tropfen $Co(NO_3)_2$-Lösung, einen Tropfen CH_3COOH und etwas NH_4SCN (fest), so ist nach etwas Rühren und nach einiger Zeit ein kornblumenblauer NS zu beobachten.

Milieu HAc-sauer.

Begründung **Fällungsreaktion:** $Hg^{2+} + 4\ SCN^- \rightleftharpoons [Hg(SCN)_4]^{2-}$

$$Co^{2+} + [Hg(SCN)_4]^{2-} \rightleftharpoons Co[Hg(SCN)_4] \downarrow$$

Generell ist bei Versuchen mit Hg besondere Vorsicht geboten, die Reaktionsprodukte sind als Sondermüll zu entsorgen (gilt auch für das Papier zum Blankreiben der Münze).

Silber (Ag)

Allgemeines

OZ : 47 | Smp. : 962 °C | Oxst.: +1, +2, +3
RAM : 107,87 | Sdp. : 2126 °C
Dichte: 10,49 g/cm³ | $r(Ag^+)$: 126 pm
E^0 ($Ag^+ + e^- \rightleftharpoons Ag^0$): +0,80 V

Vorkommen

Silberglanz (Ag_2S), Hornsilber (AgCl).

Bedeutung

- Aus Silber werden Münzen, Schmuck, Tafelsilber und Tiegel hergestellt.
- AgBr/AgCl wird in der Fotografie als lichtempfindliches Filmmaterial eingesetzt.
- $AgNO_3$-Stifte ($AgNO_3$ = Höllenstein) finden zur Ätzung von Warzen Verwendung.
- Kolloidale Lösungen von Silber (elementar) dienen aufgrund der Reduktion des Ag^+ zu Ag^0 und der damit verbundenen Oxidation/Abtötung der Bakterien als bakterizide Mittel; so werden Tabletten mit winzigen Mengen $AgNO_3$ zum Umwandeln von Wasser unbekannter Qualität zu Trinkwasser verwendet (z. B. Micropur®).

Eigenschaften

- I. NG des PSE; Silber neigt zur Bildung von planaren Komplexen, die meist bei pH 7 bis 14 existieren; wegen positivem Normalpotenzial löst sich Silber nur in oxidierenden Säuren.
- Silber hat von allen Metallen die größte Elektrizitäts- und Wärmeleitfähigkeit und ist relativ korrosionsbeständig.

Farben und Löslichkeiten verschiedener Ag-Verbindungen

Das in der Tabelle unten stehende LM heißt immer, dass sich die entsprechende Silberverbindung schon in diesem LM löst, z. B. $Ag_2C_2O_4$: löst sich (schon) in $(NH_4)_2CO_3$ konz. (= NH_3 dil.), (aber auch in allen rechts davon stehenden LM, also NH_3 konz., $S_2O_3^{2-}$ und CN^-); dabei gilt folgende Reihenfolge: H_2O < H^+ (= HNO_3 o. H_2SO_4) oder $(NH_4)_2CO_3$ konz. (= NH_3 dil.) < NH_3 konz. < $S_2O_3^{2-}$ /CN^-.

Fettgedruckte Verbindungen lösen sich im Überschuss ihres Anions.

Formel	Farbe	Löslichkeit bereits in
Ag_3AsO_3	gelb	H^+; $(NH_4)_2CO_3$ konz. / NH_3 dil.
Ag_3AsO_4	schokobraun	H^+; $(NH_4)_2CO_3$ konz. / NH_3 dil.
AgBr	weiß-gelblich	NH_3 konz.
$AgBrO_3$	weiß	$(NH_4)_2CO_3$ konz. / NH_3 dil.
AgCl	weiß	$(NH_4)_2CO_3$ konz. / NH_3 dil. / **HCl konz.**
$AgCH_3COO$	weiß	H_2O (schlecht), HNO_3
AgCN	weiß	$(NH_4)_2CO_3$ konz. / NH_3 dil. / **CN^-**
Ag_2CO_3	weiß	$(NH_4)_2CO_3$ konz. / NH_3 dil.
$Ag_2C_2O_4$	weiß	$(NH_4)_2CO_3$ konz. / NH_3 dil.
Ag_2CrO_4	rotbraun	$(NH_4)_2CO_3$ konz. / NH_3 dil.
AgF	weiß	H_2O
$Ag_3[Fe(CN)_6]$	orange/rot	NH_3 konz.
$Ag_4[Fe(CN)_6]$	weiß	–
AgI	gelblich-gelb	$CN^-/S_2O_3^{2-}$
$AgIO_3$	weiß	$(NH_4)_2CO_3$ konz. / NH_3 dil.
$AgNO_3$	weiß	H_2O
Ag_2O	schwarz	$(NH_4)_2CO_3$ konz. / NH_3 dil.
Ag_3PO_4	gelb	$(NH_4)_2CO_3$ konz. / NH_3 dil.
Ag_2S	schwarz	HNO_3 konz.
AgSCN	weiß	NH_3 konz.; **SCN^-**
Ag_2SO_4	weiß	H_2O
$Ag_2S_2O_3$	weiß	H^+; **$S_2O_3^{2-}$**

FRAGE 61 ■ Warum kann man die farblich gleichen Verbindungen $AgAsO_3$ und Ag_3PO_4 mittels Kochen der NS unterscheiden? (Tipp: Schau mal bei den Identitätsprüfungen im Arzneibuch nach!)

FRAGE 62 ■ In der Tabelle taucht die Verbindung Ag_2O auf. Wie könnte sie entstehen? Welche vergleichbaren Beispiele kennst du noch?

Nachweise für Ag^+

Nachweis als Ag_2CrO_4 (Silberchromat):

Durchführung ■ HANDSCHUHE! Gibt man zu einer Ag^+-haltigen Lösung K_2CrO_4-Lösung, so fällt rotbraunes Ag_2CrO_4 aus, das in CH_3COOH und NH_3 löslich ist.

Milieu ■ Neutral.

Begründung ■ **Fällungsreaktion:** $2\ Ag^+ + CrO_4^{2-} \rightleftharpoons Ag_2CrO_4 \downarrow$.

Hinweise ■ pH-Wert strikt einhalten; wegen der evtl. Kanzerogenität von CrO_4^{2-} unbedingt Handschuhe anziehen!

FRAGE 63 ■ Was passiert, wenn der pH-Wert zu hoch ist, was, wenn er zu niedrig ist?

Nachweis als AgCl (Silberchlorid):

DAC 3 AB **Durchführung** ■ Der unlösliche RS der HCl-Gruppe wird nach Abtrennung von $PbCl_2$ in konz. $NH_4(CO_3)_2$-Lösung/NH_3 dil. gelöst; nach dem Ansäuern mit HNO_3(!) fällt wieder weißes AgCl aus.

Milieu ■ Von ammoniakalisch nach HNO_3-sauer.

Begründung ■ **Komplexbildung:** $AgCl + 2\ NH_3 \rightleftharpoons [Ag(NH_3)_2]^+ + Cl^-$

Fällungsreaktion:

$[Ag(NH_3)_2]^+ + 2\ HCl \rightleftharpoons AgCl \downarrow + 2\ NH_4^+ + Cl^-$

$NH_4(CO_3)_2$ konz. / NH_3 dil. löst den AgCl-Rückstand als $[Ag(NH_3)_2]^+$-Komplex. Beim Ansäuern wird NH_3 unter Bildung von NH_4^+ wieder aus dem Komplex entfernt; damit wird das Lp. von AgCl wieder überschritten, es fällt erneut aus.

Hinweise ■ Bei Anwesenheit von I^--Ionen kann man nicht mit NH_3 komplexieren, sondern muss CN^--Ionen im Überschuss nehmen. Da beim erneuten Ansäuern HCN (= Blausäure) frei wird, muss man unbedingt unter dem Abzug arbeiten!

FRAGE 33 ■ Was ist eine konzentrierte $(NH_4)_2CO_3$-Lösung und wozu dient diese (Ag^+ bildet doch mit NH_3 Komplexe und nicht mit NH_4^+)?!

Nachweis als Ag^0:

Durchführung In ein RG wird $AgNO_3$-Lösung mit 1 Tropfen NaOH (1M) gegeben, worauf sich ein schwarzer NS aus Ag_2O bildet. Dazu gibt man tropfenweise NH_3 dil. und schüttelt jedes Mal kräftig um. Dies wird solange durchgeführt, bis der NS gelöst und die Lösung klar ist. Wird nun HCHO zugesetzt, so kommt es erneut zu einer Schwarzfärbung (durch Ag^0). Ein Silberspiegel bildet sich, wenn man das RG in ein kochendes Wasserbad stellt.
Zu einer Ag^+-haltigen Lösung gibt man etwas Formaldehyd-Lösung (Alternativen siehe unten) und schüttelt 30 bis 45 Sekunden lang. Am Boden des RG scheidet sich ein schöner Ag-Spiegel ab.

Milieu Ammoniakalisch.

Begründung **Redoxreaktion:**

$2\,Ag^+ + HCHO + H_2O \rightleftharpoons + 2\,Ag^0\downarrow + HCOOH + 2\,H^+$.

Formaldehyd (HCHO) reduziert das Ag^+ zu Ag^0, welches sich als Spiegel abscheidet.

Hinweise Ein einwandfreier Ag-Spiegel scheidet sich nur dann ab, wenn das Glas völlig sauber und v. a. fettfrei ist, daher für diesen Versuch am besten fabrikneue RGer verwenden.
Kann kombiniert mit dem zweiten NW ausgeführt werden, indem – statt anzusäuern – Formaldehyd- bzw. Hydrazin-Lösung zugegeben wird. Der gebildete Spiegel lässt sich mit HNO_3 konz. + 30 % H_2O_2 (1:1) lösen (danach Sondermüll).
Grundsätzlich sind statt Formaldehyd auch andere Reduktionsmittel wie Hydrazin (N_2H_4) oder Glucose, Fructose, Ascorbinsäure (klappt am besten) einsetzbar, auf Hydrazin sollte man jedoch wegen seiner krebserregenden Eigenschaften verzichten!

Gut einprägsam ist folgende Skizze, die ausdrückt, was womit ausfällbar ist bzw. worin es sich wieder löst:

AgCl $\xrightarrow{NH_3\ \text{dil.}}$ $[Ag(NH_3)_2]^+$ $\xrightarrow{Br^-}$ AgBr $\xrightarrow{NH_3\ \text{konz.}}$ $[Ag(NH_3)_2]^+$ $\xrightarrow{I^-}$ AgI $\xrightarrow{+CN^-/S_2O_3^{2-}}$ $[Ag(CN)_2]^-$ / $[Ag(S_2O_3)_2]^{3-}$ $\xrightarrow{+S^{2-}}$ Ag_2S (löst sich in nichts mehr außer in HNO_3 konz. unter Oxidation)

Strontium (Sr)

Allgemeines

OZ : 38	Smp. : 777 °C	Oxst.: –2, +2, +4
RAM : 87,62	Sdp. : 1382 °C	
Dichte: 2,63 g/cm³	$r(Ba^{2+})$: 113 pm	

E^0 ($Sr^{2+} + 2\ e^- \rightleftharpoons Sr^0$): –2,89 V

Vorkommen Strontianit ($SrCO_3$) und Cölestin ($SrSO_4$).

Bedeutung
- Strontiumsalze sind bei Feuerwerken für die rote Flammenfärbung verantwortlich.
- $SrCO_3$ dient bei der Herstellung von Gläsern für Farbfernseher zur Absorption der Röntgenstrahlen.
- **P** Einige Strontium-Verbindungen werden als Röntgen-Kontrastmittel verwendet. Seit einigen Jahren ist auch eine Verbindung mit dem Namen Strontiumranelat auf dem Markt. Dieses Strontium-Molekül wird in der Behandlung von Osteoporose eingesetzt, da es als erstes Medikament gleichzeitig den Knochenabbau verhindert und andererseits die Knochen-Neubildung steigert. So verhindert Strontiumranelat den weiteren Verlust von Knochenmasse, es steigert sogar die Knochenmasse und erhöht somit die Knochenfestigkeit.

Eigenschaften
- Chemisch ähnliches Verhalten wie Ca-Salze.

Nachweise für Sr^{2+}

Nachweis als $SrCrO_4$ (Strontiumchromat):

Durchführung HANDSCHUHE! Gibt man zu einer Sr^{2+}-haltigen Lösung K_2CrO_4, so fällt – eventuell nach Erwärmen – ein gelber NS von $SrCrO_4$ aus.

Milieu Alkalisch.

Begründung **Fällungsreaktion:** $Sr^{2+} + CrO_4^{2-} \rightleftharpoons SrCrO_4 \downarrow$.

Hinweise Ba^{2+} muss vor der Ausführung dieses Versuchs quantitativ entfernt werden, da es bei pH = 7 bis 14 auch einen Chromat-NS bildet. $SrCrO_4$ bildet diesen NS jedoch erst im Alkalischen und noch nicht im Essigsauren, wie dies bei Ba^{2+} der Fall ist. NS unter dem Mikroskop anschauen. Klappt nur mit konz. Lösungen, d. h. vor allem bei Einzelstoffen.

Nachweis als $SrSO_4$ (Strontiumsulfat):

Durchführung ■ Gibt man zu einer Sr^{2+}-haltigen Lösung Gipswasser, fällt nach einiger Zeit – gegebenenfalls nach Erwärmen/Reiben mit einem Glasstab innen am RG – weißes $SrSO_4$ aus.

Milieu ■ Neutral.

Begründung ■ **Fällungsreaktion:** $Sr^{2+} + SO_4^{2-} \rightleftharpoons SrSO_4 \downarrow$.
Gipswasser ist eine gesättigte Lösung von $CaSO_4$, d. h. es sind gerade soviel Ca^{2+}- und SO_4^{2-}-Ionen vorhanden, dass nach dem Lp. kein $CaSO_4$ ausfällt. Da das Lp. von $SrSO_4$ kleiner ist als das von $CaSO_4$, reicht die SO_4^{2-}-Ionenkonzentration der Gipslösung aus, um $SrSO_4$ auszufällen.

Hinweise ■ Bei diesem Versuch sollte man mit einer möglichst hochkonz. Sr^{2+}-Lösung arbeiten. Sonst gilt: Wenn man einige Minuten wartet und dann eine Trübung der Lösung beobachtet, ist der NW positiv. Fällt sofort etwas aus, könnte es sich um Ba^{2+} handeln.

Alle Sr-Nachweise sind – vor allem bei der Analyse von Gemischen – nicht sehr zuverlässig (am ehesten noch der als $SrSO_4$).

FRAGE 64 ■ Was ist der Vorteil, wenn man statt Gipswasser $(NH_4)_2SO_4$-Lösung nimmt, welchen Nachteil nimmt man dabei in Kauf?

Titandioxid (TiO_2)

Siehe Tabelle mit Stoffbeschreibungen am Ende des Arbeitsbuchs.

lösen in H_2SO_4 + H_2O_2 → gelb-gelborange

Zink (Zn)

Allgemeines

OZ : 30	Smp. : 420 °C	Oxst.: +2
RAM : 65,41	Sdp. : 907 °C	
Dichte: 7,14 g/cm^3	$r(Zn^{2+})$: 74 pm	

E^0 ($Zn^{2+} + 2\,e^- \rightleftharpoons Zn^0$): –0,793 V

Vorkommen Zinkblende (ZnS); Zinkspat ($ZnCO_3$).

Bedeutung
- Zink findet Verwendung als Metall (Zinkblende), zum Schutz anderer Metalle (Verzinken) und als Legierungsbestandteil (Messing) = 40 % Zn / 60 % Cu.
- ZnO (= Zinkweiß) findet Verwendung als Malerfarbe.
- P Zink ist als Cofaktor an über 300 Reaktionen im Körper beteiligt, v. a. wo es um sich schnell teilende Zellen geht (Immunzellen, Haut, Nägel, Haare, Samen- und Eizellen). Es findet daher Einsatz bei einem schlechten Immunsystem (Geheimtipp bei Halsschmerzen: regelmäßig Zink in Form von Lutschtabletten (!) sorgt für ein erschwertes Anhaften an den Zellen und verschlechtert damit das Eindringen der Viren in die Zellen. Mit genau diesem Hintergrund ist Zink(sulfat) auch Bestandteil einer Lippenherpes-Creme!!). Es wird bei schwer heilenden Wunden, brüchigen Nägeln, Haarausfall, ungewollter Kinderlosigkeit bei Männern und Frauen verwendet. Es ist an einer bestimmten Reaktion beim Sehvorgang beteiligt, an der Häm-Biosynthese, an der Freisetzung und Abatmung von CO_2, der Synthese von DNA und RNA, ist wichtig für den Abbau von Ammoniak, für die Synthese von Kollagen, bei der Produktion von Thymushormonen. In den Enzymen Superoxiddismutase (SOD) und Katalase ist es Bestandteil von Enzymen und hat antioxidative Wirkung. Zink ist wichtiger Bestandteil des sogenannten Insulin-Hexamers und spielt beim Insulin-Stoffwechsel eine bedeutende Rolle; es führt bei Männern zur Entwicklung/Reifung männlicher Geschlechtsorgane und zur Testosteron-Synthese. Zink ist ferner wesentlicher Bestandteil bei Hautsalben, da es die Wundheilung fördert. Wichtig ist es auch bei der Entgiftung des Körpers von Schwermetallen wie Cadmium, Blei und Kupfer. Pro Tag sollte man etwa 15 mg Zink zu sich nehmen, was v. a. Vegetariern nicht immer gelingt.

Eigenschaften
- II. NG des PSE; löst sich leicht in HCl unter H_2-Entwicklung (s. Anwendung als Reduktionsmittel); dabei entsteht so

genannter naszierender (= atomarer) Wasserstoff; dieser stellt das eigentliche Reduktionsmittel dar.

- Zink ist eines der sechs amphoteren Elemente (wie heißen die anderen fünf?).
- Zink wird leicht von schwachen Säuren angegriffen, daher: säurehaltige Lebensmittel wie Fruchtsäfte, Mineralwasser o. ä. nicht in Zinkgefäßen aufbewahren!
- Zink bildet als einziges Metall ein weißes Sulfid, das sich in Wasser nicht löst, aber in HCl dil.
- ZnO wird beim Erhitzen gelb und beim Abkühlen wieder weiß (vgl. Identitätsprüfungen).

FRAGE 65 ■ Insulin bildet mit Zn^{2+}-Ionen Komplexe, was zu einem (erwünschten) verzögerten Wirkungseintritt des Insulins führt. Warum kann das Puffern einer solchen Lösung mit Phosphatpuffer (NaH_2PO_4/Na_2HPO_4) für den Patienten lebensgefährlich sein?

Nachweise für Zn^{2+}

Nachweis als $ZnCo_2O_4$ (Rinmans Grün):

Durchführung ■ Gibt man eine Zn-haltige Substanz und einen Tropfen stark verdünnter $Co(NO_3)_2$-Lösung auf eine Magnesia-Rinne und erhitzt, so muss das Ganze eine hellgrüne Farbe aufweisen.

Milieu ■ –

Begründung ■ Zn bildet ebenso wie Al (S. 170) mit Co eine so genannnte Spinell-Verbindung. Mit Zn hat diese die Formel $ZnCo_2O_4$ und ist grün gefärbt.

Hinweise ■ Siehe Al S. 170.

FRAGE 66 ■ Worin unterscheiden sich die beiden Spinellverbindungen (Tipp: Oxidationsstufen beachten)?

Nachweis als ZnS (Zinksulfid):

Durchführung ■ HANDSCHUHE! Puffert man eine Zn^{2+}-haltige, essigsaure Lösung mit Natriumacetat und leitet dann H_2S ein, so fällt weißes ZnS aus.

Milieu HAc-sauer.

Begründung **Fällungsreaktion:** $Zn^{2+} + S^{2-} \rightleftharpoons ZnS \downarrow$.
ZnS ist das einzige weiße in H_2O schwerlösliche Sulfid. Der Zusatz von NaAc ist notwendig, um die bei der Fällung gemäß $H_2S \rightleftharpoons H^+ + HS^- \rightleftharpoons 2\,H^+ + S^{2-}$ entstehenden H^+-Ionen abzufangen, da der pH-Wert sonst zu stark fallen und das gebildete ZnS wieder in Lösung gehen würde.

Hinweise Von allen Zn-Nachweisen noch einer der zuverlässigsten und am ehesten zur Unterscheidung von Al^{3+} geeignet. Eventuell etwas erwärmen. Der pH-Wert darf nach dem Einleiten von H_2S nicht unter 4 liegen!

Nachweis als $K_2Zn_3[Fe(CN)_6]_2$ bzw. $Zn_3[Fe(CN)_6]_2$ (Kalium)Zinkhexacyanoferrat:

Durchführung DAC 3
Gibt man zu einer Zn^{2+}-haltigen, HAc-sauren, NaAc-gepufferten Lösung $K_4[Fe(CN)_6]$ bzw. *$K_3[Fe(CN)_6]$*, so entsteht allmählich, eventuell erst nach Erwärmen und einiger Zeit, ein gelblich-weißer bzw. *braungelber* Niederschlag.

Milieu HAc-sauer.

Begründung **Fällungsreaktion:**
$3\,Zn^{2+} + 2\,K^+ + 2\,[Fe(CN)_6]^{4-} \rightleftharpoons K_2Zn_3\,[Fe(CN)_6]_2 \downarrow$.

Hinweise Ebenso (un)zuverlässig wie der zweite Zn-NW.

Nachweis mit Dithizon:

Durchführung Gibt man zu einer CN^--, $S_2O_3^{2-}$- und Zn^{2+}-haltigen Lösung bei pH 4 bis 5 eine äußerst verdünnte Dithizonlösung (S. 82) (in Ethylacetat gelöst), so entsteht eine karminrote Färbung in der (oberen) Ethylacetatschicht.

Milieu HAc-sauer.

Begründung **Komplexbildung:** Bildung eines Farbstoffs.

Hinweise Da Dithizon mit fast allen SM-Kationen bei irgendeinem pH-Wert irgendeine Färbung ergibt, war Dithizon für mich bislang immer »Teufelszeug«. Letztes Jahr versicherte mir jemand glaubhaft, dass dies bei ihm der einzig brauchbare Zn^{2+}-N
war. Der Zusatz von CN^- und $S_2O_3^{2-}$ dient dazu, den N
zifisch für Zn^{2+} zu gestalten. Das Einzige, was i
stören kann, ist Sn^{2+}. Dennoch ist Zn^{2+} erfa
schwer nachweisbar und wird vor allem in
mit Al^{3+} verwechselt.

Nachweis als $Zn[Hg(SCN)_4]$ (Zinktetrathiocyanatomercurat (II)):

Durchführung Gibt man zu einer Zn-haltigen Lösung einen (!) Tropfen $CuSO_4$-Lösung sowie $(NH_4)_2Hg[SCN]_4$, so fällt weißes $Zn[Hg(SCN)_4]$ aus.

Milieu Neutral bis schwach sauer.

Begründung **Fällungsreaktion:** $Zn^{2+} + [Hg(SCN)_4]^{2-} \rightarrow Zn[Hg(SCN)_4]\downarrow$

Hinweise Dieser Vorschlag kam als angeblich zuverlässiger Zn-Nachweis aus Leserkreisen. Ich selbst habe ihn nicht durchgeführt und kann daher nichts dazu sagen. Daher freue ich mich umso mehr, wenn du ihn mal ausprobierst und mir schreibst, ob/wie gut er funktioniert.

Zinn (Sn)

Allgemeines

OZ : 50	Smp. : 232 °C	Oxst.: –4, +2, +4
RAM : 118,71	Sdp. : 2602 °C	
Dichte : 7,31 g/cm³	$r(Sn^{2+})$: 96 pm	
	$r(Sn^{4+})$: 71 pm	

E^0 ($Sn^{2+} + 2\,e^- \rightleftharpoons Sn^0$): –0,137 V

Vorkommen Zinnstein (= Cassiterit) (SnO_2).

Bedeutung
- Zinn wird gebraucht zur Herstellung von Weißblech (für Konservendosen), Folien (Stanniol) sowie zur Herstellung von Legierungen (Bronze = Cu/Sn).
- $SnCl_2$ dient als Beize in der Färberei.
- SnS_2 (Musivgold) dient zur unechten Vergoldung.

Eigenschaften
- IV. HG des PSE; löst sich langsam in HCl.
- Zinn gehört zu den sechs amphoteren Elementen (wie heißen die anderen fünf?).
- Sn^{2+} täuscht bei den Gruppenreaktionen auf Anionen reduzierend wirkende Anionen vor.
- SnS ist in der H_2S-Gruppe das einzige Sulfid, für das man (farbige) $(NH_4)_2S_x$ = Ammoniumpolysulfidlösung braucht, um es in Lösung zu bringen.
- Unterhalb von 13 °C »bröselt« das Zinn, d. h. es wandelt sich in eine andere, pulvrige Modifikation über (so genannte »Zinnpest«: der Name kommt daher, dass sich das »Zinnpulver« – wenn einmal irgendwo entstanden – über das ganze Metallstück ausbreitet).
- Beim Behandeln von Sn mit HNO_3 konz. entsteht schwerlösliches SnO_2!
- Beim Biegen eines Zinnstabes ist das so genannte »Zinngeschrei« hörbar.

Reaktionen von Sn^{2+}- und Sn^{4+}-Verbindungen

Reagenz	Sn^{2+}	Sn^{4+}
Leuchtprobe (für beide Ox.z. positiv!)	$Sn^{2+} + Zn^0 \rightleftharpoons Zn^{2+} + Sn^0$	$Sn^{4+} + 2\,Zn^0 \rightleftharpoons 2\,Zn^{2+} + Sn^0$
+ NaOH	$Sn(OH)_2 \rightleftharpoons [Sn(OH)_4]^{2-} \rightleftharpoons [Sn(OH)_6]^{2-}$	$SnO_2 \cdot H_2O$
+ Fe^0	–	$Sn^{2+} + Fe^{2+}$
+ Zn^0	$Sn^0 + Zn^{2+}$	$Sn^0 + 2\,Zn^{2+}$
+ $H_2S/(NH_4)_2S$	SnS (braun)	SnS_2 (gelb)
+ Molybdophosphorsäure	Molybdänblau	–
+ $[AuCl_4]$ (Cassius'scher Goldpurpur)	$SnO_2 + Au^0$	–
+ Hg^{2+}	$Sn^{4+} + Hg^0$	–

Nachweise für Sn^{2+}

Nachweis als $SnCl_2$ (Zinn(II)chlorid) / Leuchtprobe:

Durchführung HANDSCHUHE! ABZUG! Man gibt konz. HCl und etwas AS in eine Porzellanschale und versetzt diese Lösung mit einem Stück Zinkblech. Nach einer Wartezeit, in der man von Zeit zu Zeit im RG umrührt (mindestens drei Minuten!), taucht man ein mit *kaltem* (Leitungs-)Wasser halb gefülltes großes RG in diese Lösung ein, rührt kurz darin herum und hält das Reagenzglas dann in die Reduktionsflamme des Bunsenbrenners (s. S. 27). Bei Anwesenheit von Zinn tritt außen am unteren Teil des RGes eine blaue Fluoreszenz ($SnCl_2$) auf.

Milieu HCl konz.-sauer.

Begründung **Redoxreaktion:**

$$Zn^0 + 2\,H^+ \rightleftharpoons Zn^{2+} + 2\,<H^0>$$

$$SnO_2 + 2\,<H^0> + 2\,H^+ \rightleftharpoons Sn^{2+} + 2\,H_2O.$$

Das Zinkblech löst sich in HCl unter Bildung von Zn^{2+} und H^0 (in statu nascendi) auf. Dieser $<H^0>$ ist in der Lage, schwer lösliche Zinnverbindungen wie SnO_2 zu Sn^{2+} zu reduzieren.

Hinweise Dieser spezifische Zinn-Nachweis funktioniert eigentlich sehr gut, im Zweifelsfall wiederholen bzw. beim In-die-Flamme-Halten etwas warten. Absolut wichtig ist, dass das Reagenzglas kühl ist und dass ausreichend Zn^0 vorhanden ist, damit sich genug $<H^0>$ bilden kann. Außerdem ist das RG unbedingt in die Reduktionsflamme des Bunsenbrenners zu halten. $SnCl_2$ ist gesundheitsschädlich, daher Versuch unter dem Abzug durchführen.

Nachweis als Reduktionsmittel (mit $HgCl_2$):

Durchführung HANDSCHUHE! Versetzt man eine Sn^{2+}-Lösung mit einigen Tropfen Hg^{2+}-Lösung, so tritt nach einiger Zeit eine weiße Fällung bzw. ein schwarzer NS auf.

Milieu HCl dil.-saure Lösung.

Begründung **Redoxreaktion:** $Sn^{2+} + Hg^{2+} \rightleftharpoons Sn^{4+} + Hg^0$.

Gemäß der Spannungsreihe kann Sn^{2+} Hg^{2+} zu Hg^0 reduzieren, während es selbst zu Sn^{4+} oxidiert wird. Das elementare Hg ruft dann die Trübung/den NS hervor.

Hinweise Bei Überschuss an Hg^{2+} entsteht Hg_2Cl_2. Je nach Mengenverhältis kann auch ein Gemisch von Hg^0 und Hg_2Cl_2 entstehen.

Identitäts- und Grenzprüfungen

Die von euch, die etwas mit Pharmazie zu tun haben, sollten sich für die in diesem Praktikum relevanten Identitäts- und Grenzprüfungen die Originaltexte der aktuellen Ausgabe des Europäischen Arzneibuchs (abgekürzt Ph. Eur. [Pharmacopoea Europea]) ansehen. Falls ihr auch noch einen Kommentar dazu findet – noch besser. Der Originaltext aus dem Arzneibuch hat Gesetzescharakter und ist für alle, die mit Arzneimitteln zu tun haben, absolut verpflichtend (bei Missachtung dieser Regeln drohen hohe Geldstrafen bzw. Gefängnis!). Der Kommentar hingegen erklärt die im Original gemachten Aussagen, hat aber keinen Gesetzescharakter. Zu Sinn und Zweck der Identitäts- und Grenzprüfungen s. S. 19.

Du wirst sehen, dass ein Teil der im Ph. Eur. aufgeführten Reaktionen den Versuchen entspricht, die du bereits als Nachweisreaktionen aus dem Praktikum kennst. Ein Teil ist neu, was daran liegt, dass die Reaktionen aus dem Arzneibuch empfindlicher, weniger störanfällig oder aus anderen Gründen besser geeignet sind.

Grundsätzlich gilt bei der Durchführung der Identitäts- und Grenzprüfungen: die vorgeschriebenen Mengenangaben sind ebenso exakt einzuhalten wie die Konzentration der einzelnen Reagenzien. Wenn du im Praktikum die Aufgabe bekommst, Identitätsreaktionen nach dem Arzneibuch zu machen, so führe auch wirklich die Versuche aus, die *im Arzneibuch* unter Identitätsreaktionen stehen, und nicht die, die in *diesem Arbeitsbuch* stehen, sonst kommt es leicht zu Fehlern. Die »Spielregeln« bei den Identitätsprüfungen sind meist leicht anders als bei der Analyse von Einzelstoffen oder von Gemischen: auf den Reagenzgläsern steht drauf, was angeblich drin ist. Nun musst du überprüfen, ob das stimmt oder nicht. Wenn du richtig getippt hast, (ja, das angegebene Kat-/Anion ist drin, oder nein, es ist nicht drin), kann's weitergehen. Wenn nicht, so hängt es von deinem speziellen Praktikum ab, wie es weitergeht. Eigentlich sind die Identitätsprüfungen das Einfachste vom ganzen Praktikum, und unter Beachtung der o. g. Ratschläge sollte es auch möglich sein, alle an einem Tag fehlerfrei herauszubringen.

Ich würde empfehlen, dass ihr euch in kleineren Gruppen zusammenfindet und arbeitsteilig alle Grenzprüfungen gemeinsam durchführt. Am besten trefft ihr euch schon einen Tag vor der Durchführung und plant, wer welches Reagenz herstellt und vor allem wann, da bei einigen Grenzprüfungen strikt einzuhaltende Zeitangaben stehen. Oberster Grundsatz bei der Herstellung von Lösungen ist die Sauberkeit. Wenn so genannte Stammlösungen vorhanden sind (oder auch wenn ihr sie selbst hergestellt habt), so füllt euch immer erst etwas davon in ein Becherglas, bevor ihr mit der Pipette hineingeht – auch wenn ihr diese für noch so sauber haltet. Durch Nichtbeachtung dieses Hinweises entstehen viele falsche Analysen. Bei den Grenzprüfungen ist es ganz besonders wichtig, jedes Reagenzglas zu beschriften, um zu wissen, ob man gerade Prüflösung oder Referenzlösung in der Hand hält. RGer für Prüf- und Referenzlösung müssen blitzblank sauber und genau gleich sein. Wenn in einem RG die Lösung doppelt so hoch steht wie im anderen (wegen eines unterschiedlichen Innendurchmessers), erscheint sie von oben betrachtet trüber als im anderen – was dann jede Grenzprüfung ad absurdum führt. Um sicher zu sein, dass ihr absolut gleiche Reagenzgläser verwendet, würde ich euch raten, jeweils die gleiche Menge irgendeiner farbigen Flüssigkeit in beide RGer zu pipettieren und von oben und von vorne durch die RGer durchzuschauen: Wenn sich bei der Betrachtung keinerlei Unterschiede in der Farbtiefe zeigen, sind sie für die Grenzprüfung geeignet. Die Beurteilung der jeweiligen Trübungen erfolgt – o. g. Bedingungen vorausgesetzt – von oben durch die RG-Öffnung Richtung Boden, wobei – je nach Farbe der Trübung – ein weißer oder schwarzer Untergrund die Beurteilung erleichtert. Was die vorgeschlagene Teamarbeit angeht, so gehen die Meinungen auseinander: Die einen sagen »Es hat sich absolut rentiert, ich würde es sofort wieder machen«, die anderen verfluchen sie und meinen »Nie wieder Teamarbeit«. Mein Kommentar dazu: Natürlich spart es primär Zeit, wenn man sich die Arbeit bei der Reagenzienherstellung teilen kann, wenn aber jemand – aus welchen Gründen auch immer – Mist baut, so hat die ganze Gruppe unter dessen Fehler zu leiden und die Grenzprüfung dauert umso länger. Such' dir also Leute aus, denen du vertraust!

Soweit zum praktischen Teil. Wenn du die Identitätsprüfungen für Prüfungen lernen musst, so empfehle ich, die Nachweise in eigenen Worten zusammenzufassen (d. h. Mengen- und Konzentrationsangaben können entfallen, dafür ist die Begründung um so wichtiger); die Pharmazeuten unter euch sollen bloß nicht sagen, Identitäts- und Grenzprüfungen wären nicht so wichtig für Prüfungen: Auch wenn sie vielleicht im Praktikum nicht viel Zeit beanspruchen, in Prüfungen werden sie in den letzten Jahren meist um so mehr gefragt und zwar ziemlich detailliert!

Anmerkung: Falls im Arzneibuch-Text die Formulierung »vorgeschriebene Lösung« auftaucht, so heißt das für dich: eine meist wässrige Lösung, die das betreffende Kat-/Anion enthält.

Literaturhinweise

Natürlich ist dieses Arbeitsbuch nicht ohne Vorlagen geschrieben worden, obwohl es wirklich nicht eine Zusammenfassung der unten angegebenen Literatur darstellt, sondern vor allem die niedergeschriebene Erfahrung von etwa 1000 Studenten enthält. Dennoch gebe ich hier einen kommentierten Überblick über die verwendete und sonstige sinnvolle Literatur (erhältlich z. B. über www.govi.de):

Eberhard Schwenda ■ *Jander/Blasius - Anorganische Chemie I und II,* Hirzel-Verlag, 17. bzw. 16. Aufl., Stuttgart 2011, 39,50 bzw. 33,50 Euro

Der erste (»rote«) Band des von Eberhard Schwenda neu bearbeiteten Traditionswerkes »Jander/Blasius« geht ausführlich auf chemische Grundlagen sowie auf Reaktionen und Nachweismöglichkeiten der Nichtmetalle und Metalle ein. Der zweite (»blaue«) Band führt in die quantitative Analyse und das präparative Arbeiten ein.

Ch. E. Mortimer ■ *»Chemie«,* Thieme Verlag Stuttgart, 10. Auflage 2010. ca. 65 Euro

Ausgezeichnetes Buch für Anfänger und Profis, das chemische Grundlagen, auf die in diesem Arbeitsbuch nur relativ kurz eingegangen wird, sehr anschaulich vermittelt; absolut verständlich geschrieben, sehr gute Aufmachung, mit Übungsaufgaben, sehr geeignet vor jeder Prüfung.

Deutscher Arzneimittel-Codex, Bd. 1–3 ■ Hrsg. von der ABDA – Bundesvereinigung Deutscher Apothekerverbände, Govi-Verlag, Eschborn.

Das Werk erleichtert die Eingangsprüfung in der Apotheke, enthält Monographien für Wirkstoffe, Hilfsstoffe, pflanzliche Drogen und Zubereitungen, praktische Hilfen zur Arzneitmittelprüfung und Apothekengerechte Verfahren zur Identifizierung von Ausgangsstoffen im Labor („Alternative Identifizierung“, Band 3).

Wolfgang Werner ■ *»Qualitative Anorganische Analyse für Pharmazeuten und Naturwissenschaftler«,* Wiss. Verz.–Ges, 4. Auflage, 2006. 29 Euro

Buch, das es versteht, auch Querverweise zur Pharmazie herzustellen; gut lesbar, bis auf einige Kleinigkeiten ein ganz brauchbares Buch für's Praktikum.

Eberhard Ehlers ■ *»Analytik I«,* Deutscher Apotheker Verlag, 2007

Vergleichbar mit der Sammlung der Abitur-Aufgaben; Zusammenfassung aller Fragen der letzten Jahre zum ersten Abschnitt der Pharmazeutischen Prüfung. Der »Ehlers« enthält einen ausführlichen Theorieteil zu jedem Themenbereich.

Hunnius ■ *»Pharmazeutisches Wörterbuch«,* de Gruyter Verlag Berlin / New York, 10. Auflage, 2010

Wie der Name schon sagt, ein Wörterbuch, in dem meines Erachtens jeder Begriff, der dir im Laufe eines Pharmaziestudiums begegnet, gut erklärt wird. Es gibt eine Paperbackausgabe und eine gebundene Auflage.

Periodensystem der Elemente ■ von Fluck/Heumann; Wiley/VCH-Verlag Weinheim

Enthält alle wichtigen (und unwichtigen) Informationen über sämtliche Elemente (Häufigkeit, Elektronegativität, Smp., Sdp., Redox-Potenzial und Ionenradius).

www.pse.merck.de ■ Interaktives Periodensystem mit Infos über viele im Verlauf diverser Praktika vorkommenden Substanzen.

www.webelements.com ■ Diese Webseite enthält die meiner Ansicht nach besten und vollständigsten Angaben über wirklich alles, was man von chemischen Elementen wissen kann. Die Angaben zu »Allgemeines« zu Beginn eines jeden Kat- und Anions in diesem Buch beruhen auf den Daten dieser Seite. Vergleicht man die Angaben der Webseite mit denen aus dem Jander oder auch anderen Büchern, so findet man (leider) für fast jedes Detail so viele verschiedene Angaben wie Quellen. Bei Webelements findet man zumindest meist eine (seriöse) Quelle für die gemachten Angaben. Mein Vorschlag: Surf' doch einfach mal auf diese Seite und schau' dich dort ein wenig um!

www.chempage.de ■ Interessante Seite, die »erstellt wurde, um das Interesse an Naturwissenschaften und speziell an der Chemie zu wecken«. Neben interessanten Angaben zu vielen Punkten, die auch für dieses Arbeitsbuch von Bedeutung sind, sind auch kleine Filme über bestimmte Experimente zu sehen. Stöbere doch einfach mal selbst auf dieser Seite.

www.seilnacht.com ■ Eigentlich für den naturwissenschaftlichen Unterricht konzipierte Seite mit zahlreichen Infos zu chemischen Elementen, Gefahrstoffen sowie zahlreichen Präsentationsvorlagen (Copyright-Bestimmungen beachten!)

Zum Gefahrstoffrecht:

Ute Stapel ■ GHS – Betriebsanweisungen und Gefährdungsbeurteilung. Arbeitsschutz in Apotheken beim Umgang mit Gefahrstoffen. Eschborn 2011.

Ralf-Waldemar Kopp ■ InfoSys Gefahrstoffe. Software zum Umgang mit Gefahrstoffen in Apotheken (u. a. Etikettendruck).

Arbeitsschutz in Apotheken (bearbeitet von Peggy Ahl) ■ Software zur Erstellung der gesetzlich geforderten Gefährdungsbeurteilungen für Apothekenlabor und -rezeptur.

Peggy Ahl ■ Gefahrstoffrecht: Neue Regelungen in der Apotheke. Pharmazeutische Zeitung 155 (2010) 4439-4445
(http://www.pharmazeutische-zeitung.de/index.php?id=36001)

Dieter Kaufmann ■ Gefahrstoffrecht für die Apothekenpraxis. 4. Auflage, Stuttgart 2009.

Antworten auf die im Text gestellten Fragen

Antwort 1: ■ Manche Stoffe (z. B. $MgCl_2 \times 6H_2O$, Kobaltsalze) sind sehr hygroskopisch, d. h. sie ziehen Wasser (aus der Luft) »magisch an«, was dann zur Verklumpung/Verflüssigung deines Pulvers führt. Andere Stoffe sind gegenüber (Luft-)Sauerstoff sehr anfällig, d. h. sie oxidieren leicht (z. B. Fe^{2+}-Salze). All diese Effekte können dazu führen, dass du Schwierigkeiten hast, deinen Stoff zu identifizieren. Diese Veränderungen lassen sich jedoch dadurch minimieren, dass du das RG mit einem Stopfen verschließt. Außerdem ist damit gewährleistet, dass keine anderen Stoffe/Gase mit deinem Stoff reagieren.

Antwort 2: ■ HCl löst – wenn auch langsam – Pb auf, und es entsteht das zumindest in der Hitze relativ leicht lösliche $PbCl_2$, aus dem sich mit dem gebildeten HF sofort Komplexe bilden, die stabiler sind als das gasförmige SiF_4, so dass der NW nicht mehr möglich ist. Dasselbe geschieht mit HNO_3: Hier wird das bereits in kaltem Wasser lösliche $Pb(NO_3)_2$ gebildet, aus dem sich mit Fluorid ebenfalls sehr stabile Komplexe bilden können. In beiden Fällen wäre der NW falsch negativ. Mit H_2SO_4 dagegen kann sich beim Herauslösen höchstens schwer lösliches $PbSO_4$ bilden, aus dem o. g. Komplexierung nicht mehr möglich ist. Außerdem entzieht H_2SO_4 konz. durch ihre hygroskopische Wirkung das beim Nachweis von Fluorid/Silikat entstehende Wasser und beschleunigt somit die Reaktion.

Antwort 3 ■ Der bereits beim ersten Mal abgefangene Rückstand verstopft die Poren des Filterpapiers, so dass bei jedem weiteren Filtrieren die immer feiner werdenden Partikel nicht mehr durch die Poren kommen. Die Filtriergeschwindigkeit nimmt zwar drastisch ab, aber das Ergebnis kann sich dafür sehen lassen.

Antwort 4 ■ KI_3 (= Iodwasser) ist I_2 in KI-Lösung, da sich I_2 in KI unter Bildung des I_3^--(oder genauer des I_x^-)-Komplexes wesentlich besser löst als in Wasser ohne I^- als Lösungsvermittler.

Antwort 5 ■ Beim $(NH_4)_2S_x$ liegt S in einer langen Kette vor, bei der die beiden äußeren S-Atome die Ladung –2 tragen und die gesamten S-Atome dazwischen die Oxidationsstufe 0 (S. 73). Die Tatsache, dass die mittleren S-Atome in der Oxidationsstufe 0 vorliegen, ist auch der Grund dafür, dass elementarer Schwefel in $(NH_4)_2S$ unter Bildung von $(NH_4)_2S_x$ löslich ist und dieses – wie z. B. im KTG – oxidierend wirkt.

Antwort 6 ■ Natürlich ist die *Anzahl* der Ionen dann insgesamt höher, als wenn man nur HCl konz. dazugibt. Das *Volumen* wird aber größer, als wenn man nur die entsprechende Menge an HCl konz. zugibt. Folglich wird die *Konzentration* kleiner.

Antwort 7 ■ Na^+ ist bekanntlich Bestandteil von NaCl, und dieses ist Bestandteil des Schweißes, d. h. bei Berührung jedes Gegenstandes bleibt dort eine winzige Menge NaCl hängen, was für eine intensiv gelbe Flammenfärbung ausreicht.

Antwort 8 ■ Dieser NW ist in der Tat denkbar und wird bei spektroskopischen Untersuchungen angewandt. Im Praktikum funktioniert das Verfahren deshalb nicht, weil diese Ionen Licht in Wellenlängenbereichen emittieren, die für das menschliche Auge nicht sichtbar sind, und weil der im Labor vorhandene Aufbau für die Analyse dieser Ionen meist nicht empfindlich genug ist.

Antwort 9 ■ Ein $(NH_4)_2CO_3$-Auszug hat den Vorteil, dass das Kation NH_4^+ keine Flammenfärbung verursacht, d. h. nach dem Aufschluss lässt sich ohne weiteres eine Flammenprobe durchführen, während nach einem Soda-(Na_2CO_3)auszug die Natriumionen jede Beurteilung einer anderen Flammenfarbe unmöglich machen.

Antwort 10 ■ Ionen wie Na^+, die durch Ausglühen vertrieben werden können bzw. die eine Flammenfärbung hervorrufen, stören bei der Boraxperle nicht, da es dort auf die *Perlen-* und nicht auf die *Flammen*farbe ankommt. Außerdem ist erfahrungsgemäß ein Pt-Draht zur Herstellung einer Boraxperle weniger geeignet als ein Magnesia-Stäbchen.

Antwort 11 ■ Erhitzt man H_2SO_4 konz., werden immer farblose, stechend riechende SO_2-Dämpfe frei.

Antwort 12 ■ Na_2CO_3 ist das Salz der starken Base NaOH und der schwachen Säure H_2CO_3 und reagiert demzufolge stark alkalisch ($pH > 11$). $(NH_4)_2CO_3$ dagegen ist das Salz der schwachen Base NH_3 und der schwachen Säure H_2CO_3 und reagiert deshalb nicht so stark alkalisch, d. h. es wird nur noch $pH \approx 9$ erreicht. Dieser pH-Wert reicht für die Abtrennung mancher Kationen wie Mg^{2+} nicht mehr aus. Außerdem besteht die Gefahr, dass das entstehende NH_3 mit manchen Kationen (z. B. Cu^{2+}) Komplexe bildet, diese in Lösung bleiben und damit Anionennachweise stören.

Antwort 13 ■ Durch Verwendung von Leitungswasser würden Ionen wie SO_4^{2-}, Cl^- etc. in die Analyse eingeschleppt und könnten zu falsch positiven NWen führen.

Antwort 14 ■ Im SAR sind auf jeden Fall noch jede Menge Na^+-Verbindungen enthalten, und die daraus resultierende grellgelbe Na-Flamme überdeckt alle anderen Farben.

Antwort 15 ■ Cu^{2+} kann in Gegenwart von NH_4^+-Salzen, die im Alkalischen zu NH_3 werden, durch dieses bzw. durch Tartrat komplexiert werden. Beide Liganden werden im sauren Milieu des KI-Nachweises protoniert und setzen somit das Cu^{2+} wieder aus dem Komplex frei.

Antwort 16 ■ H_2SO_4 konz. ist durch das darin enthaltene SO_3 selbst ein Oxidationsmittel. Da dieses SO_3 noch stärker ist als MnO_4^-, könnten entsprechende Anionen mit dem SO_3 reagieren statt – wie »geplant« – mit dem MnO_4^-. Gerade bei geringen Konzentrationen der in Frage kommenden Anionen kann es damit zu falsch negativen NW kommen.

Antwort 17 ■ Der NW auf CO_3^{2-} ist in einem SA, der ja mit Na_2CO_3 hergestellt wurde, immer positiv.

Antwort 18 ■ Beim Versetzen mit HCl würde AgCl ausfallen, beim Versetzen mit H_2SO_4 Ag_2SO_4.

Antwort 19 ■ Sn^{2+} täuscht ein reduzierend wirkendes Anion vor, reagiert also mit $KMnO_4$ und I_2-Lösung.

Antwort 20 ■ Bei Verwendung von HCl, HNO_3 oder H_2SO_4 wäre das Milieu so stark sauer und damit die Oxalat-Konzentration so gering, dass die entsprechenden Calciumsalze nicht ausfallen würden. Außerdem kann bei Verwendung von H_2SO_4 $CaSO_4$ ausfallen und man könnte nicht genau sagen, ob SO_4^{2-} in der Analyse ist oder nicht.

Antwort 21 ■ Da dieses durch I^- zu Cu^+ reduziert wird, das mit I^- in Form von CuI ausfällt. Diese Reaktion ist im Praktikum der Quantitativen anorganischen Analytik bei der iodometrischen Kupferbestimmung wichtig, wo die Färbung einer Stärkelösung Indikator für den Endpunkt der Titration ist.

Antwort 22 ■ Weil es ja bei einem Gemisch vorkommen kann, dass man ein Ion hat, das sich in NH_3 dil. (bzw. $(NH_4)_2CO_3$ konz.) löst – z. B. Bromat, Iodat, Chlorid, Rhodanid, und eines, das sich nicht löst, wie z. B. Bromid oder Iodid, so dass erst bei erneutem Ansäuern wieder ein NS auftritt. Dasselbe gilt auch für konz. NH_3, etwa wenn Bromid und Iodid nebeneinander vorliegen. Außerdem kann bei der fraktionierten Silberhalogenidfällung eine Verklumpung des NS auftreten, so dass nur ein Teil des NS in Lösung geht.

Antwort 23 ■ Unter den gewählten Bedingungen wird kein flüchtiges Kupfersalz gebildet.

Antwort 24 ■

1. Zweiprotonige Säure, daher Protonierung von Anionen (sogar von Cl^-).
2. Hygroskopisch, d. h. H_2SO_4 konz. entzieht das bei einer Reaktion entstehende Wasser.
3. Wegen des in H_2SO_4 *konz.* (nicht in H_2SO_4 *dil.*) enthaltenen SO_3 wirkt sie oxidierend (die Entstehung des SO_3 könnte man als »Wasserentzug aus sich selbst« sehen: $H_2SO_4 \rightleftharpoons SO_3 + H_2O$).
4. Die sehr hohe SO_4^{2-}-Konzentration in H_2SO_4 konz. wirkt komplexierend auf schwerlösliche Sulfate wie $PbSO_4$, $BaSO_4$, … und bringt diese zumindest teilweise in Lösung.

Antwort 25 ■ Da das RG aus Borosilikatglas besteht, könnte gegebenenfalls eine sehr kurze grüne Flammenfärbung (vor allem am Glasrand) auftreten.

Antwort 26 ■ Da Cl_2 stark oxidierend wirkt, stört es irreversibel zahlreiche Stoffwechselvorgänge von Mikroorganismen und tötet sie dadurch ab.

Antwort 27 ■ $HClO_4$ ist neben den im Praktikum nicht vorkommenden »Supersäuren« die stärkste anorganische Säure, kann also durch keine andere Säure mehr freigesetzt werden. Außerdem ist sie nicht flüchtig.

Antwort 28 ■ Fluor besitzt die höchste EN aller Elemente, zieht also von allen Partnern Elektronen an, so dass es nie positive Oxidationszahlen annehmen kann; –1 deshalb, weil damit die Edelgaskonfiguration (von Neon) erreicht ist, was maximale Stabilität bedeutet.

Antwort 29 ■ Das Rollrandgläschen, mit dem man arbeitet, ist selbst silikathaltig. Daher wird durch das gebildete HF immer SiF_4 aus dem Glas freigesetzt, so dass der NW auf Silikat falsch positiv ausfiele.

Antwort 30 ■ Das Rollrandgläschen besteht aus Glas, das einen viel höheren Schmelzpunkt als Pb aufweist.

Antwort 31 ■ Weil dies die Gruppenreaktion mit HCl/KI darstellt und somit für alle Anionen dieser Gruppe positiv ist.

Antwort 32 ■ Säuert man die Lösung wieder an, wird das NH_3 aus dem Komplex durch Protonierung entfernt und das Komplexgleichgewicht auf die Seite des freien Ag^+ verschoben, so dass wieder AgCl ausfallen kann.

Antwort 33 ■ Eine $(NH_4)_2CO_3$-Lösung enthält nicht – wie man erwartet – NH_4^+- und CO_3^{2-}-Ionen, da bei der Existenz von NH_4^+-Ionen keine CO_3^{2-}-, sondern nur HCO_3^--Ionen und umgekehrt bei der Existenz von CO_3^{2-}-Ionen keine NH_4^+-Ionen, sondern nur NH_3 vorliegt. Die Lösung enthält also fast nur NH_3 und HCO_3^--Ionen. (Woher man das weiß? Aus der Henderson-Hasselbalch-Gleichung unter Zuhilfenahme der pK_S-Werte!) Du wirst jetzt sagen: Was soll der ganze Unsinn, da kann ich doch gleich NH_3 dil. nehmen? Im Prinzip ja, aber in der Praxis hat sich gezeigt, dass NH_3 dil. zu einem geringen Anteil auch einen AgBr-NS auflösen kann, was zu Fehlinterpretationen führen kann. Dieses Problem besteht bei der Verwendung einer konzentrierten $(NH_4)_2CO_3$-Lösung nicht. Alles klar?

Antwort 34 ■ Dies liegt daran, dass sie sich in der Anordnung ihrer Atome untereinander stark unterscheiden (= Modifikation). Graphit besteht aus vielen Schichten von »C-Platten«, die nicht so fest miteinander verbunden sind und eine relativ weiche Konsistenz bedingen. Diese Eigenschaft macht man sich z. B. beim »Blei«stift zunutze, wo die einzelnen »C-Schichten« beim

Schreiben abgetragen werden. Diamant hingegen hat einen sehr kompakten Aufbau (Abstände zwischen den einzelnen C-Atomen viel geringer), was zu einer extrem hohen Festigkeit und damit zu seinem Einsatz in Bohrkronen o. ä. führt.

Antwort 35 ■ Weil der »Weg« von der Lösung unten zum $Ba(OH)_2$ oben kürzer ist und die Empfindlichkeit damit etwas erhöht ist. Die langsamere Erwärmung eines Zentrifugenglases gegenüber einem großen RG gleicht man durch etwas längeres Erhitzen aus.

Antwort 36 ■ Nimmt man $BaCl_2$-Lösung, so ist nicht mehr gewährleistet, dass die entstehenden H^+-Ionen neutralisiert werden. $Sr(OH)_2$ und $Ca(OH)_2$ sind schlechter wasserlöslich als $Ba(OH)_2$, so dass eventuell die Konzentration an Sr^{2+} bzw. Ca^{2+} nicht mehr für einen positiven NW ausreicht.

Antwort 37 ■ Wenn man H_2SO_4 konz. erhitzt, so entsteht SO_2 (und SO_3). Diese Gase riechen stechend und überdecken das geruchlose CO_2. Bei Kontakt mit $Ba(OH)_2$ bildet sich aus SO_2 SO_3^{2-}, das mit $Ba(OH)_2$ ebenfalls einen – in HAc allerdings schwerlöslichen – NS gibt. Außerdem setzt H_2SO_4 konz. auch aus Tartrat und Oxalat CO_2 frei!

Antwort 38 ■ Wenn man gleich unten im RG SO_3^{2-} zu SO_4^{2-} oxidiert, so kann kein flüchtiges SO_2 entstehen, der NW fällt somit negativ aus.

Antwort 39 ■ Der normale CO_2-Gehalt der Luft liegt bei 0,03 Prozent (in der Ausatmungsluft bei ca. 4 Prozent), was beides nicht für eine positive Reaktion ausreicht.

Antwort 40 ■ Nach HCl-Zugabe wird das Gleichgewicht $Ca^{2+} + C_2O_4^{2-} \rightleftharpoons CaC_2O_4$ durch Protonierung des freien $C_2O_4^{2-}$ nach links verschoben und der NS/die Trübung verschwindet wieder.

Antwort 41 ■ S^{2-} bildet mit vielen SM-Kationen wie Fe^{2+}/Cu^{2+} u. a. schwerlösliche Sulfide (s. KTG!). Diese SM-Kationen sind jedoch essenziell für die Funktionsweise bestimmter Enzyme im menschlichen Körper, so dass ein Ausfall dieser Enzyme zum Tode führen kann. Für CN^- gilt Ähnliches (die entstehenden Hexacyanoferrate sind bekanntlich extrem stabil); das CN^- greift vor allem das Fe^{3+} eines Enzyms namens Cytochrom an, das für die Atmung lebenswichtig ist (nicht jedoch das Fe^{2+} aus dem Hämoglobin, das direkt für den O_2-Transport zuständig ist).

Antwort 42 ■ Da es sich um einen katalytischen Prozess handelt (S^{2-} reagiert als Katalysator), ist das *Ergebnis* der Reaktion dasselbe; was sich unterscheidet, ist die *Geschwindigkeit*, mit der sich dieses Gleichgewicht einstellt, d. h. bei leichtlöslichen Sulfiden, bei denen einfach mehr Katalysator vorhanden ist, ist die Geschwindigkeit, mit der sich das Gleichgewicht einstellt, höher als bei einem schwerlöslichen Sulfid.

Antwort 43 ■ Weil die hierin enthaltene Konzentration von $Co(SCN)_2$ höher ist und man die Farbe deutlicher sieht. Außerdem muss dieses Gemisch organischer LM getrennt entsorgt werden (niemals in den Abguss!).

Antwort 44 ■ Das zweiwertige Eisen im Hämoglobin wird durch das aus dem $NaNO_2$ des Pökelsalzes stammende NO_2^- zu dreiwertigem Eisen (Methämoglobin) oxidiert. Dadurch kann es zu einer akuten Hypoxie (= Sauerstoffmangelversorgung) der Kleinkinder kommen, da das gebildete MetHb viel schlechter O_2 binden kann als »normales« Hämoglobin. Erwachsene haben Enzyme, die das gebildete MetHb wieder zum Hämoglobin regenerieren können; diese sind bei Kleinkindern jedoch noch nicht voll entwickelt.

Antwort 45 ■ Nitrat selbst reagiert ja nicht mit Sulfanilsäure und Naphthylamin, sondern erst nach Reduktion zu Nitrit. Gibt man also kein Reduktionsmittel zu (hier Zinkstaub), so kann man Nitrit neben Nitrat nachweisen.

Antwort 46 ■ Durch Zugabe von Zinkstaub wird Nitrat zu Nitrit reduziert. Letztendlich reagiert also dieses mit der Sulfanilsäure und dem Naphthylamin. Wenn man Nitrit nicht entstört, erhält man immer einen positiven NW.

Antwort 47 ■ Durch die 1:1-Mischung erhält man ein Gemisch, das einen wesentlich niedrigeren Schmelzpunkt hat als jedes einzelne Salz; man nennt dies ein Eutektikum.

Antwort 48 ■ Nach dem Soda-Pottasche-Aufschluss liegen vor allem $BaCO_3$ und Na_2SO_4 vor. Löst man jetzt das ganze Gemisch in HAc, so schwimmen wieder alle Ionen in der Lösung herum, und das Ba^{2+} fällt sofort wieder als $BaSO_4$ aus. Deswegen muss man erst das Na_2SO_4 in H_2O lösen und somit von dem in Wasser unlöslichen $BaCO_3$ abtrennen. Nach gründlichem Auswaschen des NS kann man das $BaCO_3$ in HAc lösen und somit für einen NW zugänglich machen.

Antwort 49 ■ Dies ist nicht möglich, weil hier eine pH-abhängige Fällung durchgeführt werden muss. Die Elemente der 4. Gruppe fallen nämlich noch nicht bei pH-Wert 2 aus, wohingegen die Elemente der 2. Gruppe bei pH 8 bis 10 ebenfalls ausfallen würden. Bei Vertauschung der beiden Gruppen wäre somit keine Stofftrennung möglich.

Antwort 50 ■ Ein Kaliumion ist als geladenes Teilchen nicht in der Lage, seine wässrige Umgebung zu verlassen und gasförmig zu werden. Daher kann es nicht aufsteigen und damit auch »oben« beim Kontakt mit Indikatorpapier nicht alkalisch reagieren.

Antwort 51 ■ NH_3 ist ein flüchtiges Gas (was jeder beim Öffnen einer NH_3 konz.-Flasche bestätigen kann), während NaOH in Wasser ein in Ionen (Na^+ und OH^-) dissoziiertes Salz darstellt. Ionen sind niemals flüchtig, also ist der

»Weg« vom unteren Uhrglas zum oberen, wo das Stückchen pH-Papier hängt, für ein OH^--Ion »unerreichbar« weit.

Antwort 52 ■ Da Eisen als unedles Metall in HCl dil. löslich ist, geht bei der geschilderten Versuchsdurchführung immer Fe^{2+} in Lösung, unabhängig davon, ob Antimon in der Lösung vorhanden ist oder nicht. Deswegen wäre dieser »Nachweis« immer positiv.

Antwort 53 ■ Bei zu hohem pH-Wert fällt AgOH (bzw. Ag_2O) aus, bei zu niederem pH-Wert liegt zu wenig AsO_3^{3-}/AsO_4^{3-} vor, in beiden Fällen verläuft die Reaktion also nicht wie erwünscht.

Antwort 54 ■ $BaSO_4$ ist eine sehr schwer lösliche Verbindung und dissoziiert damit im Körper so gut wie nicht in Kat- und Anionen; daher ist das darin enthaltene Ba^{2+} für den menschlichen Körper nicht toxisch. Was aber sehr wohl toxisch ist, sind im $BaSO_4$ eventuell enthaltene lösliche Bariumverbindungen wie $BaCO_3$, das zwar in Wasser unlöslich ist, in HCl (im Magen!) zu $BaCl_2$ und CO_2 wird und bei dem das wasser(und damit auch blut-)lösliche Ba^{2+} massive Vergiftungserscheinungen hervorrufen kann.

Antwort 55 ■ H_2SO_4 konz. hat bekanntlich komplexierende Eigenschaften (s. Antwort 24), d. h. der gerade gebildete $BaSO_4$ NS könnte evtl. wieder in Lösung gehen und damit für einen falsch negativen NW sorgen.

Antwort 56 ■ In essigsaurer Lösung wird gearbeitet, damit die Chromatkonzentration gerade noch ausreicht, um $BaCrO_4$ zuverlässig auszufällen (bei noch saurerem Milieu wäre das $CrO_4^{2-}/Cr_2O_7^{2-}$-Gleichgewicht zu sehr auf die Seite des $Cr_2O_7^{2-}$ verschoben, welches als Ba-Salz löslich wäre), *acetatgepuffert* muss die Lösung sein, um die gemäß $Cr_2O_7^{2-} + H_2O \rightleftharpoons 2\ HCrO_4^- \rightleftharpoons CrO_4^{2-} + 2\ H^+$ entstehenden H^+-Ionen abzufangen, die sonst den pH-Wert so stark senken würden, dass der NW aus den o. g. Gründen negativ ausfiele.

Antwort 57 ■ Eisen wird in der zweiwertigen Form, also als Fe^{2+}, resorbiert. Die dreiwertige Form liegt bei einem pH-Wert von 6 bis 7 als unlösliches $Fe(OH)_3$ vor und kann somit nicht oder kaum resorbiert werden. Anmerkung: Da Eisen leicht von Fe^{2+} zu Fe^{3+} oxidiert werden kann, sollte man das peroral verabreichte Eisen immer mit Vitamin C kombinieren, das diese Oxidation verhindert, indem es sich statt des Eisens dem O_2 »opfert« und an dessen Stelle vom Luftsauerstoff oxidiert wird.

Antwort 58 ■ Das Thallium hat denselben Ionenradius wie K^+ und kann daher anstelle von K^+ im Körper durch Enzyme oder so genannten »Ionentransporter« transportiert werden, besitzt aber im Körper keine Funktion.

Antwort 59 ■ Weil $HClO_4$ die stärkste anorganische Säure ist und das zugehörige Anion so gut wie nicht protoniert wird. Perchlorsäure verdrängt sämtliche Säuren aus ihren Salzen.

Antwort 60 ■ HCl konz. enthält Cl^-, das nach dem Anionenschema mit $KMnO_4$ reagieren könnte. Die Lösung würde das gerade gebildete MnO_4^- entfärben und somit einen falsch negativen Nachweis ergeben.

Antwort 61 ■ Ag_3AsO_3 wird beim Erhitzen braun, Ag_3PO_4 bleibt gelb.

Antwort 62 ■ Ag_2O entsteht aus AgOH ($Ag^+ + OH^-$) unter Wasserabspaltung (z. B. beim Erhitzen): $2\,AgOH \rightleftharpoons Ag_2O + H_2O$.

Weitere Beispiele:

$$2\,NaOH \rightleftharpoons Na_2O + H_2O$$
$$Cu(OH)_2 \rightleftharpoons Cu_2O + H_2O$$
$$2\,Fe(OH)_3 \rightleftharpoons Fe_2O_3 + 3H_2O.$$

Antwort 63 ■ Wenn der pH-Wert zu hoch ist, so fällt AgOH (Ag_2O) aus, wenn er zu niedrig ist, liegt zu wenig CrO_4^{2-} vor, da dieses in $Cr_2O_7^{2-}$ umgewandelt wird, das als Silbersalz eine viel höhere Löslichkeit (aber trotzdem ein viel kleineres Löslichkeits*produkt*) hat.

Antwort 64 ■ Durch Verwendung von $(NH_4)_2SO_4$ ist sichergestellt, dass genügend SO_4^{2-} Ionen in der Lösung sind, um das Sr^{2+} zuverlässig auszufällen. Man nimmt aber den Nachteil in Kauf, dass eventuell so viele SO_4^{2-}-Ionen in der Lösung sind, dass nicht nur Sr^{2+}-, sondern auch Ca^{2+}-Ionen ausgefällt werden, und genau das will man durch die Verwendung einer gesättigten Gipslösung ja verhindern. Dafür geht man da das Risiko ein, dass die SO_4^{2-}-Ionenkonzentration zu gering sein könnte, um Sr^{2+} zuverlässig auszufällen, vor allem wenn die Lösung nur sehr wenig Sr^{2+} enthält. (Du siehst wieder einmal: wie man's macht, ist's verkehrt! Tja, das ist nun mal das Schicksal von Studenten.)

Antwort 65 ■ Zn^{2+} würde mit $H_2PO_4^-/HPO_4^{2-}$ als $Zn_3(PO_4)_2$ ausfallen und damit das gesamte Insulin schlagartig freigesetzt werden, was zu einer lebensgefährlichen Hypoglykämie (Unterzucker) führen würde.

Antwort 66 ■ Im Al_2CoO_4 liegt Al in der Oxidationsstufe +3 und Co in der Oxidationsstufe +2 vor; im $ZnCo_2O_4$ liegt Zn in der Oxidationsstufe +2 und Co in der Oxidationsstufe +3 vor.

Anhang: Eigenschaften und Reaktionen wichtiger Stoffe
A. Stoffe mit Nachweismöglichkeit für Anion und Kation

Stoff	*Beschreibung*				*Löslich in*					*Bemerkungen*			
	Farbe		*Form*	*Sonstiges*	*H_2O*	*HCl*	*HNO_3*	*OH^-*	*Sonst.*	*pH in H_2O*	*Lösungsverhalten*	*Trivialname*	*Sonstiges*
$AgCH_3COO$	weiß	für alle Ag-Verb.: Lsg. + Feststoffe werden beim Stehenlassen grau wg. Abscheiden von Ag^0	Nadeln	hygr.; glänzend	X				schlecht				Mg-Rinne: erst gelbe Nadeln, dann metallisch/weiß Kügelchen bleiben am Mg-Stäbchen hängen; bei längerem Stehenlassen: Graufärbung (Abscheiden v. Ag^0)
$AgNO_3$	schmutzig-weiß		Pulver		X							Höllenstein	SA: schwarzgrüner NS; trock. Erhitzen: gelb → braun → grau; + NaOH: schwarzer NS; + NH_3: gelbbraune Trübung; RG-Stopfen grau; Stehenlassen: Graufärbung (Abscheiden v. Ag^0)
Ag_2SO_4					X				schlecht				Stehenlassen: Graufärbung (Abscheiden v. Ag^0)
$Al_2(B_4O_7)_3$	weiß	Al^{3+} stört im Sodaauszug massiv die Gruppenreaktionen	Pulver			X							
$AlBr_3$	weiß				X								
$Al(CH_3COO)_3$	weiß			staubig	X				HAc.			essigsaure Tonerde	
$AlCl_3$	weiß		Kristalle	stark hygr.	X					<< 7			»zerfließt«
AlF_3	weiß		Pulver	klumpt		X		X					
$Al(NO_3)_3$	weiß		Kristalle		X								

Stoff	Beschreibung				Löslich in					Bemerkungen			
	Farbe		Form	Sonstiges	H_2O	HCl	HNO_3	OH^-	Sonst.	pH in H_2O	Lösungs-verhalten	Trivial-name	Sonstiges
$AlPO_4$	weiß		Pulver	Puder-zucker		X		X					Flammenfärbung täuscht oft Na^+ vor; SA: Gruppenreaktion mit Ca^{2+} negativ!!
$Al_2(SO_4)_3 \cdot 18\ H_2O$	weiß		Kristalle	glänzende Nadeln	X					< 7			
$Al_2\ (SiO_3)_3$	weiß			wie Watte				X					
$BaCO_3$	weiß		Pulver	schwer		X			HAc				Verwendung als Rattengift
$BaCl_2 \cdot 2\ H_2O$	weiß		Kristalle	hygr.	X								
$BaCrO_4$	gelb		Kristalle			X	X						
$Ba(NO_3)_2$	weiß		Kristalle		X								
$BaSO_4$	schmutzig weiß		Pulver	Puderzucker; klebt am RG					**H_2SO_4**			Schwer-spat	schwach grün brennend, kaum zu erkennen
$Bi_2(CO_3)_3$	schmutzig weiß		Pulver	staubig		X							kein Sprudeln in HCl, im Wasserbad gelb
$BiCl_3$	weiß		Kristalle	stark hygr.	X								
BiI_3	grau-schw.		Kristalle	glänzend		X							
$Bi(NO_3)_3 \cdot 5H_2O$	weiß		Kristalle	klebt am RG		X				< 7			einziges H_2O unlösliches Nitrat, auf Mg-Rinne erhitzt zitronengelb; Ähnlichkeit m. CaF_2, jedoch feiner

Stoff	Beschreibung				Löslich in					Bemerkungen			
	Farbe		Form	Sonstiges	H_2O	HCl	HNO_3	OH^-	Sonst.	pH in H_2O	Lösungs-verhalten	Trivial-name	Sonstiges
Bi_2S_3	grau		Kristalle				X					Bismut-glanz	
$CaBr_2$	weiß		Pulver	stark hygr.	X								
$CaCO_3$	weiß		Pulver			X			HAc			Marmor, Kalk, Kreide	
CaC_2O_4	weiß		Pulver	flockig		X				< 7			klumpt stark; starke Gas-entwickl. b. Erhitzen mit H_2SO_4 konz.
$CaCl_2 \cdot 2\,H_2O$	weiß		Pulver	hygr.	X								verändert sich beim Erhitzen auf 30 °C nicht
$CaCl_2 \cdot 6\,H_2O$	weiß		Pulver	kühlt stark ab beim Auflösen in H_2O	X						kühlt ab		verflüssigt sich beim Erhitzen auf 30 °C; »springt« vom Spatel (elektrostatische Aufladung!)
CaF_2	weiß		Pulver	klebt am RG			**X**					Fluss-spat	oft sehr verschiedenes Aussehen; in HCl konz. auch schwerlöslich, leicht gelber Ring a.d. Oberfläche; beim trockenen Erhitzen krümelig
CaI_2	weiß		Pulver	stark hygr.	X								
$Ca(IO_3)_2$	weiß		Pulver			X							

Stoff	Beschreibung				Löslich in					Bemerkungen			
	Farbe		Form	Sonstiges	H_2O	HCl	HNO_3	OH^-	Sonst.	pH in H_2O	Lösungs-verhalten	Trivial-name	Sonstiges
$Ca(NO_3)_2 \cdot 4\ H_2O$	weiß		Kristalle	stark hygr.	X							Kalk-salpeter	
$Ca_3(PO_4)_2$	weiß		Pulver			X							klumpt stark; Ca-Flamme – nur ganz schwach sichtbar
$CaSO_3$	weiß					X							beim Lösen in $H^+ \rightarrow SO_2$
$CaSO_4 \cdot {}^1/_2\ H_2O$	weiß		Pulver			X						Gips	2 g Substanz + 1 ml $H_2O \rightarrow$ wird nach 5 Min. steinhart
$Ca(MnO_4)_2$	violett		Kristalle	stark hygr.	X								
$CoBr_2$	grün				X								
$Co(CH_3COO)_2$	altrosa	<u>für alle Co-Verb.:</u> in H_2O: rosa	Kristalle	Nadeln; zerfließt	X								riecht nach CH_3COOH; trock. Erhitzen: tief violett $\rightarrow$ schwarz; massiv hygroskopisch, spätestens nach einem Tag ist die Analyse »flüssig« und damit »überflüssig« (d. h. gelöst)
$CoCO_3$	rot					X							
$CoCl_2 \cdot 6\ H_2O$	rosa				X								Indikator beim Blaugel, da beim trock. Erhitzen ein Farbumschlag nach blau stattfindet

Stoff	Beschreibung: Farbe		Form	Sonstiges	Löslich in: H_2O	HCl	HNO_3	OH^-	Sonst.	Bemerkungen: pH in H_2O	Lösungs-verhalten	Trivial-name	Sonstiges
CoI_2	ockergelb			grafit-ähnlich	X								
$Co(NO_3)_2$	braunrot		Kristalle	hygr.	X								
Co_2S_3	schwarz						X						
$CoSO_4$	orangerot		Kristalle		X								
$CrBr_3$	gelbgrün				X								
$CrCl_3 \cdot 6\,H_2O$	dunkel-grün		Kristalle		X								wasserfrei violett
K_2CrO_4	gelb	für alle Cr-Verb.: in H_2O: Cr^{3+} grün CrO_4^{2-} gelb $Cr_2O_7^{2-}$ orange	Kristalle		X								
$K_2Cr_2O_7$	orange		Kristalle		X								
$Cr(NO_3)_3$	violett				X								Lsg. beim Erhitzen grün, beim Abkühlen blau
$Cr_2(SO_4)_3 \cdot 12\,H_2O$	violett			stark hygr.	X								Erhitzen → grün
$CrPO_4$	grün					X							
$CuBr_2$	grün-schwarz	für alle Cu-Verb.: in H_2O + NH_3: blau				X				< 7			
$Cu(CH_3COO)_2$	blaugrün		Kristalle		X					< 7		Grünspan	

Stoff	Beschreibung				Löslich in					Bemerkungen			
	Farbe		Form	Sonstiges	H_2O	HCl	HNO_3	OH^-	Sonst.	pH in H_2O	Lösungs-verhalten	Trivial-name	Sonstiges
$CuCO_3$	helles türkisgrün		Pulver	Solvato-chromie		X							in HCl dil. → grün, in HCl konz. → gelb; trockenes Erhitzen → schwarz
$CuCl_2 \cdot 2\ H_2O$	blau		Pulver	hygr.	X					< 7			blau-grün-weiße Flamme; Erhitzen → gelbbraun
$Cu_2[Fe(CN)_6]$													
$Cu(NO_3)_2$	tiefblau		Kristalle	hygr.	X					< 7			
CuS	braun-schwarz						X					Kupfer-glanz	
$CuSO_4 \cdot 5\ H_2O$	blau		Kristalle		X							Kupfer-vitriol	Erhitzen → weiß
$Fe(CH_3COO)_2$	rotbraun				X								
$FeCO_3$	grünl.weiß		Pulver			X							feuchte Luft → braun
$FeCl_2 \cdot 6\ H_2O$	blaßgrün		Pulver		X								wasserfrei: weiß
FeI_2	graublau	für alle Fe^{2+}-Verb.: in H_2O: grün	Kristalle	stark hygr.	X								
$Fe_3(PO_4)_2$	graublau					X							
FeS	grünl. schwarz		Kristalle	glänzend		X							
$FeSO_4 \cdot 7H_2O$	hellgrün		Kristalle		X					< 7		Eisen-vitriol	jeder Gelb- oder gar Braunstich ist Zeichen einer Oxidation von Fe^{2+} zu Fe^{3+}

Stoff	Beschreibung: Farbe		Form	Sonstiges	Löslich in: H_2O	HCl	HNO_3	OH^-	Sonst.	Bemerkungen: pH in H_2O	Lösungsverhalten	Trivialname	Sonstiges
$FeCl_3 \cdot 6\ H_2O$	orange braun	für alle Fe^{3+}-Verb.: in H_2O: gelb	Kristalle	stark hygr.	X								beim Erhitzen rote Nadeln von FeOCl
$Fe(NO_3)_3$	violett		Kristalle		X								in EtOH: braun
$FePO_4$	vanillegelb		Granulat			**X**							kochen mit HCl konz. → rotbraun; in HCl dil. → gelb
$Fe_2(SO_4)_3$	gelblich		Pulver										
Hg_2Br_2	glitzernd weiß		Kristalle				X						+ NH_3 → schwarz
$Hg_2(CH_3COO)_2$	weißgrau		Kristalle	glitzernd; hängt am RG			X						untersch. Kristallgröße + Farbe; bei HCl Graufärbung des NS, in H_2O Trübung und schwacher Geruch nach HAc
Hg_2Cl_2	weiß		Pulver				X		KöWa			Kalomel	staubt stark; + NH_3 → schwarz; einzige weiße AS, die sich erst in KöWa löst
Hg_2I_2	grüngelb		Pulver				X						+ NH_3 → schwarz
$Hg_2(NO_3)_2 \cdot 2\ H_2O$	weiß		Kristalle	hygr.	X								
Hg_2SO_4	weißgrau		Kristalle			X	X						

Stoff	Beschreibung				Löslich in					Bemerkungen			
	Farbe		Form	Sonstiges	H_2O	HCl	HNO_3	OH^-	Sonst.	pH in H_2O	Lösungs-verhalten	Trivial-name	Sonstiges
$HgBr_2$	gelbl.weiß		Kristalle	klebt am RG	X					< 7			schwaches Erhitz.: silbriger Glanz; starkes Erhitz.: vollst. Sublim.; SAR: »giftig orange«; Boraxperle leicht gelblich
$Hg(CH_3COO)_2$	weiß		Pulver	glänzend	X								
$HgCl_2$	weiß		Kristalle		X					< 7		Sublimat	
HgI_2	scharlach-rot			Pulver klebt am RG		X			< 7				beim trock. Erhitzen gelb; schwimmt auf dem Wasser
$Hg(NO_3)_2 \cdot 8\,H_2O$	weiß		Kristalle	hygr.	X*				*mit einem HNO_3-Tropfen				
HgS	rotschwarz								KöWa			Zinnober	durch Erhitzen: schwarz → rot
$Hg(SCN)_2$	weiß		Kristalle			X							beim Erhitzen: starke Volumenzunahme
$HgSO_4$	weiß		Pulver			X							Flammenprobe: metallisch grau, verbrennt
$K_2B_4O_7$	weiß		Pulver	Puder-zucker	X					> 7			staubt an RG-Wand
KBr	weiß		Kristalle		X								unterschiedl. Krist.größe

Stoff	Beschreibung				Löslich in					Bemerkungen			
	Farbe		Form	Sonstiges	H_2O	HCl	HNO_3	OH^-	Sonst.	pH in H_2O	Lösungsverhalten	Trivialname	Sonstiges
$KBrO_3$	weiß		Kristalle	glänzend	X					< 7			+ HCl: Sprudeln + zitronengelbe Färbung; AS + pH-Papier: weiße Flecken (durch Oxidation der Indikatoren des Papiers!)
KCH_3COO	weiß		glänz. Nadeln	stark hygr.	X					> 7			
K_2CO_3	weiß		körniges Pulver	hygr.	X					> 7		Pottasche	da durch Auslaugen von Holzasche und Eindampfen in eisernen Pötten gewonnen
$K_2C_2O_4$	weiß		Kristalle		X					< 7			
$KHC_4H_4O_6$	weiß		Pulver	Puderzucker	X			X		< 7		Weinstein	in Wasser nur unter Erwärmen löslich; wie Staubpartikel
KCl	schmutzigweiß		Kristalle		X					= 7		Sylvin	
K_2CrO_4	gelb		Kristalle		X								
$K_2Cr_2O_7$	orange		Kristalle		X							Kaliumpyrochromat	
$K_3[Fe(CN)_6]$	orangerot	in H_2O: gelbgrün	Kristalle		X							rotes Blutlaugensalz	früher aus Blut + K_2CO_3-Schmelze mit H_2O ausgelaugt

Stoff	Beschreibung				Löslich in					Bemerkungen			
	Farbe		*Form*	*Sonstiges*	H_2O	*HCl*	HNO_3	OH^-	*Sonst.*	*pH in* H_2O	*Lösungsverhalten*	*Trivialname*	*Sonstiges*
$K_4[Fe(CN)_6]$	gelb		Kristalle		X					< 7		gelbes Blutlaugensalz	früher aus Blut + K_2CO_3-Schmelze mit H_2O aus gelaugt
KI	weiß		Kristalle	klein, hart	X								
KIO_3	gelbl.-weiß		Kristalle	untersch. große Kristalle	X								trock. Erh.: Wunderkerzenflackern + sehr helle Flamme!; Erh. m. H_2SO_4 konz.: braun-violette Dämpfe → Fehlinterpret. mögl.; SA + HCl + KI → dunkle Klumpen; HCl konz.: gelbe Lsg. + NS
$KMnO_4$	dunkelviolett	in H_2O violett	Kristalle	glänzend	X								mit HCl → Cl_2
KNO_2	gelbl.-weiß		Kristalle	stark hygr.	X					7–8			größere Brocken; trock. Erhitzen: gelb → grün
KNO_3	weiß		Kristalle		X							Salpeter	
K_2HPO_4	weiß		Kristalle	hygr.	X					< 7			
KH_2PO_4	weiß		Kristalle		X					> 7	kühlt ab		
KSCN	weiß		Kristalle	stark hygr.	X								große Krist.
K_2SO_3	weiß		Kristalle		X								trock. Erh.: gelb → grün
K_2SO_4	weiß		Kristalle	hart	X					pH > 7			

Stoff	Beschreibung				Löslich in					Bemerkungen			
	Farbe		Form	Sonstiges	H_2O	HCl	HNO_3	OH^-	Sonst.	pH in H_2O	Lösungs-verhalten	Trivial-name	Sonstiges
$K_2S_2O_3$					X								
$KHSO_4$	weiß		Kristalle	stark hygr.	X					pH < 7			
LiAc	weiß				X								
$Li_2B_4O_7$	weiß		Pulver	grobkörnig; w. Wasch-pulver		X				>> 10			trock. Erhitzen: grüne Dämpfe bzw. leuchtend rote Flamme
LiBr	weiß		Pulver	hygr.	X								
Li_2CO_3	weiß		Pulver		X					> 7			
LiCl	weiß		Kristalle	hygr.	X					< 7			
LiI	gelbl.-weiß		Kristalle	zerfließ.	X								
Li_3PO_4	weiß		Pulver			X			HAc				
Li_2SO_4	weiß		Kristalle		X								
$MgBr_2$	weiß		Kristalle		X								
$Mg(CH_3COO)_2$	weiß		glänz. Nadeln	stark hygr.	X					> 7			
$MgCO_3$	weiß		Pulver						HAc				
$MgCl_2 \cdot 6\,H_2O$	weiß		Kristalle	blättrig; stark hygr.	X								zum »Auswringen«

Stoff	Beschreibung: Farbe		Form	Sonstiges	Löslich in: H_2O	HCl	HNO_3	OH^-	Sonst.	Bemerkungen: pH in H_2O	Lösungs-verhalten	Trivial-name	Sonstiges
$Mg(NO_3)_2$	weiß			stark hygr.	X								
$MgHPO_4$	weiß		Pulver			X							
$MgSO_4 \cdot 7\,H_2O$	weiß		Kristalle	hygr.	X							Bittersalz	dient als Abführmittel
MgS_2O_3	weiß		Kristalle	blättrig	X								trock. Erhitzen: gelb, später weiß → dann wasserlöslich
$MgSiO_3$	weiß		Pulver		-	-	-	-		≈ 10			in H_2O: milchig
$Mg_3(PO_4)_2$	weiß		Pulver			X				> 7			haftet an RG-Wand
MnB_4O_7	rötlich		Pulver			X							
$Mn(CH_3COO)_2$	blaß rosa		Kristalle	hygr.	X								
$MnCO_3$	himbeerrot					X							
$MnCl_2 \cdot 4\,H_2O$	rosarot			hygr.	X								
MnI_2	gelbl.-braun	für alle Mn-Verb.: in H_2O: Mn^{2+} rosa MnO_4^- lila	Kristalle	stark hygr.	X								
$Mn(NO_3)_2$	leicht rosa				X					< 7			trock. Erhitzen: Bildung e. silbernen Mn-Spiegels
MnS	rosa/ fleisch-farben				X								
$MnSO_4 \cdot 5\,H_2O$	blassrosa		Pulver	hygr.	X								

Stoff	Beschreibung				Löslich in					Bemerkungen			
	Farbe		Form	Sonstiges	H_2O	HCl	HNO_3	OH^-	Sonst.	pH in H_2O	Lösungs-verhalten	Trivial-name	Sonstiges
$Na_2B_4O_7$	weiß		Pulver	hart	X					>> 7		Borax	
NaBr	weiß		Kristalle	hygr.; klein, körnig	X								+ $\mathbf{H_2SO_4}$ → Bildung brauner Gase
$NaBrO_3$	weiß		Kristalle		X								
$NaCH_3COO \cdot 3\ H_2O$	weiß		Kristalle		X								
$NaHCO_3$	weiß		Pulver		X					< 7	wasser-freies kühlt ab	Bullrich-salz	als Backtreibmittel o.k.; gegen Sodbrennen obsolet
$Na_2CO_3 \cdot 10\ H_2O$	weiß		Kristalle		X					> 7		Soda	
NaF			Pulver	mehlig	X								
$Na_2C_2O_4$	weiß		Kristalle	Nadeln	X					> 7			wird beim trockenen Erhitzen schwarz; klebt aneinander und trennt sich dann mit Rissen
$Na_2C_4H_4O_6$	weiß		Kristalle	Nadeln	X								klumpt etwas zusammen
NaCl	weiß		Kristalle		X							Kochsalz	
$Na_2CrO_4 \cdot 2\ H_2O$	gelb		Kristalle	hygr.	X								
$Na_3[Fe(CN)_6]$	orangerot				X								

Stoff	Beschreibung				Löslich in					Bemerkungen			
	Farbe		Form	Sonstiges	H_2O	HCl	HNO_3	OH^-	Sonst.	pH in H_2O	Lösungs-verhalten	Trivial-name	Sonstiges
$Na_4[Fe(CN)_6]$	gelb				X								
$NaIO_3$	weiß		Kristalle		X					< 7			
$NaNO_2$	gelbl.-weiß		Kristalle	hygr.	X					< 7			bei Zugabe von HCl konz. Gelbfärbung
$NaNO_3$	weiß		Pulver	hygr.	X							Natron-salpeter	
$Na_2H_2PO_4$	weiß		Pulver		X					< 7			
Na_2HPO_4	schmutzig weiß		Pulver	stark hygr.	X					> 7			
Na_3PO_4					X					>> 7			
Na_2S	gelblich		Kristalle	hygr.	X					>> 7			
Na_2SO_3	weiß-gelblich			zuckerartig	X					> 7			trockenes Erhitzen: braun → gelb → rot → weg
Na_2SO_4	weiß		Pulver										bleibt beim Erhitzen auf 50 °C als Pulver
$Na_2SO_4 \cdot 10\ H_2O$	weiß		Pulver	hygr.	X						kühlt ab	Glauber-salz	dient als Abführmittel, löst sich beim Erhitzen auf 50 °C in seinem Kristallwasser auf
$Na_2S_2O_3$	weiß		Kristalle		X					< 7			

Stoff	Beschreibung				Löslich in					Bemerkungen			
	Farbe		Form	Sonstiges	H_2O	HCl	HNO_3	OH^-	Sonst.	pH in H_2O	Lösungsverhalten	Trivialname	Sonstiges
Na_2SiO_3	weiß				X					>7		Natronwasserglas	
NaSCN	schmutzig weiß		Kristalle	bröckelt	X								
$(NH_4)_2B_4O_7$	weiß		Kristalle		X								
NH_4Br	weiß	an d. Luft gelb	Kristalle	hygr.	X								
NH_4CH_3COO	weiß		Kristalle		X								
NH_4HCO_3	weiß		Pulver	schwach hygr.	X						kühlt ab	Hirschhornsalz	$(NH_4)_2CO_3$ existiert nicht, aus Hirschgeweih hergest.
$(NH_4)_2C_2O_4$	weiß		Kristalle		X								verschwindet auf Mg-Rinne beim Erhitzen
$(NH_4)_2C_4H_6O_4$	weiß		Kristalle		X								trock. Erh.: entzündet sich auf Mg-Rinne und verbrennt!
NH_4Cl	weiß		Kristalle		X					< 7		Salmiak	
NH_4F	weiß		Kristalle	stark hygr.	X					< 7			sieht aus wie Eis; beschlägt das RG
NH_4IO_3					X								
NH_4NO_2	weiß		Kristalle		X								

Stoff	Beschreibung: Farbe		Form	Sonstiges	Löslich in: H_2O	HCl	HNO_3	OH^-	Sonst.	Bemerkungen: pH in H_2O	Lösungsverhalten	Trivialname	Sonstiges
NH_4NO_3	gelbl.-weiß		Kristalle	hygr.	X					< 7	wird warm	Ammoniumsalpeter	explosiv bei Schlag und bei Erhitzen
$(NH_4)_2HPO_4$	weiß		Kristalle		X								
NH_4SCN	schmutzig-weiß		große Kristalle	stark hygr.	X					< 7			ändert im Laufe der Zeit die Farbe; trockenes Erhitzen: gelblich; sprüht Funken bei Flammenprobe
$(NH_4)_2SO_4$	weiß		Kristalle		X								
$(NH_4)_2S_2O_3$	gelblich		Kristalle	hygr.	X								trockenes Erhitzen: wird erst gelb, dann rot, sublimiert
$NiBr_2$	gelb	für alle Ni-Verb.: in H_2O: grün			X								
$Ni(CH_3COO)_2$	grün				X								
$NiCO_3$	hellgrün					X							
$NiCl_2 \cdot 6\ H_2O$	grün		Kristalle		X								wasserfrei: goldgelb glänzend
$Ni(NO_3)_2$	smaragd-grün			hygr.	X								in Ox.-Flamme: rote Boraxperle
$NiSO_4$	türkis				X								
Ni_2S_3	schwarz						X		HCl + H_2O_2			Nickelvitriol	

Stoff	Beschreibung				Löslich in					Bemerkungen			
	Farbe		*Form*	*Sonstiges*	H_2O	*HCl*	HNO_3	OH^-	*Sonst.*	*pH in* H_2O	*Lösungs-verhalten*	*Trivial-name*	*Sonstiges*
$Pb(CH_3COO)_2$	weiß		Kristalle	verwitternd	X							Bleizucker	sieht aus wie Kokosraspeln; trockenes Erhitzen: schwarz, danach orangerot (aufblähen)
$PbCO_3$	weiß		Pulver			**X**						Bleiweiß	klebt sehr stark am RG; trockenes Erhitzen: Gelbfärbung
$PbCl_2$	weiß		Nadeln	glitzernd	*X*					< 7			
$PbCrO_4$	gelborange					X		X		<< 7			
PbI_2	goldgelb		Pulver		X				*HAc*				
$Pb(NO_3)_2$	weiß		Kristalle	rieselt	X								Erhitzen: PbO
$Pb_3(PO_4)_2$	weiß		Pulver	feinkörnig		X							
PbS	schwarz		Pulver				X						feinkörnig w. Zucker; + HCl $\rightarrow H_2S\uparrow + PbCl_2$; trock. Erh.: i.d. Wärme gelb, beim Abkühlen weiß
$PbSO_4$	weiß		Pulver						ammoni-akal. Tar-tartlsg.	<< 7			in HCl konz. heiß löslich, fällt beim Abkühlen wie Schneefall aus
$Pb(SCN)_2$	weiß												

Stoff	Beschreibung				Löslich in					Bemerkungen			
	Farbe		Form	Sonstiges	H_2O	HCl	HNO_3	OH^-	Sonst.	pH in H_2O	Lösungs-verhalten	Trivial-name	Sonstiges
$SbCl_3$	gelbl.		Kristalle	stark hygr.	X								
Sb_2S_3	grau-schwarz		Pulver			X			KöWa			Grauspieß-glanz	Erhitzen: orange → grau
Sb_2S_5	zimtbraun		Pulver					X	*NH_3*			Gold-schwefel	schwimmt auf allem
$Sn(CH_3COO)_2$	weiß					X							wasserunlösl. Acetat!
$SnCl_2 \cdot 2\,H_2O$	gelbl.-weiß			hygr.		X				<< 7		Zinnbutter	konz. Lsg. klar, verd. trübe; schwer zu finden, stört im SA, obwohl H_2O unlösl.; pH 2; wie Kartoffelpüree-pulver
SnS	dunkel-braun		Kristalle	glänzend	*X*								einziges S^{2-}, zu dessen Lösung $(NH_4)_2S_x$ nötig ist!
SnS_2	goldgelb		Pulver			X						Mussiv-gold	
$SrBr_2$	weiß		Kristalle	stark hygr.	X								
$SrCO_3$	weiß		Pulver			X							
$SrCl_2$	weiß		Kristalle	hygr.	X								rote Flammenfärbung (könnte auch Li sein!)
SrF_2	weiß		Pulver			**X**							bleibt am RG hängen
$Sr(NO_3)_2$	weiß				X								

Stoff	Farbe	Beschreibung			Löslich in					Bemerkungen			
			Form	Sonstiges	H_2O	HCl	HNO_3	OH^-	Sonst.	pH in H_2O	Lösungs-verhalten	Trivial-name	Sonstiges
$Sr_3(PO_4)_2$	weiß					X							
$SrSO_4$	weiß		Pulver	kleinkörnig					**H_2SO_4** Aufschluss			Cölestin	
$ZnBO_3$	weiß		Pulver			X			NH_3				
$ZnBr_2$	weiß				X								
$Zn(CH_3COO)_2$	weiß		Kristalle o. Blättchen		X								
$ZnCO_3$	weiß					X						Zinkspat	
$ZnCl_2 \cdot 4\ H_2O$	weiß		Pulver	stark hygr.	X								»zerfließt«
ZnI_2	weiß		Kristalle	stark hygr.	X								
$Zn(NO_3)_2$	weiß				X								
ZnS	grün-stichig weiß		Pulver			X						Zink-blende	einziges weißes H_2O-unlösl. Sulfid; klebt etwas am RG; trockenes Erhitzen: gelb
$ZnSO_4 \cdot 7\ H_2O$	weiß		Kristalle	verwitternd	X					< 7		Zinkvitriol; Augen-nichts	
$Zn(MnO_4)_2$	dunkelrot		Kristalle		X								

Anmerkungen:

- Die Reihenfolge der Stoffe erfolgt dem Alphabet der Summenformel entsprechend.
- Bei Löslichkeiten bedeutet *kursiv* »schlecht löslich« in dem entsprechenden Lösungsmittel und **fett**, dass man das entsprechende LM in konzentrierter Form nehmen muss.
- Da in Freiburg immer wieder Bemerkungen kamen wie »Mein Stoff sah aber ganz anders aus als in der Tabelle beschrieben«, weise ich hiermit nochmals ausdrücklich darauf hin: Sämtliche Angaben hier sind ohne Gewähr und sollen v. a. dem Anfänger nur als Hilfestellung dienen, dass er z. B. bei farbigen Verbindungen nicht auf Alkalisalze prüft. Die Beschreibungen beruhen auf der Beobachtung der in Freibung ausgegebenen Stoffe, d. h. wenn in einem anderen Institut sämtliche Stoffe vor dem Analysieren fein gemahlen werden, so ist klar, dass die Leute dort vergeblich nach Kristallen suchen! Gerade diese Tabelle kann nur so gut sein, wie die Beschreibung, die mir die Leute abgeben, daher bitte ich dich nochmals: Falls du eine andere Beobachtung gemacht hast oder womöglich einen Stoff bekommen hast, der hier gar nicht aufgeführt ist – schreib' mir bitte, damit ich die Tabelle entsprechend ändern kann. Für deine Mühe bereits vorab besten Dank.

B. Stoffe, bei denen man nur Kation oder nur Anion nachweisen kann

Stoff	Beschreibung				Löslich in					Bemerkungen			
	Farbe		Form	Sonstiges	H_2O	HCl	HNO_3	OH^-	Sonst.	pH in H_2O	Lösungsverhalten	Trivialname	Sonstiges
Al	weiß		Pulver					X					
Al_2O_3	weiß		Pulver	hart	–	–	–	–	Aufschluss!				Grundstoff von Edelsteinen z. B.: Rubin: Al_2O_3 + Spuren von Cr; äußerst feinkristallin; wie Sand in einer Sanduhr
$Al(OH)_3$	weiß		Pulver			X		X					
As_2O_3	schmutzig-weiß		Pulver			X		X				Arsenik	
BaO	weiß			lockere Stücke		X							
$Ba(OH)_2 \cdot 8\,H_2O$	weiß				X					>> 7	wird warm		
Bi	rötlich						X						verbrennt mit bläulicher Flamme
Bi_2O_3	dunkelgelb			spröde		X						Bismutocker	beim Erhitzen: rotbraun → gelb
CaO	weiß		Pulver	locker		X				> 7		gebrannter Kalk	
$Ca(OH)_2$	weiß		Pulver	staubig					HAc	> 7		gelöschter Kalk	

Stoff	Beschreibung				Löslich in					Bemerkungen			
	Farbe		Form	Sonstiges	H_2O	HCl	HNO_3	OH^-	Sonst.	pH in H_2O	Lösungs-verhalten	Trivial-name	Sonstiges
Cr_2O_3	dunkel-grün		Pulver		–	–	–	–	Auf-schluss				
Cu	rotbraun						X						
CuO	braun-schwarz		Pulver				X				wird warm		
Cu_2O	rotbräun-lich					X							
C	schwarz												
Fe	grau		Pulver	glänzt wie Rost		X							klebt am Spatel, + HCl konz. gelb; Erhitzen mit HNO_3 konz.: gelb, in d. Kälte weiß
Fe_2O_3	rotbraun		Pulver			X						»Rost«	staubt; + HCl → gelb-braune Lsg.
H_3BO_3	weiß		Pulver	hygr.	X					< 7			klebt am RG, trockenes Erhitzen: bruzzelt + schmilzt
$H_2C_2O_4$	weiß		Kristalle		X					<< 7			sublimiert beim trockenen Erhitzen; kann bei Anionen-reaktionen mit $AgNO_3$ aus-fallen

Stoff	Beschreibung				Löslich in					Bemerkungen			
	Farbe		Form	Sonstiges	H_2O	HCl	HNO_3	OH^-	Sonst.	pH in H_2O	Lösungs-verhalten	Trivial-name	Sonstiges
$H_6C_4O_6$	schmutzig weiß	Krist.		klumpt zusam-men	X					<< 7			durchscheinend glänzend; beim trockenen Erhitzen: Maggi-Geruch + Schwarz-färbung; erhitzen m. H_2SO_4 konz.: schwarze Lsg.
HgO	gelbrot		Pulver			X							
KOH	weiß			stark hygr.	X					>> 7	wird warm	Ätzkali	
LiOH	weiß			hygr.	X					>> 7			1 g LiOH bindet 0,5 l CO_2
MgO	weiß		Pulver			X							klebt am RG
Mn	hellgrau					X							
MnO_2	braun		Pulver			X							+ HCl erwärmen → Geruch nach Cl_2
NaOH	weiß		Kristalle	hygr. Plätzchen	X					>> 7	wird warm	Ätznatron	
Pb	blaugrau						X						
PbO	gelbrot		Pulver				X						
PbO_2	dunkel-braun		Pulver			X		X					+ HCl erwärmen → Geruch nach Cl_2
Sb_2O_3	weiß		Pulver	wie Mehl		X						Weiß-spieß-glanz	beim Erhitzen gelb, beim Ab-kühlen wieder weiß; Flam-me: fahlblau → grünlichweiß

Stoff	Beschreibung				Löslich in					Bemerkungen			
	Farbe		Form	Sonstiges	H_2O	HCl	HNO_3	OH^-	Sonst.	pH in H_2O	Lösungsverhalten	Trivialname	Sonstiges
SiO_2	weiß		Pulver	klumpt wie Backpulver				X				Kieselsäure	in Säuren trüb, RG sieht »beschlagen« aus, in Laugen nach längerem Erwärmen als SiO_3^{2-}-löslich; posit. Thénards-Blau-NW!
S	gelb		Pulver										riecht etwas nach H_2S, brennt mit blauer Flamme
SnO_2	schmutzig weiß		Pulver										Leuchtprobe; klumpt leicht
TiO_2	leicht schmutzigweiß		Pulver	z. T. mit H_2SO_4 konz.									wie Mehl; wird beim Erhitzen gelb mit Rosastich; nach H_2O_2-Zugabe orange
Zn	grau		Pulver	fein		X							verbrennt mit blauer Flamme zu ZnO
ZnO	weiß		Pulver	fein		X							beim Erhitzen gelb, beim Abkühlen wieder weiß

Anmerkungen:

- Die Reihenfolge der Stoffe erfolgt dem Alphabet der Summenformel entsprechend.
- Bei Löslichkeiten bedeutet *kursiv* »schlecht löslich« in dem entsprechenden Lösungsmittel und **fett**, dass man das entsprechende LM in konzentrierter Form nehmen muss.
- Da in Freiburg immer wieder Bemerkungen kamen wie »Mein Stoff sah aber ganz anders aus als in der Tabelle beschrieben«, weise ich hiermit nochmals ausdrücklich darauf hin: Sämtliche Angaben hier sind ohne Gewähr und sollen v. a. dem Anfänger nur als Hilfestellung dienen, dass er z. B. bei farbigen Verbindungen nicht auf Alkalisalze prüft. Die Beschreibungen beruhen auf der Beobachtung der in Freiburg ausgegebenen Stoffe, d. h. wenn in einem anderen Institut sämtliche Stoffe vor dem Analysieren fein gemahlen werden, so ist klar, dass die Leute dort vergeblich nach Kristallen suchen! Gerade diese Tabelle kann nur so gut sein wie die Beschreibung, die mir die Leute abgeben, daher bitte ich dich nochmals: Falls du eine andere Beobachtung gemacht hast oder womöglich einen Stoff bekommen hast, der hier gar nicht aufgeführt ist – schreib' mir bitte, damit ich die Tabelle entsprechend ändern kann. Für deine Mühe bereits vorab besten Dank.

Löslichkeitstabelle

	Acetat	Borat	Bromat	Bromid	Carbonat	Chlorid	Chromat	Fluorid	Hydroxid	Iodat
Ag^+	*H_2O*	NH_3	**AmCa**	**NH_3**	**AmCa**	**AmCa**	NH_3	H_2O	HNO_3	AC
As^{3+}										
Al^{3+}	H_2O	HNO_3		H_2O		H_2O	H_2O		**HCl**	
Ba^{2+}		HCl			HAc	H_2O	HCl	**HCl**	H_2O	
Bi^{3+}					HCl	H_2O			HCl	
Ca^{2+}	H_2O	HCl		H_2O	HAc	H_2O	H_2O	*HCl*	HAc	HCl
Co^{2+}	H_2O			H_2O	HCl	H_2O			HCl	
Cr^{3+}				H_2O		H_2O				
Cu^{2+}	H_2O			H_2O	HCl	H_2O			HCl	
Fe^{2+}	H_2O				HCl	H_2O			H_2O	
Fe^{3+}						H_2O			H_2O	
Hg_2^{2+}	HNO_3			*HNO_3*		HNO_3		H_2O		
Hg^{2+}	H_2O			H_2O		H_2O		H_2O		
K^+	H_2O	H_2O	H_2O	H_2O	H_2O	H_2O	H_2O	H_2O	H_2O	H_2O
Mg^{2+}	H_2O			H_2O	HAc	H_2O	HNO_3	HCl	HCl	
Li^+		HCl		H_2O	H_2O	H_2O	H_2O	H_2O	*H_2O*	
Mn^{2+}	H_2O	HCl			HCl	H_2O		H_2O		
Na^+	H_2O	H_2O	H_2O	H_2O	H_2O	H_2O	H_2O	H_2O	H_2O	H_2O
NH_4^+	H_2O	H_2O	H_2O	H_2O	H_2O	H_2O	H_2O	H_2O		H_2O
Ni^{2+}	H_2O			H_2O	HCl	H_2O			H_2O	
Pb^{2+}	H_2O	HNO_3	HNO_3	HCl	**HCl**	H_2O	HCl	HCl	HAc	
Sb^{3+}						H_2O				
Sn^{2+}	HCl					H_2O			HCl	
Sr^{2+}				H_2O	HCl	H_2O	HAc	**HCl**	*H_2O*	
Zn^{2+}	H_2O	HCl		H_2O	HCl	H_2O				

	Iodid	Nitrat	Nitrit	Oxalat	Oxid	Phosphat	Rhodanid	Silikat	Sulfat	Sulfid	Sulfit	Tartrat	Thiosulfat
Ag^+	KCN	H_2O	*H_2O*	NH_3	H_3O^+	NH_3	NH_3	–	*H_2O*	–	–	HNO_3	HNO_3
As^{3+}					HCl					AmSu			
Al^{3+}		H_2O				HCl		NaOH	H_2O				NaOH
Ba^{2+}		H_2O			HCl				H_2SO_4				
Bi^{3+}	HCl	HCl			HCl					HNO_3			
Ca^{2+}	H_2O	H_2O		HCl	HCl	HCl			HCl		HCl		
Co^{2+}	H_2O	H_2O							H_2O	HNO_3			
Cr^{3+}		H_2O			–	HCl			H_2O				
Cu^{2+}	H_2O	H_2O			HNO_3				H_2O	HNO_3			
Fe^{2+}	H_2O			H_2O		HCl			H_2O	HCl			
Fe^{3+}		H_2O			HCl	**HCl**				HCl			
Hg_2^{2+}	***HNO_3***	H_2O							HNO_3				
Hg^{2+}	HCl	H_2O			HCl		HCl		HCl	KöWa			
K^+	H_2O	H_2O	H_2O	H_2O		H_2O	H_2O	H_2O	H_2O	H_2O	H_2O	H_2O	H_2O
Mg^{2+}		H_2O			HCl	HCl		–	H_2O		H_2O	HCl	H_2O
Li^+	H_2O					HCl		H_2O	H_2O		H_2O	HCl	
Mn^{2+}	H_2O	H_2O		HAc	HCl	HCl			H_2O	HCl			
Na^+	H_2O	H_2O	H_2O	H_2O		H_2O	H_2O	H_2O	H_2O	H_2O	H_2O	H_2O	H_2O
NH_4^+		H_2O	H_2O	H_2O		H_2O	H_2O		H_2O	H_2O		H_2O	H_2O
Ni^{2+}		H_2O							H_2O	HNO_3			
Pb^{2+}	HCl	H_2O			HNO_3	HCl			ammon. Tartratl.	HNO_3			
Sb^{3+}					HCl					HCl			
Sn^{2+}					–					HCl			
Sr^{2+}		H_2O				HCl			H_2SO_4				
Zn^{2+}	H_2O	H_2O			HCl				H_2O	HCl	H_2O		

Anmerkung: **Fett** bedeutet, dass man das Lösungsmittel in konzentrierter Form nehmen muss, *kursiv* bedeutet, dass sich das Salz nur schlecht löst.
AmSu steht für $(NH_4)_2S$; AmCa für $(NH_4)_2CO_3$-Lösung
$Al(OH)_3$ und As_2O_3 sind außer in HCl auch in NaOH löslich, Ag_2CrO_4 und Ag_3PO_4 sind außer in NH_3 auch in HAc löslich.

In konz. HCl schwerlösliche Stoffe

Farbe bzw. Aussehen	Lösereagenzien bzw. Aufschlussmethoden					
	konz. HNO_3	Königswasser (HCl/HNO_3)	Oxidations-schmelze	Soda-Pottasche-Aufschluss	Saurer Aufschluss (mit $KHSO_4$)	Freiberger-Aufschluss
weiß/farblos	Hg_2Cl_2(1)			$BaSO_4$, $SrSO_4$, $CaSO_4$, $PbSO_4$(2), SiO_2(3), Al_2O_3(4), $AgCl$(5), $AgBr$(6)	Al_2O_3(4), MgO(7), TiO_2(8)	SnO_2(9)
gelb		As_2S_3; As_2S_5; AgI(10)				
grün			Cr_2O_3			
rot	HgI_2, Cu	HgS				
schwarz/braun/grau	PbS, CuS, Ni_2S_3, Co_2S_3, Bi_2S_3, Ni, Co, Bi, Pb, As, Ag	HgS, Sn, Sb(11)				

1 Nachweis ohne Aufschluss möglich: mit $NH_3 \rightarrow$ Schwarzfärbung.
2 Nachweis ohne Aufschluss möglich: ammoniakalische Tartratlösung und K_2CrO_4.
3 Nachweis ohne Aufschluss möglich: Bleitiegelprobe bei allen schwerlöslichen Silikaten.
4 Nachweis ohne Aufschluss möglich: Thénards-Blau-Reaktion.
5 Nachweis ohne Aufschluss möglich: *AgCl löst sich* unter Komplexbildung bereits *in verdünntem* NH_3.
6 Nachweis ohne Aufschluss möglich: *AgBr löst sich* ebenfalls in NH_3, allerdings *erst in konzentriertem* NH_3.
7 Nur hochgeglühte Formen sind schwer löslich.
8 Lässt sich auch mit H_2SO_4 konz. aufschließen.
9 Nachweis ohne Aufschluss möglich: Nachweis direkt via Leuchtprobe.
10 Lässt sich auch mit Cyanidionen komplexieren.
11 Sn und Sb lösen sich auch in HNO_3 konz., jedoch fallen bei Abwesenheit von HCl deren Oxide aus.

Stichwortregister

Meckerseite

Name, Telefon-/Faxnummer/E-mail
(wegen eventueller Rückfragen bitte angeben):

A: Einzelstoffe

Nr.	*Stoff*	*Beschreibung und Besonderheiten*
1.		
2.		
3.		
4.		
5.		
6.		
7.		
8.		

B: Verbesserungsvorschläge

1. Inhaltliche Fehler
(Schreibfehler und sachliche Fehler, bitte mit Seitenangabe):

2. Stellungnahme zu den unten gestellten Fragen:
   a) Gesamteindruck: zu lang, zu kurz, zu teuer?
   b) Labor 1x1: Ausreichend? Was fehlt? Stil o.k. oder fühlst du dich wie ein Kleinkind behandelt angesichts der z. T. sehr detaillierten Beschreibungen? Laborausrüstung gut oder was sollte geändert werden?
   c) »Laborgeräte« und »Reagenzien« lassen oder herausnehmen?
   d) Theoriekapitel zu lang, zu kurz, unvollständig? Rechenbeispiele nachvollziehbar? Stichworte zum PSE hilfreich oder sinnlose Aufzählung von Fakten?
   e) Analysenschema brauchbar oder was sollte man ändern?
   f) An-/Kationen: Allgemeine Angaben nützlich zum Einprägen und Verstehen oder sollten nur Nachweise aufgeführt werden? Angaben zu Anwendung und Bedeutung besser in ganzen Sätzen oder wie jetzt stichwortartig lassen?

g) Aufschlüsse: Kapitel als fortlaufenden Text lassen oder wie bei den An-/Kationennachweisen besser in Durchführung/Begründung/Hinweise gliedern?
h) KTG: So wie er dasteht, durchführbar? Zeitdauer (bei etwas Übung und ganz am Anfang)? Zweiteilung in Durchführung und Erklärungen sinnvoll? Tabellen am Ende jeder Gruppe lassen oder am Ende alle zusammen? Wie lange brauchst du für die einzelnen Schritte?
i) Grenz- und Identitätsprüfungen: Wäre eine Extraseite mit Strukturformeln der Reagenzien sinnvoll?
k) Stoffbeschreibungen brauchbar? Was fiel dir selbst noch bei deinen Stoffen auf (s. Tabelle oben)?

3. Sonstige Wünsche / Anregungen / Beschwerden:

Ausgefüllte »Meckerseite« bitte schicken an:
Govi-Verlag
Fachbuchlektorat
Carl-Mannich-Straße 26
65760 Eschborn
Fax: 0 61 96 / 92 82 03
govi@govi.de